Handbuch der PA-Technik

Grundlagen — Komponenten — Praxis

R. Beckmann

Handbuch der PA-Technik

Grundlagen — Komponenten — Praxis

10. Auflage

ISBN 3-921608-66-X
Elektor Verlag, 52072 Aachen

10. Auflage 2001

Umschlaggestaltung: Ton Gulikers
Umschlagfoto: Bildagentur Schuster GmbH/Nusko, Oberursel
Illustrationen: Nico van Bekkem
Grafische Gestaltung: Laurent Martin
Satz und Layout: Graphodata, Aachen
Druck: Drukkerij Giethoorn ten Brink, Meppel, Niederlande

Printed in the Netherlands

ISBN 3-921608-66-X

Vorwort

Die Idee, dieses Buch zu schreiben entstand, als ich begann, mich meinem Hobby, der PA-Technik, zu widmen. Anfangs stand ich vor der Schwierigkeit, wie jeder andere Anfänger auch, mir die Kenntnisse anzueignen, die für einen sinnvollen Umgang mit der PA-Technik notwendig sind. Die Kenntnisse ergaben sich aus der praktischen Arbeit selbst; für Probleme wurden Lösungen gefunden und Fehler sollten und durften nicht wiederholt werden. Der Weg über die praktische Erfahrung zur Kenntnis ist nicht nur langwierig, mitunter kann er bei verschiedenen Fehlern auch kostspielig sein; vom unbefriedigenden Ergebnis ganz abgesehen.

Damit ich mir die Kenntnisse schneller und vor allen Dingen ohne grundlegende Fehler aneignen konnte, hatte ich den Wunsch nach entsprechender Fachliteratur. Dadurch sollten die gröbsten Fehler vermieden und ein zufriedenstellendes Niveau erreicht werden. Auf der Suche nach einem geeignetem Buch stellte sich allerdings heraus, daß zum Thema PA-Technik keines erhältlich ist, welches sich mit allen Komponenten eines PA-Systems beschäftigt und zusätzlich auch Hilfen für die praktische Handhabung dieser Komponenten gibt. Die angebotene Literatur beschäftigt sich lediglich mit einer Teilgruppe dieser Komponenten, das allerdings auf sehr theoretisch-wissenschaftliche Art.

Nach mehreren Jahren praktischer Erfahrung mit der PA-Technik entschloß ich mich, dieses Buch zu schreiben und damit diese Lücke schließen, um den Musikern sowie den Technikern eine Hilfe für den Einstieg in die PA-Technik und deren Handhabung geben.

Der Autor

Inhalt

Vorwort 5
Einleitung 9

1. **Grundlagen** 11
1.1 **Grundbegriffe** 12
Schall 12
Schallgeschwindigkeit 12
Ton 12
Frequenz 12
Amplitude 13
Dynamik 13
Wellenlänge 13
Oberton 14
Überlagerung 14
Klang 15
1.2 **Höreigenschaften des Menschen** 15
1.3 **Pegel** 17
Dezibel 17
Das Frenquenz-Schalldruck-Diagramm 19
1.4 **Phasenverschiebungen** 20
Kammfiltereffekte 21
1.5 **Abstrahlverhalten** 23
1.6 **Leistungsverteilung in PA-Systemen** 24
Rosa Rauschen 26
1.7 **Asymmetrische (unbalanced) und erdfrei-symmetrische (balanced) Leitungsführung** ... 26
1.8 **Raumakustik** 27

2. **Die Komponenten** 31
2.1 **Einführung in die PA-Technik** . 32
Aufgaben eines PA-Systems 33
Signalweg einer PA-Übertragungskette 33
2.2 **Geräte zur Schallaufnahme** 35
Mikrofone 35
Dynamische Tauchspulenmikrofone 36
Kondensatormikrofone 36
Elektretmikrofone 37
Richtcharakteristiken 37
Mikrofonimpedanzen 38
Anwendungsgebiete 41
Drahtlose Mikrofone 46
DI-Boxen (direct injection) 50
Direktausgänge (Direct out/Line out) 51
Mikrofonstative und Halterungen 52
2.3 **Mischpulte (Mixer)** 54
2.3.1 **Funktionen des Michpultes** 54
Eingänge (Inputs) 55
Wahlschalter für »Mic/Line« 55
48-V-Phantomspeisung (Phantom power PWR) 56
Phasenumkehrschalter (Phase reverse) 56
Eingangsverstärker (Input gain) .. 56
Eingangsdämpfung (Input Pad PAD) 56
Übersteuerungsanzeige (Overloadindicator OL) 57
Klangregelung (Equalizer) 58
Klangregelung ein/aus (Equalizing in/out) 59
Baßfilter (Bass Cut) 60
Effektwege (Effekt Sends) 60
Monitorwege (Foldback) 60
Umschaltbare Wege (Aux, Bus, Cue) 60
Panorama-Regler (Pan-Pot) 60
ON (Kanal ein/aus oder Channel in/out bzw. Mute) 61
PFL (Pre Fade Listening) Solo .. 61
Flachbahn-Schieber (Fader) 61
Summenausgänge Rechts/Links (Master Right/Left) 62
Testtongenerator (Oscillator 64

Sprechanlage (Talkback) 65
Abhörmöglichkeiten über Kopfhörer 65
Anzeigeinstrumente (VU/Peak-Meter) 65
Ausgänge für Bandmaschinen ... 66
Direktausgänge (Direct Outs) ... 66
Einschleifungen (Inserts) 66
Master- bzw. Summenausgänge R/L (Output R/L) 67
Sub- bzw. Untergruppen (Subgroups) 67
»In-Line«-Mischpulte 68
Signalweg im Mischpult 71
Tonbandaufnahmemöglichkeiten mit Subgruppen 73
Monitormischpult 75
Gesangsverstärker (Power Mixer) 76
Meßdaten von Mischpulten 78
Bezeichnungen von Mischpulten . 78
Mischpulte in Modulbauweise (Modular Mixer) 78
Bedienbarkeit eines Mischpultes . 79
Auswahl eines Mischpultes 79

2.4 **Zusatzgeräte** 80
Gemeinsame Bedienungselemente 81
Anschlußmöglichkeiten von Zusatzgeräten 82
Klangregelungen (Equalizer) 84
Parametrische Klangregelnetzwerke (Parametric Equalizer) ... 84
Grafische Klangregelnetzwerke (Graphic Equalizer) 86
Echtzeit-Analysator (Realtime Analyzer) 87
Einmessen eines PA-Systems mit Equalizer/Analyzer 87
Exiter 90
Regelverstärker 91
Expander 92
Begrenzer (Limiter) 93
Kompressor (Compressor) 94
Aussteuerung der PA mit Kompressor/Limiter 95
Noise Gate 97
De-esser 98
Hall und Echo 98
Hallgeräte (Reverberation Units) . 99
Verzögerungsgeräte (Delay Units) 100
Multi-Effektprozessoren 102
Tonhöhenänderer (Harmonizer, Pitch-Transposer, Hamoniccomputer) 102
Auswahl eines Zusatzgerätes 103

2.5 **Lautsprecher (Speaker)** 104
Die Belastbarkeit von Lautsprechern 104
Der Klirrfaktor 105
Der Wirkungsgrad 106
Die Lautsprecherimpedanz 107
Zusammenschluß von Lautsprechern 107
Dynamische Konuslautsprecher .. 108
Größe von dynamischen Konuslautsprechern 110
Frequenzverläufe dynamischer Konuslautsprecher 111
Druckkammertreiber (Driver) ... 111
Belastbarkeit der Druckkammertreiber 114
Wirkungsgrad von Druckkammertreibern 115
Frequenzverläufe von Druckkammertreibern 115
Horntrichter 117
Untere Grenzfrequenz 117
Anschlußgrößen der Hörner 118
Abstrahlverhalten von Hörnern .. 118
Linsen 119

2.6 **Lautsprecherboxen (Speaker enclosures)** 122
Baßboxen (Bass-Bins) 122
Frequenzgänge von Hornboxen .. 125
Übersicht über verschiedene Typen von Hornboxen 125
Kompaktboxen (Full-Range-Boxen) 127
Monitorboxen 129

2.7 **Frequenzweichen (Dividing Network, X-Over, Crossover** .. 130
Die Trennfrequenz (Crossover frequenzy) 131
Die Flankensteilheit 131
Hoch-, Tief- und Bandpaß-Filter. 131
Passive Frequenzweichen 131
Belastbarkeit von passiven Frequenzweichen 133
Impedanzanpassung von passiven Frequenzweichen 133
Anschluß von passiven Frequenzweichen 133

Aktive Frequenzweichen 135
Vorteile aktiver Frequenzweichen 136
2-Weg-aktiv-Trennung (Biamping) 138
Kombinationsvorschläge für Lautsprecher, Boxen und Trennfrequenzen aktiver und passiver Frequenzweichen 138
2.8 Endstufen (Power Amps) 139
Leistung der Endstufen 139
Einschaltverzögerung 140
Getrennter Aufbau von Endstufen 140
Sicherungen (Protections) 140
Erdfrei-symmetrische Eingänge .. 140
Eingangsempfindlichkeit (Sensitivity) 140
Meßdaten von Endstufen und Auswahlkriterien 142
Anzeigeinstrumente von Endstufen 142
Stereo-Endstufen in Aktiv-Anlagen 142
2.9 Kabel und Stecker 143
Kabel 143
Das »Multicore-Kabel« (Mehrfachkabel) 144
Multicore-Verkabelung in Aktivanlagen 146
Stecker 147
Belegung der Anschlüsse 150

3. Die Praxis 155
3.1 Verschiedene PA-Vorschläge ... 156
PA-Vorschlag 1 157
PA-Vorschlag 2 158
PA-Vorschlag 3 159
PA-Vorschlag 4 159
PA-Vorschlag 5 161
Prozessorgesteuerte PA-Systeme . 161
3.2 Die Monitoranlage 165
3.3 Vorbereitung eines Auftritts ... 167
3.4 Verpackung der Geräte 168
Flight-Cases 169
Verpackung und Transport der Kabel 170
3.5 Aufbau der Anlage 170
Arbeitsteilung beim Aufbau 171
Aufstellung der Instrumente auf der Bühne 171
Lautstärke der Instrumente auf der Bühne 172
Verlegen der Kabel 173
Aufstellung der Mikrofone 173
Aufstellung und Ausrichtung der PA-Boxen 177
3.6 Der Soundcheck 185
Checkliste für das Einstellen eines PA-Systems 186
PA-Wiedergabe in Stereo 187
Gesamtlautstärke des PA-Systems im Saal 187
Klangeigenschaften der Instrumente 187
Klangeigenschaften der Eingangskanäle 188
3.7 Rückkopplung (Feedback) 189
3.8 Übersteuerungen/Clipping 192
3.9 Wartung und Reparaturen 194
Werkzeug für Kleinreparaturen .. 194
Ersatzteile für Kleinstreparaturen 195
Fehlersuche 196
Löten 196
3.10 Stromversorgung eines PA-Systems 197
Erdung der Geräte 197
3.11 Hinweise für die Anschaffung eines PA-Systems 199
Händler 199
Gebrauchtgeräte von Privatpersonen 200
Selbstbau von Geräten 200
Schwachpunkte in einer PA-Übertragungskette 201
PA-Verleihfirmen 201
3.12 Zukunftsaussichten für die PA-Technik 203
MIDI (Musical Instrument Digital Interface) 204
3.13 PA und Homerecording 209

Literaturhinweise 210

Herzlichen Dank 211

Weitere Bücher zum Thema 212

Einleitung

Das vorliegende Buch gliedert sich in drei Hauptteile: Grundlagen, Komponenten und Praxis.

Der erste Teil erläutert die Grundlagen, die für das Verständnis der beiden anderen Teile und für die praktische Arbeit unbedingt notwendig sind. Dazu gehört die Erklärung von Begriffen aus der Elektroakustik, die verwendeten Maßeinheiten und die Eigenschaften des Schalls. Dabei spielt die Besonderheit des menschlichen Gehörs eine genau so große Rolle wie das Frequenz-Schalldruck-Schema, mit dessen Hilfe sich alle Arten von Frequenzverläufen darstellen lassen. Außerdem geht dieser Teil auf die Erscheinung der Phasenverschiebungen und der damit zusammenhängenden Kammfiltereffekte sowie auf die Unterschiede zwischen symmetrischer und asymmetrischer Leitungsführung ein.

Die einzelnen Komponenten eines PA-Systems sind Gegenstand des zweiten Teiles. Vorangestellt sind eine Einführung in die PA-Technik, eine Erklärung der Aufgabe eines PA-Systems sowie eine Darstellung des Signalverlaufes innerhalb des Systems. Daran schließt sich eine Vorstellung aller Komponenten in der Reihenfolge des Signaldurchlaufs an. Dabei wird besonders auf die Verschiedenheit und Ausstattungsvielfalt der angebotenen Geräte hingewiesen. Es schließt sich die Auswahl der Geräte an, die für den eigenen Bedarf sowie den praktischen Gebrauch sinnvoll sind. Diese Kriterien helfen bei der Kaufentscheidung und verhindern Fehlinvestitionen. In diesem Teil enthalten sind auch noch praktische Hinweise für die Bedienung und Handhabung der jeweiligen Komponenten.

Teil 3 beschäftigt sich ausschließlich mit dem praktischen Umgang eines PA-Systems. Dazu gehören Vorschläge, wie ein PA-System zusammengestellt werden kann und welche Aspekte dafür von besonderer Bedeutung sind. Es folgt die Hinterleuchtung der verschiedensten Probleme, die bei Auftritten entstehen können. Das sind u.a. die Auftrittsvorbereitung, die Verpackung der Anlage und der Transport. Auch die technischen und akustischen Probleme, wie Rückkopplungen, Aufstellung von Mikrofonen und Lautsprechern, Einstellung der Anlage sowie Wartung und Reparaturen kommen nicht zu kurz. Neben wichtigen Tips werden hierzu auch Problemlösungen angeboten. Dieser Teil schließt mit einigen Regeln, die beim Kauf einer PA-Anlage nicht ganz unwichtig sind.

Der Anhang verweist auf empfehlenswerte Spezialliteratur und erläutert englische Fachausdrücke, soweit dies nicht im Text geschehen ist.

Trotz der klaren Kapitelgliederung ist eine streng chronologische Abhandlung des Themas nicht möglich. Verschiedene Textstellen weisen deshalb auf andere Abschnitte und Kapitel hin.

Das Buch sollte, wie auch ein PA-System, zusammenhängend gesehen werden. Einzelne Teile besitzen hier wie bei der Anlage nur eine geringe Eigenständigkeit.

Einleitung

Teil 1

Grundlagen

1. Grundlagen

PA — das ist die Abkürzung der englischsprachigen Bezeichnung »Public Address« und läßt sich so leicht gar nicht übersetzen. PA bedeutet, daß man mit Hilfe der Elektroakustik ein akustisches Signal verstärkt und es so für ein größeres Publikum verständlich macht.

Einige Fachbegriffe aus der Elektroakustik stehen am Anfang des ersten Kapitels. Deren Verständnis ist notwendig, um sich intensiver mit der PA-Technik zu befassen.

1.1 Grundbegriffe

In diesem Abschnitt kommen nur die Begriffe aus der Elektroakustik zur Sprache, die für das Verständnis dieses Buches von Bedeutung sind. Dabei wird auf Spezialbegriffe weitestgehend verzichtet und die Erläuterung möglichst einfach gehalten, um den Bezug zur Praxis zu gewährleisten.

Schall

Unter dem Begriff Schall versteht man die Ausbreitung eines Schallereignisses (Knall, Geräusch, Ton oder Klang) in dem die Schallquelle umgebenden Medium. Die Ausbreitung erfolgt in Form von Wellen.
Bei unseren folgenden Betrachtungen wollen wir uns auf die Schallereignisse Ton und Klang sowie die Luft als Transportmedium beschränken.

Schallgeschwindigkeit

Der Schall pflanzt sich in der Luft mit einer konstanten Geschwindigkeit fort. Sie beträgt etwa 330 Meter in der Sekunde. Das bedeutet, daß der Schall in einem Abstand von 330 Metern von der Schallquelle eine Sekunde nach seiner Erzeugung wahrgenommen wird. In einem Abstand von 165 Metern beträgt dieser Zeitunterschied demnach 0,5 Sekunden.

Ton

Ein Ton ist eine hörbar gemachte, periodische Schwingung. Das kann direkt durch ein Instrument oder über Verstärker und Lautsprecher durch einen Tongenerator (Synthesizer) geschehen.

Frequenz

Die Höhe eines Tones ist von der Anzahl der Schwingungen pro Sekunde abhängig. Die Einheit dafür ist benannt nach dem deutschen Physiker Heinrich Hertz. Ein vollständiger Schwingungsvorgang pro Sekunde ist ein Hertz (1 Hz). 1000 Schwingungen pro Sekunde sind ein Kilohertz (1 kHz).

Musikalisch gesehen stellt jeweils eine Verdopplung bzw. eine Halbierung der Frequenz eine Oktave dar. So ist beispielsweise eine Oktave zwischen 100 Hz und 200 oder zwischen 5000 und 10000 Hz gegeben.

Amplitude

Für die Beschreibung einer Schwingung benötigt man nicht nur deren Frequenz, sondern auch ihre »Stärke«. Das ist der Abstand zwischen der Nullinie und der momentanen Auslenkung; man bezeichnet dies als die »Amplitude«.

Dynamik

In der Akustik wird ein Ton bei gleichbleibender Frequenz und einer großen Amplitude als laut, aber bei einer kleinen Amplitude als leise empfunden. Das Verhältnis von laut und leise bezeichnet man als Dynamik.

Wellenlänge

Wie bereits erwähnt, ist die Ausbreitungsgeschwindigkeit von Schallwellen in der Luft konstant, dadurch die Länge der Schallwellen bei unterschiedlicher Frequenz verschieden groß. Die Wellenlänge wird mit dem griechischen Buchstaben Lambda (λ) bezeichnet und errechnet sich nach der Formel:

$$\text{Wellenlänge} = \frac{\text{Schallgeschwindigkeit}}{\text{Frequenz}}$$

Mathematisch ausgedrückt lautet die Formel:

$$\lambda = \frac{c}{f}$$

Eine Wellenlänge ergibt sich bei einer gleichförmigen Schwingung aus dem Abstand eines Punktes einer Welle bis zum gleichen Punkt der nächsten Welle (Bild 1.1).

Zwei Beispiele für die Berechnung von Wellenlängen. Eine Schwingung mit einer Frequenz von 50 Hz hat eine Wellenlänge von 6,8 m, denn

$$\lambda = \frac{c}{f} = \frac{340\ \text{m/s}}{50\ \text{Hz}} = 6{,}8\ \text{m}$$

Hat die Schwingung eine Frequenz von 10 kHz, dann ist die Wellenlänge nur noch 0,034 m:

$$\lambda = \frac{340\ \text{m/s}}{10\ \text{kHz}} = 0{,}034\ \text{m}$$

Die Berechnung von Wellenlängen für verschiedene Frequenzen ist wichtig zum Verständnis der unterschiedlichen Konstruktionen und Längen von Baß- und Hochtönern.

Zur Veranschaulichung einer periodischen Schwingung ist die Sinuskurve bestens geeignet (Bild 1.1). Die Amplitude entspricht dem Abstand zwischen der Nullinie und jedem Punkt des Kurvenzugs. Die maximale Amplitude ist bei jeweils 90° und 270° gegeben; davon hängt die Lautstärke eines Tones ab. Der Abstand irgendeines Punktes der Kurve zum jeweils nächsten Punkt mit dem gleichen Schwingungszustand ist die Wellenlänge.

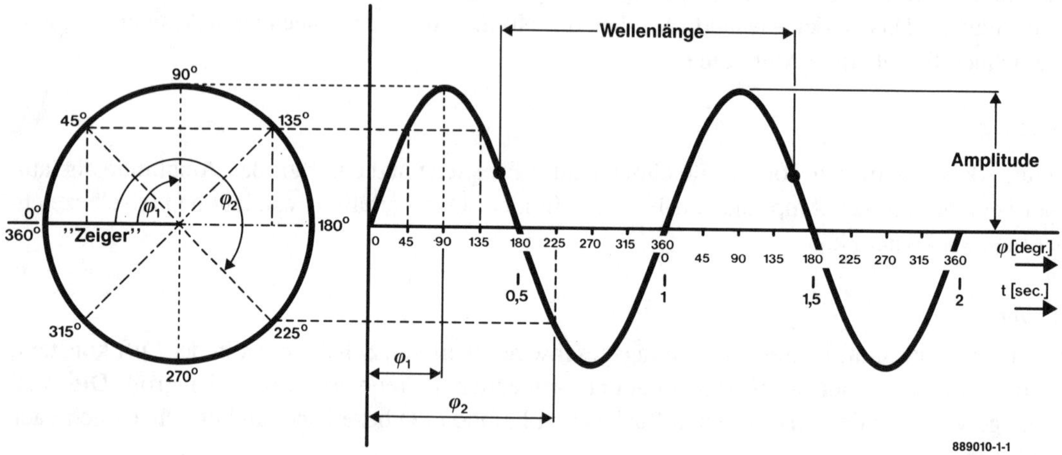

Bild 1.1   Sinusschwingung mit der Frequenz 1 Hz.

Am Bild der Sinuskurve sieht man auch, daß zeitlich nacheinander immer wieder dieselben Kurvenzüge durchlaufen werden. Die Sinusfunktion verhält sich dabei wie ein Uhrzeiger, der nach Verstreichen einer entsprechenden Zeit regelmäßig immer wieder auf dieselbe Stelle des Ziffernblattes weist. In der Schwingungslehre verwendet man allerdings nicht die Zahlen des Uhrenziffernblattes, um den erreichten Zustand (die Zeigerstellung) einer Schwingung zu charakterisieren, sondern den Winkel, den der gedachte Zeiger durchlaufen hat. Diesen Winkel bezeichnet man als Phasenwinkel φ. Die Sinuskurve beginnt beim Phasenwinkel $\varphi = 0$, hat den oberen Scheitelwert bei 90°, durchläuft die Nullinie bei 180°, hat den unteren Scheitelwert bei 270° und kehrt bei 360° wieder zur Nullinie zurück.

Oberton

Obertöne entstehen durch die Eigenschaft eines Schwingungskörpers, z.B. einer Saite und schwingen nicht nur in der Grundfrequenz, die die Tonhöhe angibt. Gleichzeitig zur Grundfrequenz schwingt der Ton, wenn auch viel schwächer, in ganzzahligen Vielfachen dieser Grundfrequenz. Die Stärke der Oberschwingungen ist wiederum von der Beschaffenheit des Schwingungskörpers abhängig.

Überlagerung

Unter Überlagerung (Bild 1.2) versteht man das gegenseitige Beeinflussen von Schwingungsvorgängen. Dabei addieren bzw. subtrahieren sich die Amplituden der Schwingungen in dem jeweils gleichen Moment. Das Ergebnis ist ein neuer, aus beiden Schwingungen resultierender Schwingungsverlauf.

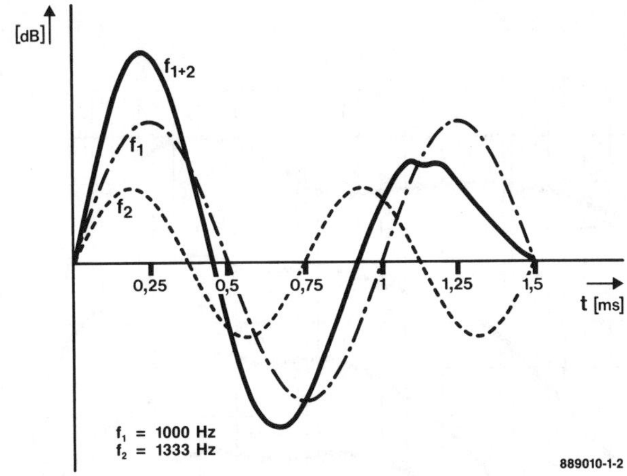

Bild 1.2 Überlagerung zweier Schwingungen mit verschiedener Frequenz und verschiedener Amplitude sowie die daraus resultierende Gesamtschwingung.

Klang

Der Klang eines Instruments ergibt sich aus der Überlagerung von Grund- und Oberschwingungen. Für die Stärkeanteile der Oberschwingungen sind diverse Faktoren maßgeblich: die Art des Schwingungskörpers (Saite, Luftsäule, fester Körper), sein Material (Kunststoff, Holz, Metall) und die Art, wie er zum Schwingen gebracht wird (anstreichen, zupfen, anschlagen, anblasen). Ein große Rolle spielen auch Material und Konstruktion des Klangkörpers.

Alle diese Komponenten in ihren verschiedenen Kombinationsmöglichkeiten bewirken den für jedes Musikinstrument charakteristischen Eigenklang.

1.2 Höreigenschaften des Menschen

In der Elektroakustik ist der lineare (gradlinige) Frequenzverlauf das Maß aller Dinge. Nur wenn alle Frequenzen des Spektrums gleichmäßig bearbeitet werden, ist ein ausgewogener Gesamtklang zu erzielen.

Ganz anders sieht es da bei unserem Gehör aus. Bedingt durch die Konstruktion von Ohrmuschel, Mittelohr und Innenohr ist der »Höreindruck« eines Schallereignisses stark abweichend von dem Ergebnis, das sich durch eine physikalische Messung ergeben würde. So werden z.B. von unserem Ohr verschiedene Frequenzen bei gleicher Schalleistung unterschiedlich stark wahrgenommen.

Als besonders laut werden Frequenzen zwischen 1 kHz und 6 kHz empfunden. Darüber und darunter wird die Wahrnehmung schwächer; das macht sich besonders stark unter 100 Hz und oberhalb von 8 kHz bemerkbar. Bei etwa 15 kHz ist die obere Hörgrenze erreicht; darüberliegende Frequenzen sind nicht mehr wahrnehmbar (sie gehören bereits in den Ultraschallbereich).

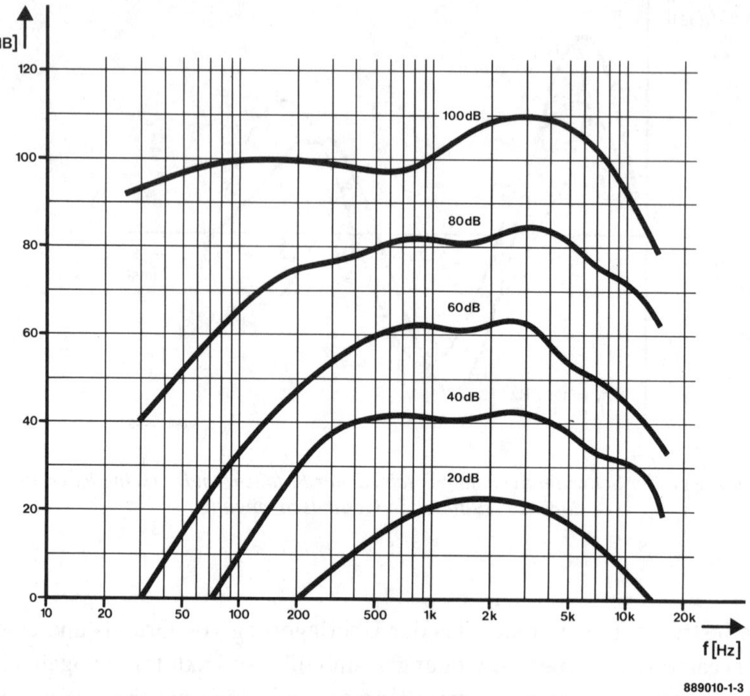

Bild 1.3 Frequenzverlauf des menschlichen Gehörs.

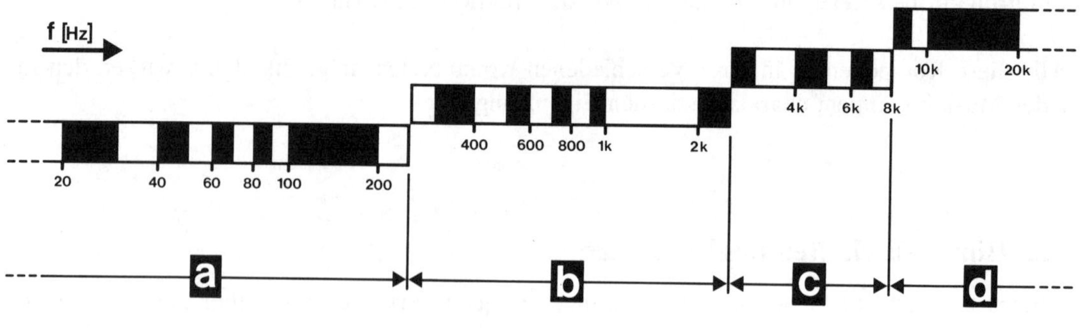

Bild 1.4 Aufteilung des vom menschlichen Gehör wahrnehmbaren Frequenzbereiches in vier Teilbereiche: a) Tiefbaßbereich; b) Tiefmitteltonbereich; c) Mittelhochbereich; d) Höchsttonbereich.

Diese Unregelmäßigkeiten im Lautstärkeempfinden verschiedener Frequenzen sollen hier nur erwähnt werden, um, im Gegensatz zur Linearität, das für uns gewohnte und »normale« Hören darzustellen. Man darf nicht versuchen, diese Unterschiede durch Klangregelungen auszugleichen, da das Ergebnis nicht mit unseren Hörerfahrungen übereinstimmen würde.

Noch extremer sind diese Unterschiede beim Lautstärkeempfinden. Das menschliche Gehör hat sich den natürlichen Schallereignissen angepaßt. Flüstern oder Blätterrascheln muß ebenso wahrnehmbar sein wie das Krachen eines Donners; letzteres muß allerdings noch unterhalb der Schmerzgrenze liegen. Um eine Verarbeitung dieser enormen Schalleistungsunterschiede zu ermöglichen, hat unser Gehör ein logarithmisches Lautstärkeempfinden entwickelt.

In der Praxis bedeutet das folgendes: Wir hören einen Ton, wiedergegeben durch einen Verstärker mit der Schalleistung von einem Watt. Diesen Ton hören wir in einer bestimmten Lautstärke. Erhöhen wir nun, bei gleichem Hörabstand, die Leistung auf zwei Watt, dann verdoppelt sich die empfundene Lautstärke nicht etwa, sondern steigt lediglich um einen noch gerade hörbaren Wert an. Für eine Lautstärkeverdopplung ist die zehnfache Verstärkerleistung nötig! Auch bei großen Leistungen bleibt dieses Verhältnis erhalten. Will man, ausgehend von einem 50 Watt Verstärker, die Lautstärke verdoppeln, sind 500 Watt Leistung erforderlich!

1.3 Pegel

Mit dem Begriff »Pegel« ist die Stärke eines akustischen oder elektrischen Signals umschrieben. Dabei wird das Verhältnis zweier akustischer oder elektrischer Größen gleicher Einheit in der Verhältnismaßeinheit »Dezibel« (dB) angegeben.

Dezibel

Aus den im Abschnitt 1.2 »Höreigenschaften« beschriebenen Gründen müssen in der Elektroakustik sehr große Bandbreiten von Spannungen und Leistungen verwendet werden, um dem Hörer die gewünschten Lautstärkeunterschiede vermitteln zu können. So muß z.B. ein Verstärker, der ein Signal gerade noch hörbar macht, die 1000.000.000.000-fache Leistung erbringen, um das gleiche Signal bis zur Schmerzgrenze zu verstärken. An dem gerade genannten Beispiel wird deutlich, daß bei diesen Rechnungen sehr unhandliche Zahlenwerte entstehen. Daher ist es sinnvoller, die Veränderung von Spannungen und Leistungen nicht mit Dezimalzahlen, sondern sie in das Verhältnis zueinander zu setzen und den Verhältniswert logarithmisch anzugeben.

Die Einheit dafür ist das Dezibel (Abkürzung: dB). Das Dezibel ist also ein Verhältnismaß, welches entweder das Verhältnis zweier Spannungen oder zweier Leistungen zueinander angibt. Die logarithmischen Werte errechnen sich nach den folgenden Formeln:

$$\text{Spannungsverhältnis} = 20 \log \frac{U1}{U2}$$

$$\text{Leistungsverhältnis} = 10 \log \frac{P1}{P2}$$

Die Spannungswerte U sind lineare Größen, während die Leistungsgrößen P quadratischer Natur sind. Die folgende Tabelle gibt die gebräuchlichsten dB-Angaben mit ihren Werten für Spannungs- und Leistungsverhältnisse wieder.

dB-Abgabe	Spannungs-verhältnis	Leistungs-verhältnis
100	10^5	10^{10}
50	316,2	10^5
40	100	10^4
30	31,62	10^3
20	10	10^2

dB-Abgabe	Spannungs-verhältnis	Leistungs-verhältnis
10	3,2	10
9	2,8	7,9
8	2,5	6,3
7	2,2	5,0
6	2,0	4,0
5	1,8	3,2
4	1,6	2,5
3	1,4	2,0
2	1,26	1,6
1	1,12	1,26
0	1	1
— 1	0,89	0,79
— 2	0,79	0,63
— 3	0,71	0,50
— 4	0,63	0,40
— 5	0,56	0,32
— 6	0,50	0,25
— 7	0,45	0,20
— 8	0,40	0,16
— 9	0,35	0,13
—10	0,32	0,10
—20	0,01	
—30	0,001	
—40	0,0001	
—50	0,00001	

Mit diesen Angaben lassen sich Zwischenpegel in einer Übertragungskette sehr einfach errechnen, indem man die jeweiligen Einzelpegel addiert bzw. subtrahiert. Es ist allerdings darauf zu achten, daß diese Angaben keine Absolut-, sondern Relativwerte sind!

Auf das Gehör bezogene Lautstärkeangaben werden ebenfalls im dB-Verhältnis zueinander angegeben. Ein Umrechnung hierbei entfällt, weil das Gehör sie ohnehin logarithmisch verarbeitet. Dabei wird die untere Hörschwelle bei 0 dB angesetzt. Die kleinste wahrnehmbare Pegelveränderung liegt bei etwa 3 dB; dies entspricht einer Verdopplung der Leistung. Eine Steigerung von jeweils 10 dB wird als eine Verdopplung der Lautstärke empfunden. Die erfordert die zehnfache Leistung. Bei 120 dB ist die Schmerzgrenze erreicht.

Ähnliche Angaben werden auch für den Schalldruck von Lautsprechern gemacht. Die dabei verwendeten Parameter sind so gewählt, daß sie dem menschlichen Lautstärkeempfinden sehr nahe kommen.

Das Frequenz-Schalldruck-Diagramm

Wie bereits im Abschnitt »Höreigenschaften« erwähnt, stellt ein über alles gesehen linearer Frequenzgang eines PA-Systems das Optimum der Klangübertragung dar. Vom Tiefstbaß- bis zum Höchsttonbereich wird jede Frequenz absolut gleichberechtigt behandelt. Obwohl die modernen elektronischen Geräte diesem Ideal recht nahekommen, sind die Schallwandler (Mikrophone und Lautsprecher) eine nicht zu unterschätzende Schwachstelle. Aus konstruktionstechnischen wie physikalischen Gründen gibt es bei ihnen Frequenzbereiche, die bevorzugt oder benachteiligt werden. So existiert beispielsweise kein Lautsprecher, der alle Frequenzen gleich stark wiedergibt. Um diese Abweichungen eines Gerätes übersichtlich darstellen zu können, benutzt man das Frequenz-Schalldruck-Diagramm (Bild 1.5). Es handelt sich dabei um ein Koordinatenkreuz, auf dessen vertikaler Achse der Pegel (dB) und auf der horizontalen Achse die Frequenz (Hz) aufgetragen werden.

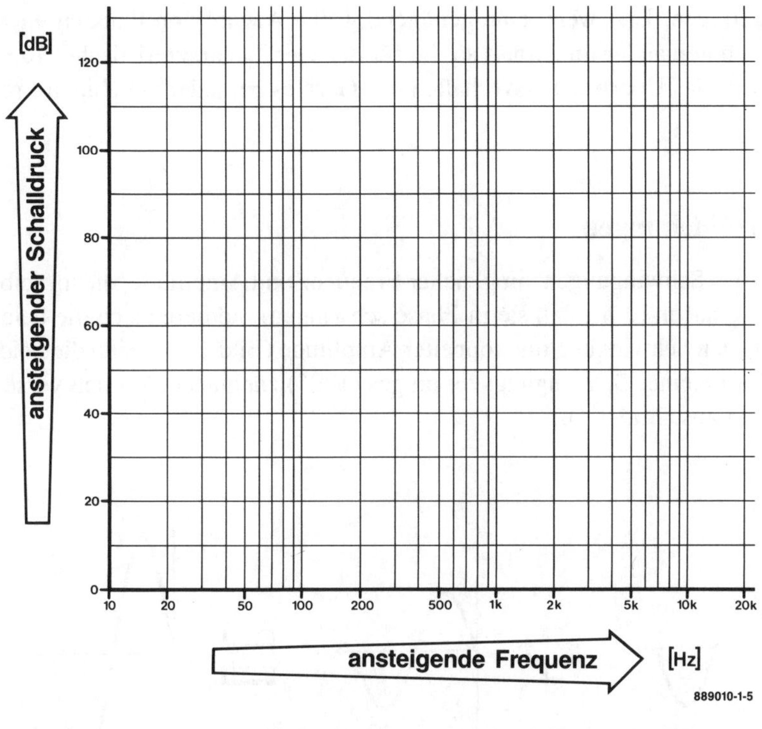

Bild 1.5 Leeres Frequenz-Schalldruck-Diagramm. Wegen der besseren Übersichtlichkeit wird die Frequenz in Hz (mit einem logarithmischen Maßstab) und der Schalldruck in dB-Werten in das Diagramm eingetragen.

Die Bandbreite der Frequenz umfaßt im allgemeinen den menschlichen Hörbereich, also von null bis 20 kHz. Da jeweils eine Verdopplung der Frequenz einem Tonintervall von einer Oktave bedeutet, ist die Diagrammaufteilung logarithmisch; dadurch ist die Skala dem Tonhöhenempfinden angepaßt. Der Abstand zwischen den Oktaven ist dadurch ebenfalls gleich.

Ebenfalls auf einen potentiellen Zuhörer zugeschnitten ist die Einteilung der senkrechten Achse für den Pegel. Sie ist allerdings für die diversen Anwendungspegel unterschiedlich ausgelegt. In Bild 1.3 und auch in Bild 1.5 beginnt der Bereich sinnvollerweiser bei der Hörschwelle von 0 dB und endet bei der Schmerzgrenze von 120 dB. Der Bereich dazwischen ist in 10-dB-Schritten unterteilt. Bei der Beschreibung von Lautsprechern ist es zweckmäßig, sich auf den Pegelbereich zu beschränken, in dem die Lautsprecher auch arbeiten. Das sind etwa 70 dB bis 115 dB; eine Unterteilung in 3-dB-Schritten ist dabei ausreichend.

Zusatzgeräte, Endstufen und viele Mikrophone haben nur sehr geringe Abweichungen vom linearen Frequenzgang. Um die Abweichungen dennoch aufzuzeigen, wird meistens eine mit 0 dB gekennzeichnete Ideallinie parallel zur Horizontalachse gezogen. Die Skala geht von dort aus in sehr genauen 1-dB-Schritten nach oben und unten, um auch kleinste Pegelanhebungen oder Pegelabsenkungen deutlich zu machen. Allerdings liegen diese Abweichungen fast immer außerhalb der Wahrnehmungsfähigkeit des Menschen.

In ein leeres Frequenz-Schalldruck-Diagramm werden nun die für bestimmte Frequenzen ermittelten Pegel eingetragen. Erst wenn eine genügend große Anzahl von Punkten eingetragen ist, verbindet man sie miteinander und erhält so die für das Gerät charakteristische »Kennlinie«. Sie gibt Aufschluß über das Übertragungsverhalten des Gerätes bei jeder beliebigen Frequenz.

1.4 Phasenverschiebungen

Überlagern sich zwei Schwingungen mit gleicher Frequenz und Amplitude, die im selben Moment den Nulldurchgang haben (d.h., daß sie in Phase schwingen), addieren sich die beiden Schwingungen zu einer neuen Schwingung mit doppelter Amplitude (Bild 1.6a). Sind die beiden Schwingungen um die Hälfte eines Schwingungsvorganges (180°) zueinander zeitlich versetzt, löschen sie sich gegenseitig aus (Bild 1.6b).

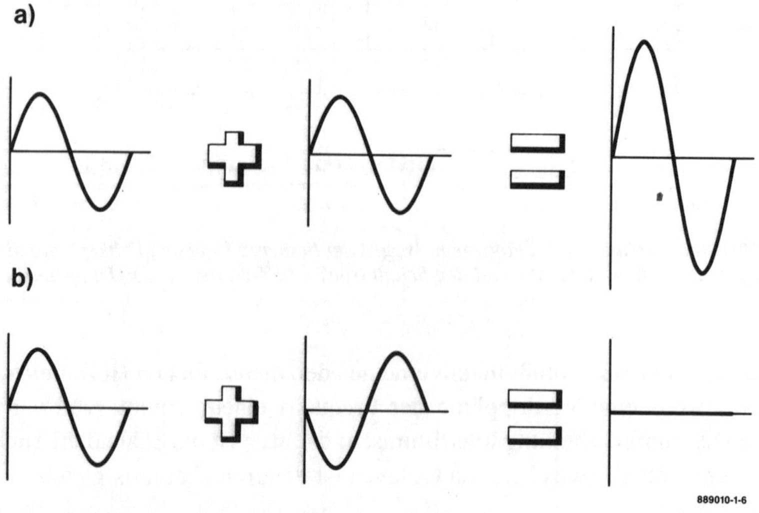

Bild 1.6 Zwei Schwingungen mit gleicher Amplitude und Phase (a) addieren sich zu einer neuen Schwingung mit doppelter Amplitude; das entspricht einer Anhebung um 6 dB. Zwei Schwingungen mit genau gleicher Amplitude, doch exakt entgegengesetzter Phase, löschen sich gegenseitig aus (b).

Diese zeitlichen Differenzen von verschiedenen Schwingungen werden als Phasenverschiebungen bezeichnet. Bild 1.7 zeigt fünf Schwingungen, die zeitlich zueinander versetzt sind. Vom Grad der Verschiebung zwischen den Phasen hängt, nach dem gerade beschriebenen Prinzip, die gegenseitige Verstärkung oder Auslöschung der einzelnen Schwingungen ab.

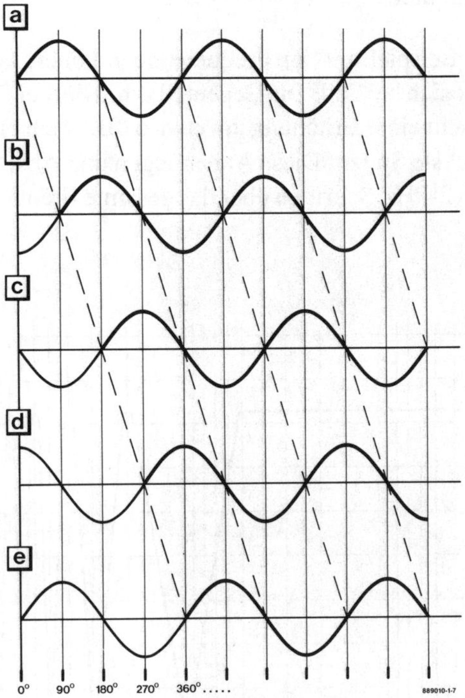

Bild 1.7 Bei den fünf Wechselschwingungen läßt sich die Phasenverschiebung deutlich erkennen (die angegebene Verschiebung bezieht sich immer auf die Grundschwingung (a)
a) Grundschwingung
b) Schwingung um 90° phasenverschoben
c) Schwingung um 180° phasenverschoben
d) Schwingung um 270° phasenverschoben
e) Schwingung um 360° phasenverschoben

Kammfiltereffekte

Wie bereits erwähnt, beeinflussen die Schallwellen (auch das sind Schwingungen) sich gegenseitig und können sich sogar vollkommen auslöschen.

Ein Extremfall der Praxis kann folgendermaßen aussehen: Zwei gleiche Mikrofone sind im Abstand von 16,5 cm hintereinander auf dieselbe Schallquelle ausgerichtet. Aufgrund der Schallgeschwindigkeit erreicht der Ton das erste Mikrofon etwa 0,5 ms vor dem zweiten. Für tiefe Frequenzen bis etwa 500 Hz bedeutet das aufgrund des Überlagerungsprinzips eine Addition der von den Mikrofonen aufgenommenen Signale. Das entspricht einer Pegelsteigerung um etwa 6 dB. Erhöht man weiterhin die Frequenz, findet plötzlich ein starker Einbruch des Pegels statt, der bei 1 kHz eine Abschwächung bis zu etwa -30 dB haben kann. Die Ursache ist klar, wenn man sich die Länge der Schallwelle bei der Frequenz von 1 kHz berechnet:

$$\lambda = \frac{c}{f} = \frac{330\ \text{m/s}}{1000\ 1/\text{s}} = 0{,}33\ \text{m} = 33\ \text{cm}$$

Die beiden Mikrofone stehen also in einem Abstand von einer halben Wellenlänge zueinander. Das bedeutet eine Phasenverschiebung von 180°, was für dieses Beispiel die nahezu vollkommene Auslöschung des Signals bedeutet.

Geht man für das erwähnte Beispiel mit der Frequenz noch höher, läßt der Auslöschungseffekt wieder stark nach bzw. kehrt sich bei 360° ins Gegenteil um. Hierbei findet nun eine Addition der Einzelpegel statt, das entspricht einer Erhöhung um etwa 6 dB. Nach einem weiteren Einbruch bei 3 kHz liegt bei 4 kHz die nächste Spitze. Diese Anhebungen und Abschwächungen setzen sich im genannten Beispiel in jeweils 2-kHz-Schritten über das gesamte Frequenzspektrum fort (Bild 1.8).

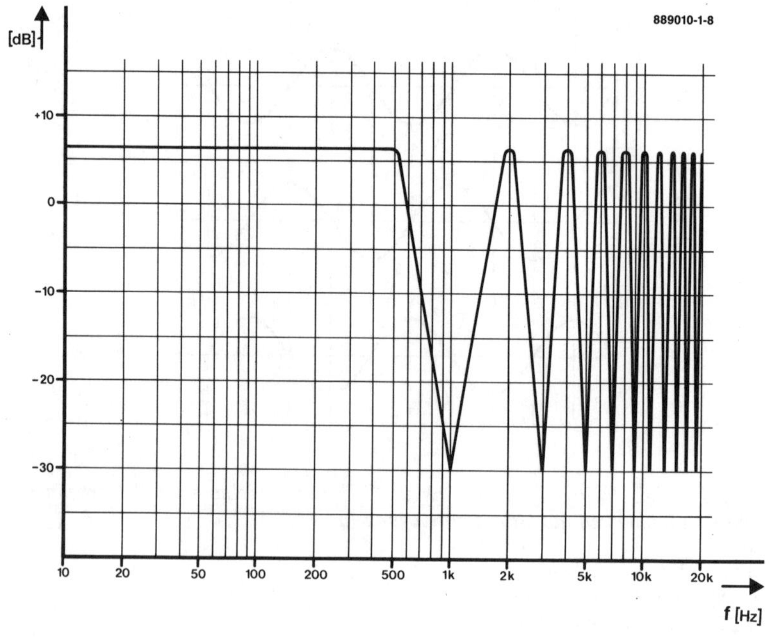

Bild 1.8 Kammfilterkurven mit einer logarithmischen Frequenzeinteilung.

Der Effekt wird noch deutlicher, wenn statt der logarithmischen Einteilung beim Frequenzdiagramm eine lineare Skala verwendet wird (Bild 1.9).

Bei anderen Abständen der Mikrofone voneinander wiederholen sich die Spitzen (Peaks) und Tiefen dieser Kurve ebenso, wenn auch an anderen Stellen des Spektrums. Dieses so entstandene Pegeldiagramm nennt man wegen der regelmäßig auftretenden Verstärkungen und Dämpfungen »Kammfilterkurve«.

Die gerade beschriebenen Kammfiltereffekte treten im Prinzip immer auf, sobald ein Signal von mehr als einem Mikrofon aufgenommen wird. So überträgt ein Gesangsmikrofon in gewissen Grenzen auch auf der Bühne aufgebaute Instrumentalverstärker oder das Schlagzeug. Im Misch-

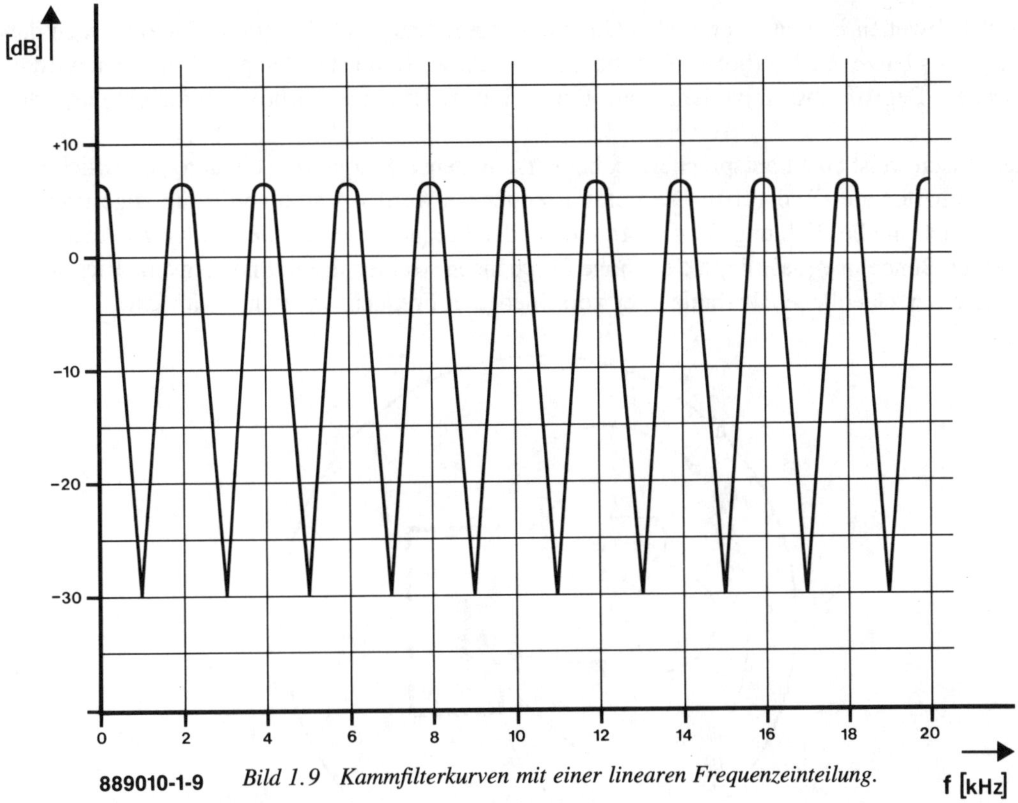

889010-1-9 *Bild 1.9 Kammfilterkurven mit einer linearen Frequenzeinteilung.*

pult kommen diese Signale aufgrund des Laufzeitunterschiedes zwischen dem Gesangs- und den eigentlichen Schlagzeugmikrofonen phasenverschoben an, was die frequenzabhängigen Pegelüberhöhungen bzw. Pegelabschwächungen zur Folge hat. Durch die Entfernung zwischen den Mikrofonen ist allerdings der Pegel des »Sollsignals« um einiges höher als der des zusätzlichen, phasenverschobenen Störsignals. Dadurch sind die Kammfiltereffekte nicht ganz so extrem wie es die Bilder 1.8 und 1.9 zeigen.

Probleme gibt es eigentlich nur dann, wenn z.B. zwei Gesangs- oder Schlagzeugmikrofone so nah beieinander aufgestellt sind, daß das »Nachbarsignal« relativ stark mit aufgenommen wird. Dann können die Kammfiltereffekte zu einem blechernen oder hohlen Klang führen. In diesem Fall ist es vollkommen falsch, mittels der Klangregelung die Kammfiltereffekte ausmerzen zu wollen. Meistens genügt es, die jeweiligen Mikrofone entweder weiter voneinander entfernt zu postieren oder näher an die Schallquelle zu bringen, um den Eingangspegel in Bezug auf weitere Einstreuungen zu erhöhen. Bei aufwendigen Mischpulten gibt es für jeden Kanal einen Phasenumkehrschalter, der die Phase um 180° drehen kann und so möglichen Kammfiltereffekten stark entgegen wirkt.

1.5 Abstrahlverhalten

Wie alle Wellenformen sind auch die Schallwellen von den Gesetzen der Wellenmechanik abhängig. Sie unterliegen also den Prinzipien von Brechung und Beugung. Die Stärke der Beeinflussung von Schallwellen ist von ihrer Wellenlänge abhängig. Lange Wellen (tiefe Töne) werden dabei weniger als kurze Wellen (hohe Töne) beeinflußt. Dieses frequenzabhängige Verhalten wird hier unter dem Begriff Abstrahlverhalten am Beispiel einer Lautsprecherbox vereinfacht dargestellt.

Theoretisch weist eine Lautsprecherbox bei verschiedenen Frequenzen ein unterschiedliches Abstrahlverhalten auf (Bild 1.10). Die tiefen Frequenzen werden fast kugelförmig abgestrahlt und breiten sich in alle Richtungen aus. Mit steigender Frequenz neigen die Wellen zu einer immer stärkeren Bündelung (beaming). Sehr hohe Frequenzen strahlen fast nur noch in eine Richtung ab. Dieses unterschiedliche Abstrahlen der verschiedenen Frequenzen ist unerwünscht.

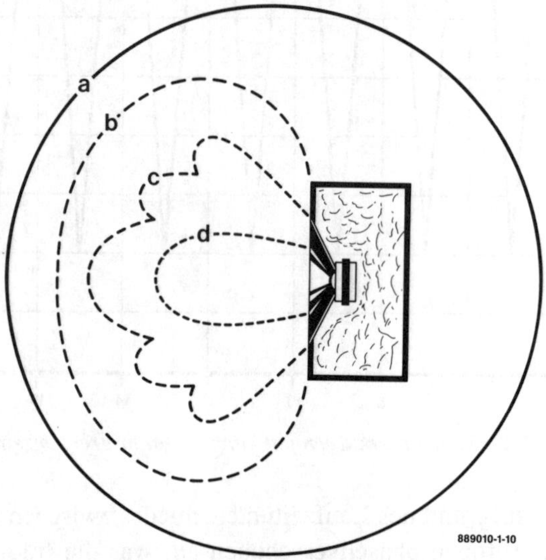

Bild 1.10 Die symbolisierte Lautsprecherbox zeigt das unterschiedliche Abstrahlverhalten bei verschiedenen Frequenzen:
a) Frequenzen unter 200 Hz (Baß)
b) Frequenzen von 200 Hz bis 1500 Hz (Tiefmittelton)
c) Frequenzen von 1,5 bis 8 kHz (Mittelhochton)
d) Frequenzen über 8 kHz (Hochton)

Die Bündelung der hohen Frequenzen führt dazu, daß man sie außerhalb des Bündelungsfeldes nicht mehr wahrnimmt. Das Rundstrahlverhalten der tiefen Frequenzen hingegen kann Störungen hervorrufen; beispielsweise Rückkopplungen und Mikrofoneinstreuungen.

Um die Bündelung bei hohen Frequenzen und das Rundstrahlverhalten bei tiefen Frequenzen zu verhindern, sind spezielle Lautsprecher und Hornkonstruktionen entwickelt worden. Sie sollen eine gleichmäßige Streuung bei hohen Frequenzen und eine bessere Richtwirkung bei tiefen erreichen.

1.6 Leistungsverteilung in PA-Systemen

Wie im noch folgenden Abschnitt »Der Wirkungsgrad« (Seite 106) ausführlich beschrieben, wandelt ein Lautsprecher die ihm zugeführte Energie nicht nur in Schallwellen, sondern, speziell im

Schwingspulenbereich, auch in Wärme um. Außerdem ist es der Lautsprechermembran aufgrund der Verwindungen nicht möglich, ihre Bewegungsenergie vollkommen an die Umgebungsluft weiterzugeben. Je kleiner diese Verluste aber sind, um so größer ist der Wirkungsgrad.

Vereinfacht ausgedrückt kann man sagen: Je größer die Luftmassen sein sollen, die man bewegen will, desto größer müssen die Schwingspule und die Membran des Lautsprechers ausgelegt sein; dadurch steigen allerdings die Verluste stark an. Das trifft insbesondere für Tief- und Tiefsttöner zu. Bei Druckkammertreibern steigt der Wirkungsgrad stark an, bei Tweetern sind die Verluste nahezu verschwindend gering. Das bedeutet, daß den Baßboxen sehr viel mehr Energie zugeführt werden muß als den Hochtönern. Das geht auch aus den Beispielen in den folgenden Tabellen hervor.

Frequenzbereich des Lautsprechers	Schallanteil in Prozent	Leistungsverteilung 500 Watt	300 Watt
Baß 20 Hz — 300 Hz	55 %	275 W	165 W
Tiefmitten 300 Hz — 8 kHz	30 %	150 W	90 W
Hochmitten 2,5 — 8 kHz	10 %	50 W	30 W
Hoch 8 — 20 kHz	5 %	25 W	15 W
Insgesamt	100 %	500 W	300 W

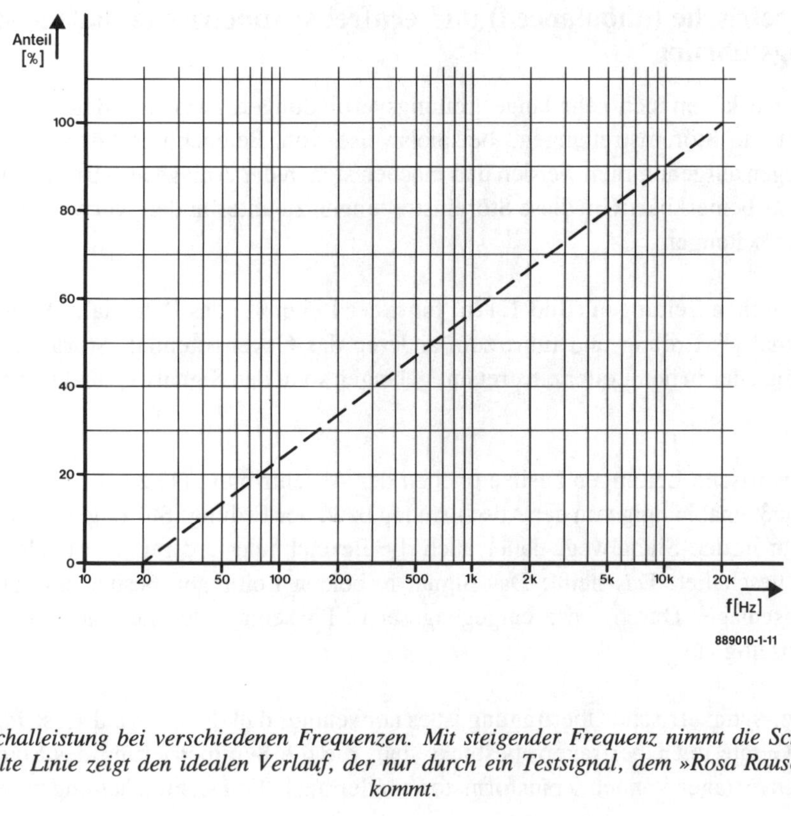

Bild 1.11 Schalleistung bei verschiedenen Frequenzen. Mit steigender Frequenz nimmt die Schalleistung ab. Die gestrichelte Linie zeigt den idealen Verlauf, der nur durch ein Testsignal, dem »Rosa Rauschen« zustande kommt.

Mit einer anderen Lautsprecherkombination und anderen angenommenen Verstärkerleistungen ändert sich der prozentuale Schallanteil und die Leistungsverteilung.

Frequenzbereich des Lautsprechers	Schallanteil in Prozent	Leistungsverteilung	
		300 Watt	200 Watt
Baß 20 Hz — 800 Hz	70 %	210 W	140 W
Mitten 800 Hz — 5 kHz	25 %	75 W	50 W
Höhen 5 — 20 kHz	5 %	15 W	10 W
Insgesamt	100 %	300 W	200 W

Als Hilfe für die individuelle Auslegung dieser Verteilung dient Bild 1.11. Dort kann man, je nach der Trennfrequenz der Systeme, die prozentualen Leistungsanteile ablesen.

Rosa Rauschen

Unter dem Begriff »Rosa Rauschen« versteht man ein Testsignal, das das gesamte Frequenzspektrum beinhaltet. Dabei ist der Pegel jeder Einzelfrequenz in diesem Klanggemisch gleich. Das »Rosa Rauschen« wird als Einmeßsignal für PA-Systeme verwendet.

1.7 Asymmetrische (unbalanced) und erdfrei-symmetrische (balanced) Leitungsführung

Bei PA-Anlagen lassen sich sehr lange Leitungsverbindungen zwischen Bühne und Mischpult nicht verhindern. Störeinstreuungen, beispielsweise von Beleuchtungskörpern, können von diesen Leitungen aufgenommen werden und machen sich in der Anlage als »Brummen«, »Surren« oder »Knistern« bemerkbar. Um diese Störeinstreuungen zu unterbinden, verwendet man erdfrei-symmetrische Leitungen.

Bei asymmetrischen Leitungen (Bild 1.12a) führt der Leiter (1) das Potential. Die Abschirmung (2) dient einmal als Erdung und führt zum anderen das Gegenpotential. Störungen, die in die Erdungsleitung oder in den Leiter einstreuen, gelangen so in den Signalweg und werden mit übertragen.

Erdfrei-symmetrische Leitungen besitzen neben der Abschirmung (1) zwei Leiter (Bild 1.12b). Das Signal fließt unabhängig von der Abschirmung bzw. der Erdung. Störungen in der Erdleitung gelangen nicht in den Signalweg, daher auch die Bezeichnung erdfrei. Die beiden Leiter sind gegenphasig geschaltet. Das heißt: Das Signal in beiden Leitungen besitzt eine um 180 Grad gedrehte Phasenlage. Durch diese entgegengesetzte Phasenlage löschen sich eventuelle Störsignale gegenseitig aus.

Für die erdfrei-symmetrische Übertragung ist es notwendig, daß die Ein- und Ausgänge der angeschlossenen Geräte mit Übertragern bestückt sind, die die Symmetrierung des Signals vornehmen. Diese Übertrager können Transformatoren oder auch Transistorschaltungen sein.

a

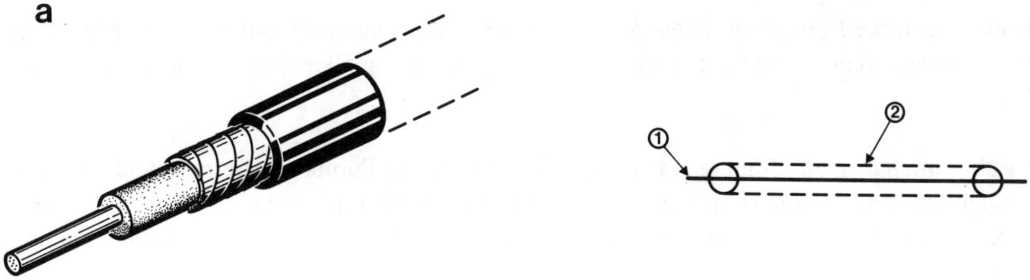

Bild 1.12a Bei der asymmetrischen Leitung (unbalanced) steht für das Signal eine separate Leitung zur Verfügung (1), während Abschirmung und Gegenpotential sich mit einem gemeinsamen Leiter (2) begnügen müssen.

b

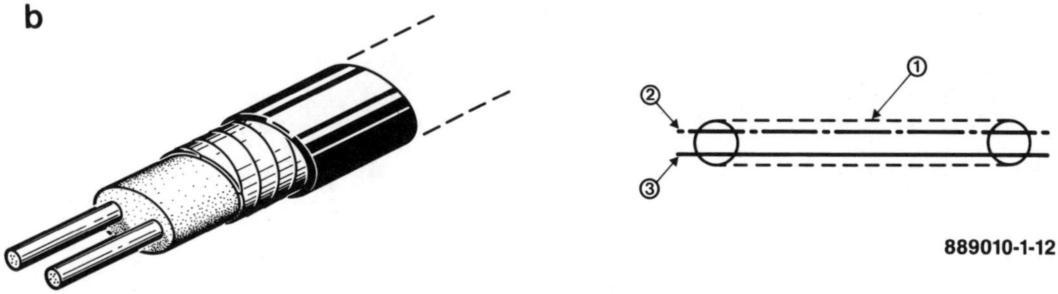

Bild 1.12b Bei der erdfrei-symmetrischen Leitung stehen für Abschirmung (1), Gegenpotential (2) und Signal (3) separate Leitungen zur Verfügung.

Die Mikrofonleitungen zum Mischpult, die nur ganz geringe Spannungspegel führen (im Millivoltbereich) sind äußerst empfindlich gegen Störeinstrahlungen. Aus diesen Gründen ist es sehr wichtig, daß sie immer erdfrei-symmetrisch ausgeführt sind. Bei den Rückleitungen vom Mischpult zu den Endstufen ist die Gefahr der Störeinstreuungen nicht ganz so hoch, weil die Signalspannungen hier doch mehrere Volt betragen können. Es ist deshalb auch nicht unbedingt eine erdfrei-symmetrische Leitungsführung erforderlich. Soll jedoch das Risiko der Störeinstreuungen gänzlich ausgeschlossen werden, ist dies nur mit einer erdfrei-symmetrischen Auslegung aller Leitungsführungen zu erreichen.

1.8 Raumakustik

Jeder Raum, in dem musikalische Darbietungen stattfinden, weist andere akustische Eigenschaften auf. Sie hängen von der Raumgröße, dem Raumvolumen, der Raumform und vom Material der Begrenzungsflächen (Boden, Decke, Wände) sowie vom Material der sich im Raum befindlichen Einrichtungsgegenstände ab. Harte Materialien (wie Stein und Glas) haben die Eigenschaft, den Schall stark zu reflektieren. Weichere Materialien, beispielsweise Holz, reflektieren den Schall weniger stark. Stoffe und Polster dämpfen gar den Schall sehr stark, besonders im Mittelhochtonbereich. Große Räume mit harten Begrenzungsflächen erzeugen einen starken Nachhall durch die Vielzahl der Reflexionen; kleinere Räume haben einen geringeren Nachhallanteil.

Reflexionen und störender Nachhall können zu Beeinträchtigungen des Klangbildes führen, weil dadurch manche Frequenzbereiche übermäßig betont werden. Andere Frequenzbereiche erfahren hingegen eine starke Dämpfung. Diese Veränderungen im Frequenzverlauf muß eine Klangregelung ausgleichen können, damit eine gleichmäßige Übertragung aller Frequenzbereiche gewährleistet ist.

Ohne Publikum haben alle Räume eine andere Akustik als mit Publikum. Beim Soundcheck, der in der Regel im leeren Raum stattfindet, ist deshalb zu berücksichtigen, daß sich beim Auftritt die Raumakustik durch das Publikum verändert; dadurch wird der Mittelhochtonbereich bedämpft.

Bühnenaufbau einer PA-Anlage. ▶

Teil 2

Die Komponenten

2. Die Komponenten

Eine PA-Anlage besteht aus vielen einzelnen Komponenten, die erst zusammen das erreichen, was Sinn und Zweck einer PA-Anlage ist: Einer größeren Zuhörermenge sollen meist Musik (seltener reine Sprache) verständlich gemacht werden. Dabei sind die Komponenten für sich betrachtet meist ohne Funktion: ein Mikrofon ist ohne alles andere sinnlos. Ähnliches gilt für Mischpulte, Bandmaschinen, Hall- und Echogeräte, Frequenzweichen, Lautsprecher und Lautsprecherboxen sowie Kabel und sonstiges Zubehör. Alle die genannten Geräte werden in diesem Kapitel besprochen.

2.1 Einführung in die PA-Technik

Die PA-Technik, so wie wir sie heute kennen, ist erst in den letzten Jahrzehnten entstanden. Die Entwicklung begann mit dem Tonfilm und dem damit verbundenen Problem, große Kinotheater zu beschallen. Dazu hätten Verstärker höherer Leistung entwickelt werden müssen, was jedoch nach dem damaligen Stand der Technik nicht möglich war. Stattdessen löst man das Problem durch die Entwicklung effektiverer Lautsprechersysteme, zu denen auch die heute noch verwendeten Hornboxen zählen. Erst etliche Zeit später gelang es, die Verstärkerleistungen zu steigern, wodurch Systeme mit einer hohen Wiedergabeleistung entstanden.

Auch in der Unterhaltungsmusik entstand das Problem, mit wenigen Musikern sehr große Räume zu beschallen. Hierbei bediente man sich zunächst der für die Kinos entwickelten Beschallungssysteme. Anfänglich genügten wenige Mikrofone und einfache Verstärkereinheiten, die lediglich den Gesang zu übertragen und diesen auf die gleiche Lautstärke wie die der elektronisch verstärkten Instrumente zu bringen hatte. Doch das war bald zu wenig. Es bestand der Wunsch, alle Instrumente zu übertragen, sie zu mischen und über Reglereinheiten auf den Sound einzuwirken. Die Verwirklichung dieses Wunsches wurde durch die Rock- und Popmusik begünstigt, die immer größere Lautstärken und Eingriffsmöglichkeiten forderte. Parallel dazu verlief die Entwicklung der Studio- und Hi-Fi-Technik, so daß sich insgesamt die Klangqualität der Schallplattenaufnahmen und deren Wiedergabe erheblich verbesserte. Diese Entwicklung änderte auch die Hörgewohnheiten des Publikums: es wurde anspruchsvoller und kritischer. Gleichzeitig verlangte das Publikum auch bei Live-Veranstaltungen eine immer bessere Klangqualität.

All die genannten Punkte forderten die Entwickler und Konstrukteure zu immer neuen Verbesserungen der Beschallungsanlagen und deren Komponenten heraus. Schließlich erreichten die Geräte einen Standard, der auch bei Live-Auftritten für ein gutes Klangbild sorgte. Die Musiker selbst wollten immer mehr Klangeffekte in die Musik integrieren, um sie so für das Publikum (und auch für sich) interessanter zu gestalten. Es sollten schließlich alle Effekte, die im Studio möglich waren, auch auf der Bühne möglich sein. In den Beschallungsanlagen fanden deshalb immer mehr Geräte aus der Studiotechnik Verwendung. Damit sollte der Klang verbessert und/oder bewußt verändert werden.

Es ist heute normal, daß moderne PA-Systeme neben effektiven Lautsprechern, leistungsstarken Endstufen und Mischpulten mit umfangreichen Einstellmöglichkeiten auch mit einer großen Zahl von Zusatzgeräten ausgerüstet sind, die häufig aus dem Studiobereich stammen. Für die modernen PA-Systeme ist es kein Problem, Räume jeder Größe zu beschallen und dabei gleichzeitig ein hervorragendes Klangbild mit Effekten jeglicher Art zu liefern. Eine gute PA-Anlage ist allerdings nicht nur kostspielig, sie verlangt auch umfangreiche Kenntnisse der Beschallungstechnik, will man sie sachgemäß bedienen. Das ist Voraussetzung, wenn man sein Publikum zufriedenstellen will. Es ist durch Schallplattenaufnahmen und durch Auftritte namhafter Bands so verwöhnt, daß auch Amateur- und semiprofessionelle Bands mit relativ aufwendigen PA-Anlagen arbeiten müssen, um die Erwartungen des Publikums zu erfüllen.

Aufgaben eines PA-Systems

Wie bereits mehrfach erwähnt, hat das PA-System die Aufgabe, eine musikalische Darbietung von der Bühne in den Saal zu übertragen. Dabei darf das System selbst an dem Klangbild nichts verändern. Änderungen sind nur dann erwünscht, wenn sie das Klangbild verbessern oder als Stilmittel der Musik eingesetzt werden. Alle technischen Hilfsmittel dienen ausschließlich diesen Zielen. Das entscheidende Kriterium für die Handhabung eines Systems ist und bleibt jedoch das Hörempfinden des Publikums.

Es sollte niemals der Versuch unternommen werden, mit Hilfe eines PA-Systems ein künstliches Klangbild zu schaffen. Die Anlage soll lediglich die für den Saal nötige Lautstärke erzeugen, ein sinnvolles Lautstärkeverhältnis zwischen den Instrumenten schaffen und die gewünschten Effekte bereitstellen. Außerdem muß die PA-Anlage in der Lage sein, störende Akustikeigenschaften des Raumes zu korrigieren.

Signalweg einer PA-Übertragungskette

Der Weg, den ein Signal in einer PA-Übertragungskette nimmt, ist in Bild 2.1 schematisch dargestellt. Es beginnt damit, daß der von einer Signalquelle erzeugte Schall von der akustischen Schallwelle in ein elektrisches Signal umgewandelt werden muß, um überhaupt in die PA-Übertragungskette zu gelangen. Diese Aufnahme und Umwandlung des akustischen Signals geschieht mit Hilfe von Mikrofonen. Das gilt in erster Linie für rein akustische Instrumente und Stimmen. Bei elektronischen Instrumenten ist es möglich, das Signal direkt vom Instrument abzuzweigen.

Nachdem nun dem PA-System ein Signal zur Verfügung steht, gelangt es direkt auf einen Gesangsverstärker oder zum Block »Signalkorrektur«. Das ist in der Regel ein Mischpult. Hier wird das Signal soweit verstärkt, wie es für die weitere Verarbeitung notwendig ist. Beim Mischpult teilt sich der Signalweg; einmal geht es zur »Signalkontrolle«, zum anderen zur »Signalbeeinflussung«. Die Signalkontrolle ermöglicht es, das Signal über Kopfhörer akustisch oder über Anzeigeinstrumente optisch zu kontrollieren. Außerdem ist die Wiedergabe über die Monitor-

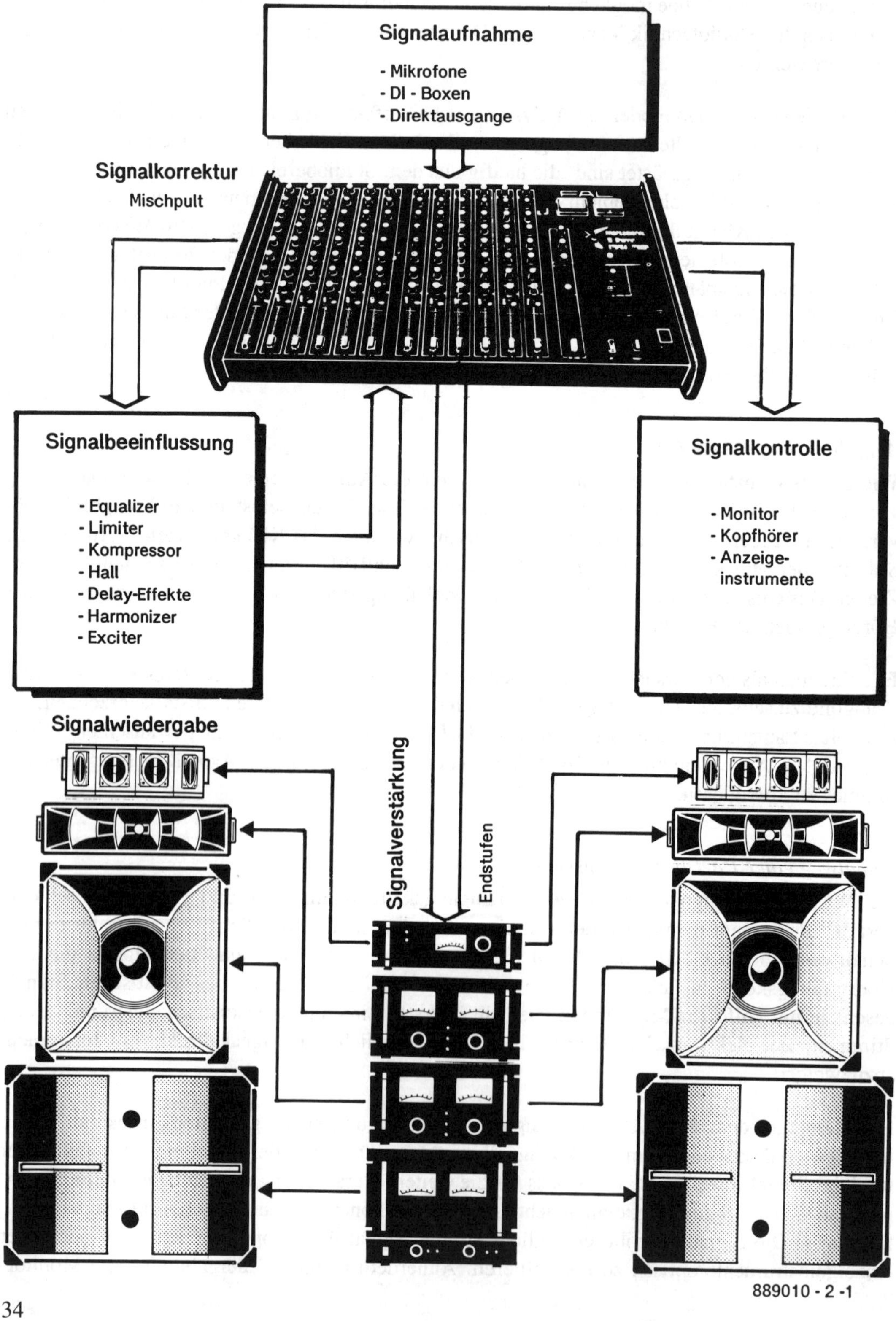
Signalaufnahme
- Mikrofone
- DI - Boxen
- Direktausgange
Signalkorrektur
Mischpult
Signalbeeinflussung
- Equalizer
- Limiter
- Kompressor
- Hall
- Delay-Effekte
- Harmonizer
- Exciter
Signalkontrolle
- Monitor
- Kopfhörer
- Anzeige-
instrumente
Signalwiedergabe
Signalverstärkung
Endstufen
889010 - 2 -1

◀ *Bild 2.1 Signalweg in einer PA-Übertragungskette*

anlage auf der Bühne möglich, die den Musikern zur eigenen Kontrolle dient. Die Signalbeeinflussung kann aus einer ganzen Reihe von Zusatzgeräten bestehen, die das Signal auf verschiedenste Art und Weise beeinflussen und es dann wieder in den Signalweg zum Mischpult zurückzugeben.

Nach der erforderlichen Korrektur und Beeinflussung gelangt das Signal zur »Signalverstärkung«, den Endstufen. Hier wird es auf einen bestimmten elektrischen Pegel verstärkt, damit bei der »Signalwiedergabe« über die Lautsprecherboxen sich die gewünschte Lautstärke einstellt. Zur Signalwiedergabe wandeln die Lautsprecher die elektrischen Signale in akustische Schallwellen um. Es ist eigentlich klar, daß für die Verbindung zwischen den einzelnen Komponenten des PA-Systems Kabel und Steckverbinder notwendig sind.

2.2 Geräte zur Schallaufnahme

Geräte für die Schallaufnahme bilden den Anfang einer PA-Anlage. Von ihnen wird der von Instrumenten oder Interpreten erzeugte Schall direkt oder indirekt den anderen Komponenten des PA-Systems zugeführt. Für die Schallaufnahme und -übertragung bestehen drei Möglichkeiten:
1. durch Mikrofone (microphones)
2. DI-Boxen (direkt injection boxen)
3. Direktausgänge (line/direct outs)

Mikrofone

Die häufigste Methode, Schall aufzunehmen, ist die durch Mikrofone. Sie nehmen die akustischen Schallwellen auf und wandeln sie in elektrische Signale um. Diese Umwandlung wird bei den verschiedensten Arten von Mikrofonen auf unterschiedlichste Art und Weise vollzogen. Die auf dem Markt erhältlichen Mikrofone sind nach dem Umwandlungsprinzip benannt:
— Kohlemikrofone
— Kristallmikrofone
— Elektretmikrofone
— dynamische Mikrofone mit Bändchen oder Tauchspule
— Kondensatormikrofone

Allen Umwandlungsprinzipien ist gemein, daß die Schallwellen eine Membran in Bewegung versetzen und diese Bewegung auf ein anderes Material wirkt, das dann eine elektrische Wechselspannung erzeugt.

Von den genannten Mikrofontypen eignen sich nur die dynamischen Tauchspulenmikrofone, die Kondensatormikrofone und einige Elektretmikrofone für die Anwendung im PA-Bereich. Alle anderen Umwandlungsprinzipien weisen zu hohe Nachteile auf. Sie besitzen in der Regel zu stark abweichende Frequenzgänge und verfälschen damit das Klangbild. Außerdem sind die Verzerrungswerte zu hoch, vertragen nur geringe Schalldrücke und sind für den Einsatz auf der Bühne nicht robust genug.

Dynamische Tauchspulenmikrofone

Dieser Mikrofontyp (Bild 2.2) ist in der PA-Technik am häufigsten anzutreffen. Er eignet sich für nahezu alle Anwendungsbereiche und hat ein sehr gutes Klangbild. Außerdem sind diese Mikrofone unproblematisch in der Handhabung und für den Gebrauch auf der Bühne sehr robust und somit unempfindlich. Die Preise hierfür bewegen sich in einem erschwinglichen Rahmen.

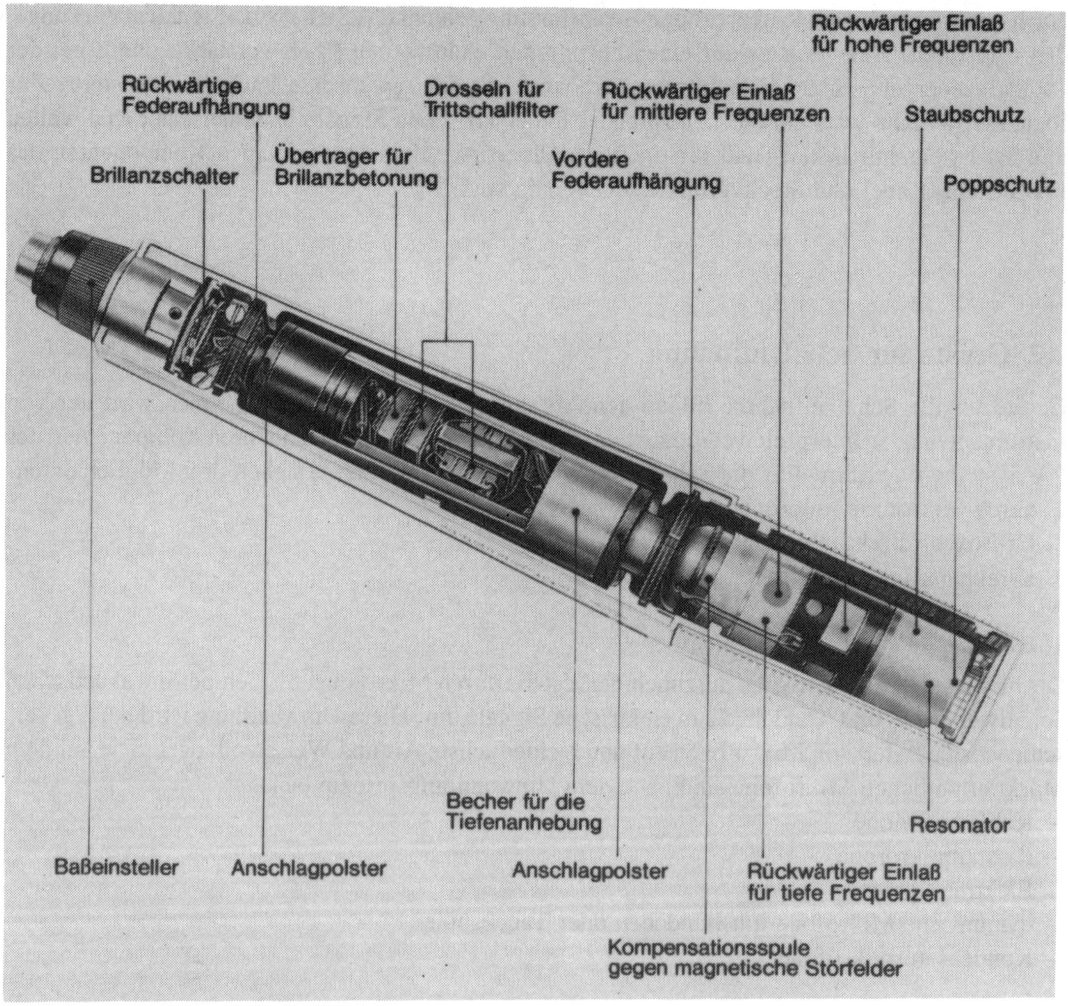

Bild 2.2 Aufbau eines dynamischen Tauchspulenmikrofons, z.B. der Typ MD 441 von Sennheiser.

Kondensatormikrofone

Diese Mikrofone erreichen von allen Typen die beste Klangqualität. Sie werden allerdings überwiegend nur in der Studiotechnik eingesetzt, weniger in der PA-Technik. Sie sind gegenüber den dynamischen Modellen in der Regel sehr viel teurer. Außerdem benötigen Kondensatormikrofone eine Speisespannung von 9 V bis 52 V (V = Volt). Diese Spannung kann dem Mikrofon mit Hilfe von Batterien, die durch den hohen Verbrauch allerdings keine lange Lebensdauer haben, oder durch eine externe »Tonanderspeisung« bzw. »Phantomspeisung« (phantom power) von 48 V zugeführt werden. Studio- und teuere PA-Mischpulte verfügen über eine solche Phantomspeisung, während bei preiswerteren Modellen diese Einrichtung fehlt. Eine solche Speisung muß bei Verwendung von Kondensatormikrofonen dann zusätzlich angeschafft werden, was die Kosten natürlich in die Höhe treibt. Das alles sind Gründe dafür, Kondensatormikrofone in PA-Anlagen nur dort einzusetzen, wo es auf besonders hohe Klangqualität ankommt (z.B. als Overhead-Mikrofone für die Aufnahme der Becken). Bild 2.3 zeigt den prinzipiellen Aufbau eines Kondensatormikrofons.

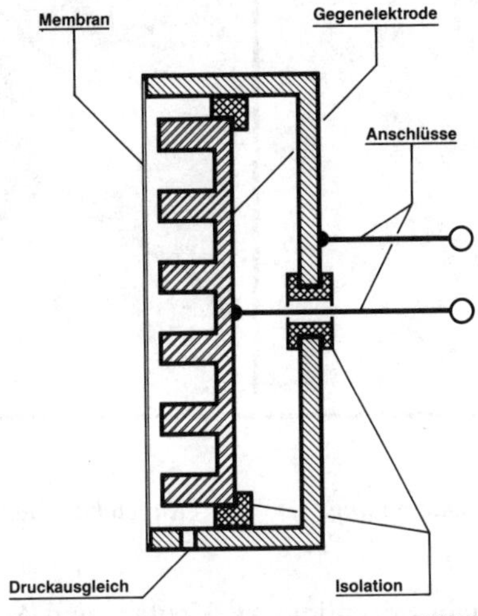

Bild 2.3 Prinzipieller Aufbau eines Kondensatormikrofons.

Elektretmikrofone

Sie arbeiten nach dem gleichen Prinzip wie Kondensatormikrofone. Der Unterschied liegt darin, daß Elektretmikrofone keine Speisespannung benötigen. Sie arbeiten mit einem nichtleitenden Material, einer Folie, die sich in einem elektrischen Feld befindet. Auf der Folie entsteht eine Ladung, welche die erforderliche Polaritätsspannung für die Kondensatorkapsel liefert. Die Elektretmikrofone benötigen eine Batterie, die wegen des geringen Verbrauchs eine lange Lebensdauer besitzt; sie speist den eingebauten Vorverstärker/Impedanzwandler. Die Kosten für die Elektretmikrofone liegen unter denen für die Kondensatormikrofone.

Richtcharakteristiken

Bei der Auswahl eines Mikrofons spielt die Richtcharakteristik eine wesentliche Rolle. In der PA-Technik werden alle Schallquellen einzeln und aus geringem Abstand aufgenommen. Dabei soll und darf das Mikrofon keine Schallquellen der unmittelbaren Umgebung miterfassen und aufnehmen. Aus diesem Grunde soll ein Mikrofon den Schall möglichst nur von vorne und nie von der Seite oder von hinten aufnehmen. Diesen Anspruch erfüllen Mikrofone mit Nierencharakteristik (Bild 2.4) und Supernierencharakteristik am besten.

Mikrofone mit Kugelcharakteristik (Bild 2.5) sollten nur dort Verwendung finden, wo die aufzunehmende Schallquelle sehr gut gegen Schallquellen der Umgebung abgeschirmt ist oder aber die

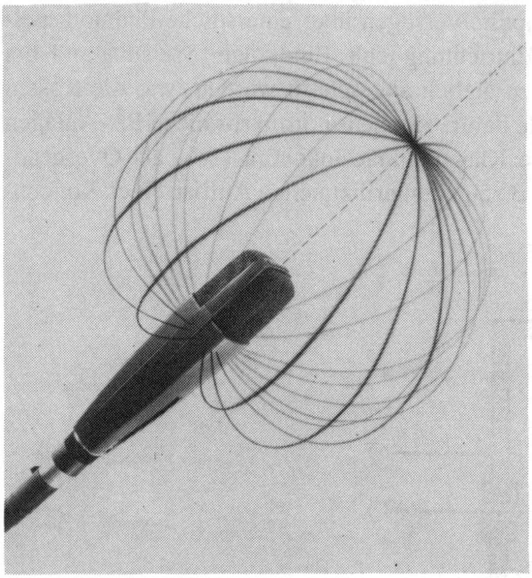

Bild 2.4
Nierencharakteristik in räumlicher Darstellung.

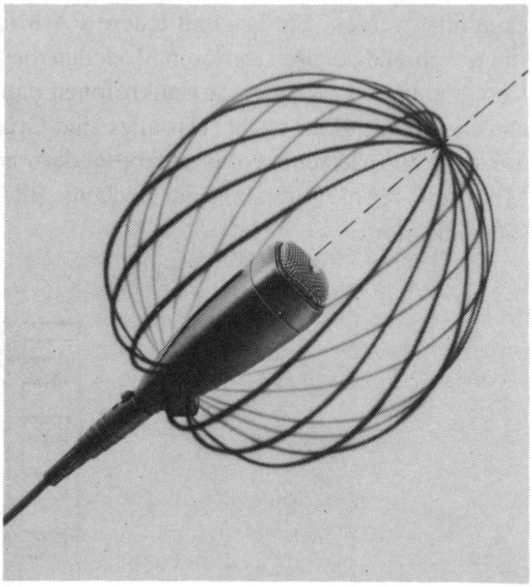

Bild 2.5
Kugelcharakteristik in räumlicher Darstellung.

Aufnahme des Schallumfeldes nicht störend wirkt. Keulen- und Achtercharakteristik (ohne Bild) sind für spezielle Anwendungsbereiche konzipiert und für die PA-Technik meist ungeeignet.

In Bild 2.6 sind die verschiedenen Richtchrakteristiken mit ihrer Bezeichnung sowie dem Symbol räumlich und in Polardiagrammen dargestellt. Das Aufnahmefeld liegt innerhalb der markierten Linie und wirkt um das Mikrofon herum, das im Zentrum positioniert ist. Die Angabe 0° innerhalb des Polardiagramms entspricht der Aufnahmeempfindlichkeit der vorderen Seite, während 180° die rückwärtige Seite kennzeichnet.

Mikrofonimpedanzen

Jedes Mikrofon stellt einen Scheinwiderstand für das Signal dar. Dieser Scheinwiderstand ändert sich mit der Frequenz und wird Impedanz genannt. Die Mikrofonimpedanz wird von den Herstellern in der Einheit Ohm (Ω) in der Regel für eine Frequenz (f) von 1000 Hz angegeben. Dabei unterscheidet man zwischen hochohmigen und niederohmigen Mikrofonen. Die hochohmigen Mikrofone haben meist einen Widerstand von 10000 Ohm und mehr; die Impedanzwerte der niederohmigen Modelle liegen bei etwa 200 Ohm.

In der PA-Technik kommen ausschließlich niederohmige Mikrofone zum Einsatz. Hochohmige Mikrofone haben für die PA-Technik nichtakzeptierbare Nachteile. So sind z.B. lange Kabelverbindungen mit hochohmigen Mikrofonen nicht zulässig, weil dabei Klangverluste in den Höhen-

Bild 2.6 Bezeichnung, Symbol, räumliche Darstellung und Polardigramme der verschiedenen Richtcharakteristiken. ▶

<table>
<tr><th>BEZEICHNUNG</th><th>SYMBOL</th><th>RÄUMLICHE DARSTELLUNG</th><th>POLAR-DIAGRAMM</th></tr>
<tr><td>Kugel
(omnidirectional)</td><td>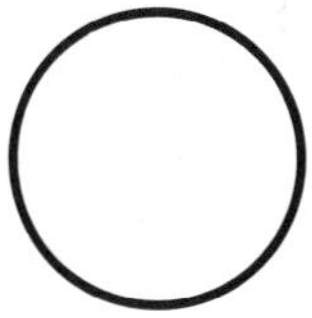</td><td>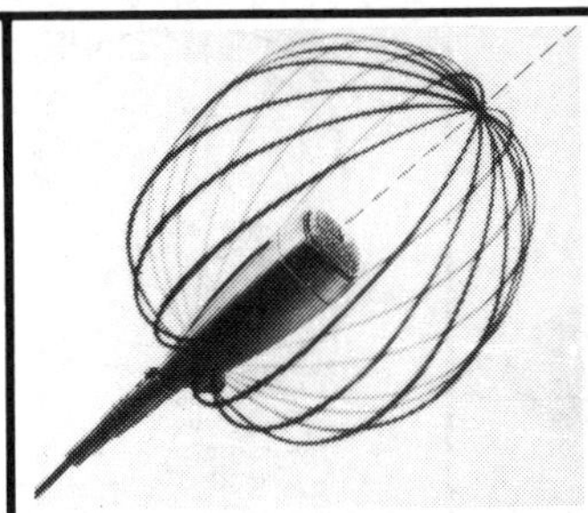</td><td>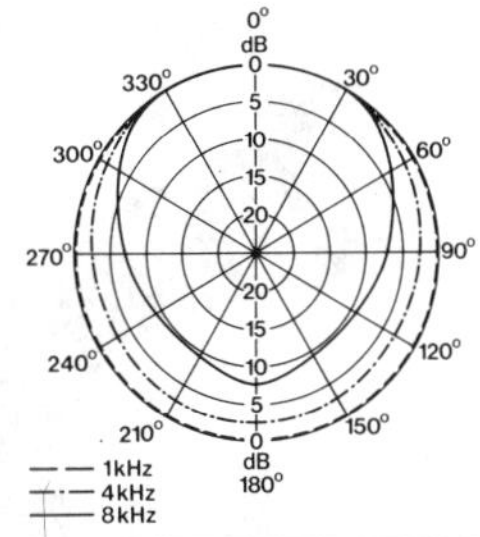
</td></tr>
<tr><td>Niere
(cardioide/
unidirectional)</td><td></td><td>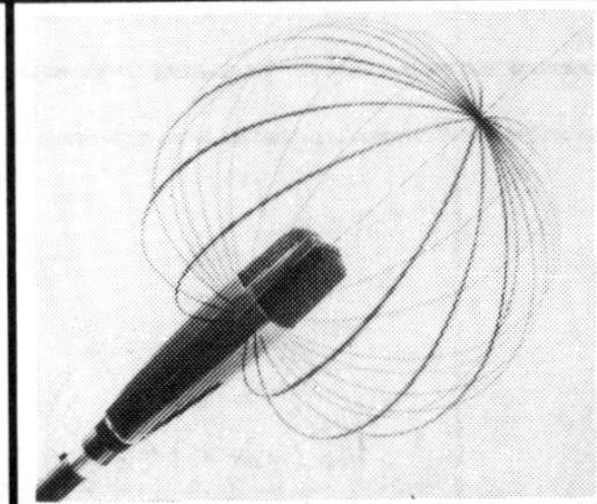</td><td>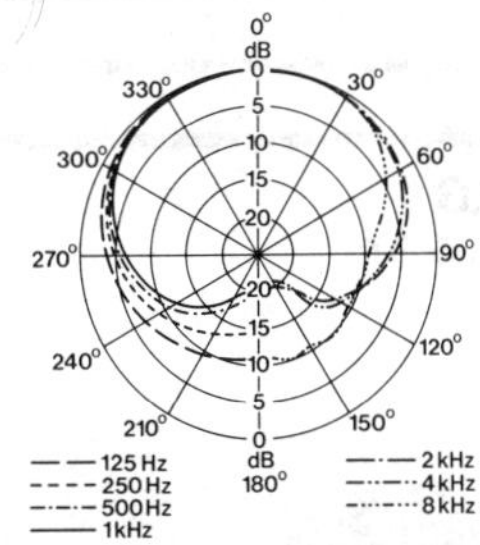
</td></tr>
<tr><td>Superniere
(supercardioide)</td><td></td><td>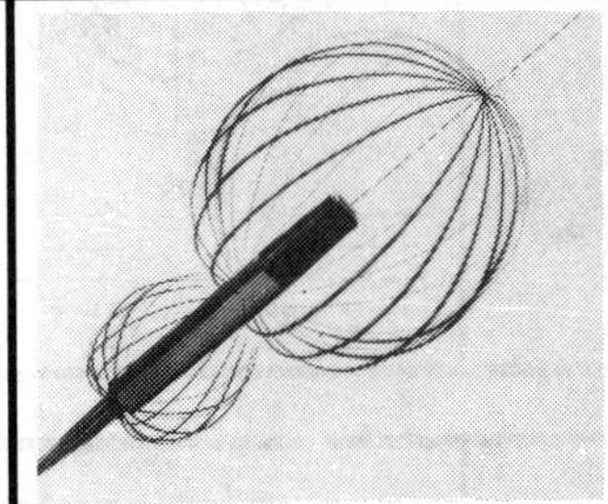</td><td>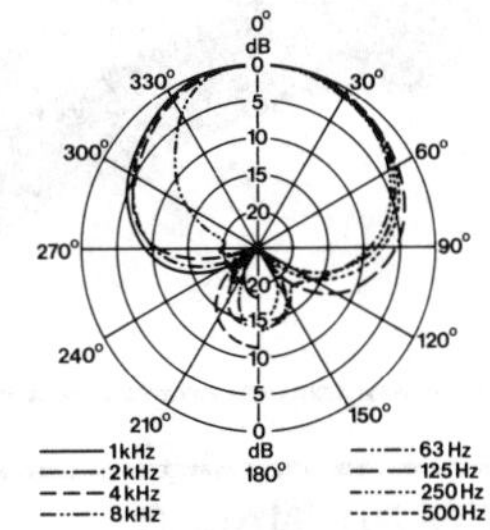
</td></tr>
<tr><td>Acht
(bidirectional)</td><td></td><td></td><td>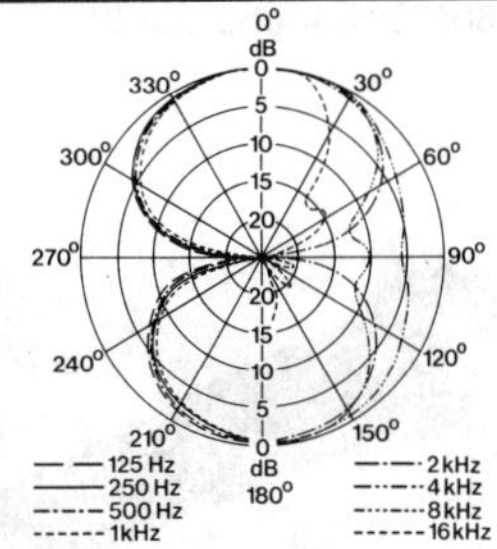
</td></tr>
<tr><td>Keule
(ultradirectional)

889010-2-6</td><td></td><td></td><td>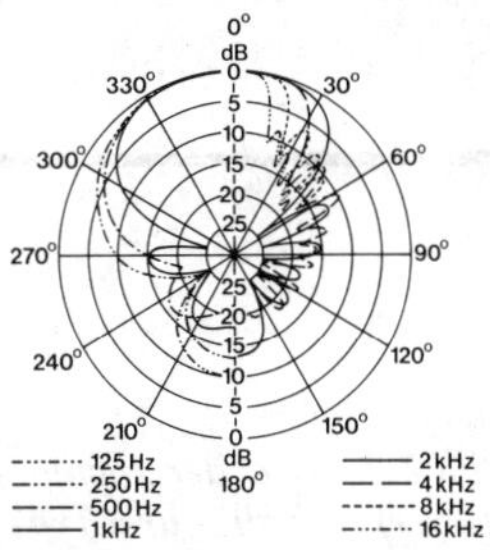
</td></tr>
</table>

SENNHEISER
MD 431 Profipower

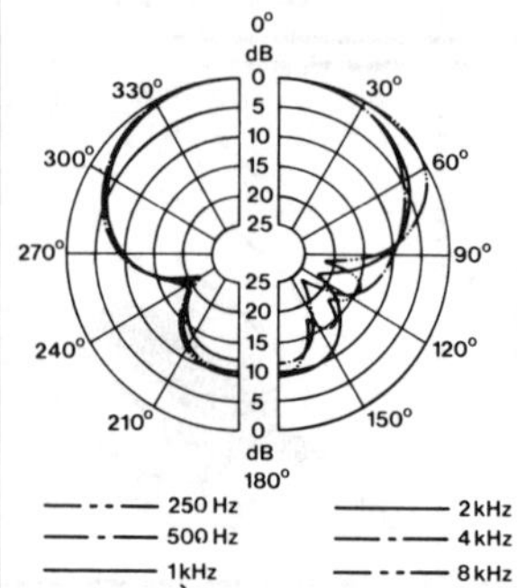

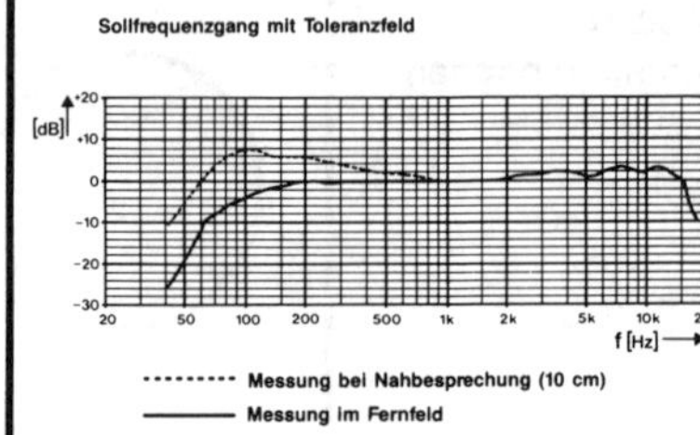

AKG
D 330 BT

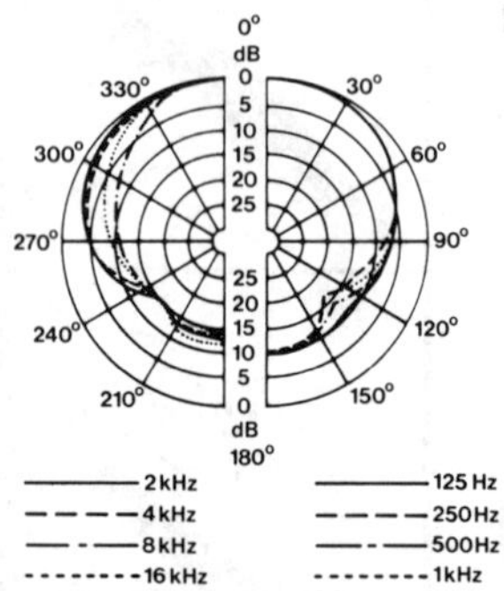

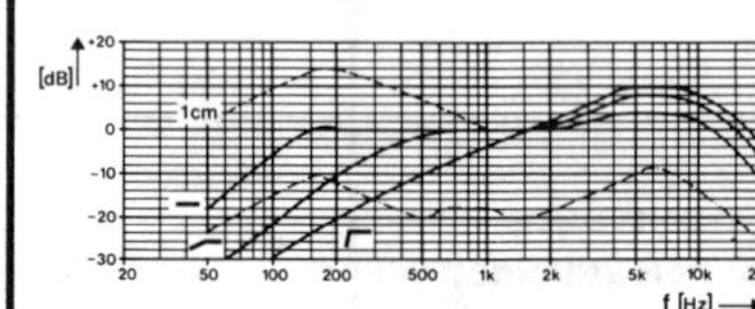

BEYERDYNAMIC
M 600 Soundstar mk III

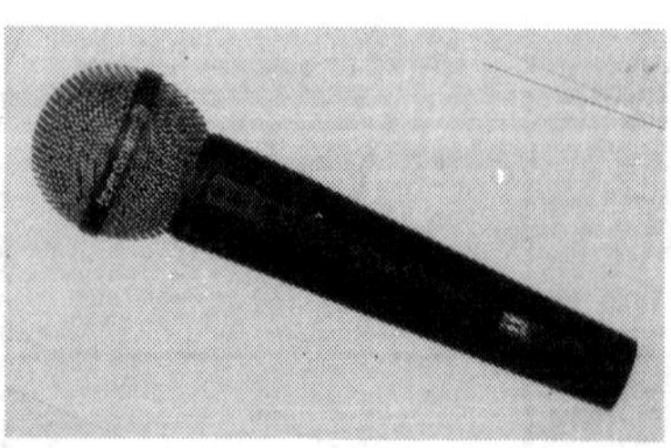

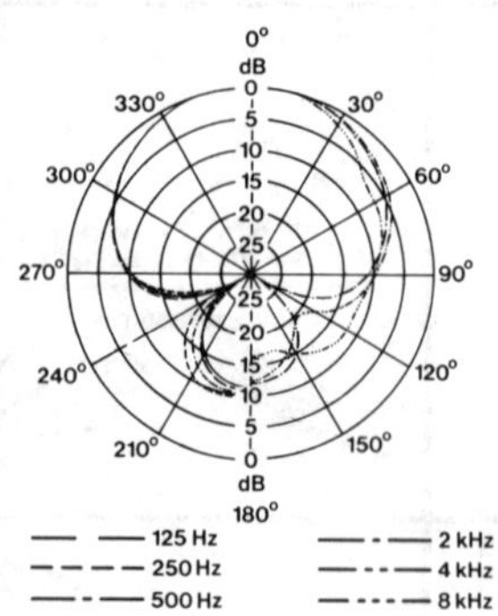

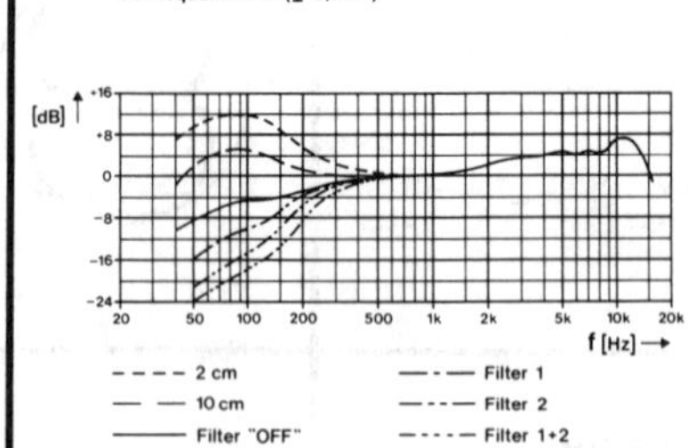

889010-2-7

Bild 2.7 Drei der populärsten Gesangsmikrofone: AKG D 330 BT, MD 431 Profipower (Sennheiser) und M 600 (Beyer). Bei allen drei Typen handelt es sich um dynamische Typen mit Nierencharakteristik. Die Frequenzverläufe zeigen bei Nahbesprechung eine Baß- und eine leichte Präsenzanhebung.

bereichen auftreten. (Lange Kabelverbindungen sind in der PA-Technik unumgänglich.) Desweiteren können hochohmige Mikrofone nicht an die zum Standard gewordenen niederohmig-erdfrei-symmetrischen Mischpulteingänge angeschlossen werden.

Bei allen Mikrofonen, die in Fachgeschäften für den PA-Bereich angeboten werden, handelt es sich um niederohmige Modelle.

Anwendungsgebiete

Die von den Herstellern angebotenen Mikrofone sind häufig durch ihre spezifischen Eigenschaften nur für bestimmte Anwendungsbereiche besonders geeignet. Zu diesen Eigenschaften zählen der Frequenzgang, die Ausstattung und besondere Konstruktionsmerkmale. An dieser Stelle kommen nur die Eigenschaften in Betracht, die für den PA-Bereich von Bedeutung sind. Eigenschaften von Studiomikrofonen und Modelle für ganz besondere Einsatzzwecke bleiben unberücksichtigt.

Die auffälligsten Merkmale haben Gesangsmikrofone (Bild 2.7) für Solisten. Diese Mikrofone verfügen oft über eine Präsenzanhebung im Frequenzbereich zwischen 3 kHz und 6 kHz; das verleiht der Stimme mehr Durchsichtigkeit und Brillianz. Außerdem sind diese speziellen Gesangsmikrofone mit einem Nahbesprechungseffekt (Proximityeffekt) ausgestattet. Durch diesen Effekt ändert sich der Frequenzgang im Baßbereich mit der Entfernung zum Mikrofon: Je geringer die Entfernung zum Mikrofon, desto größer die Anhebung im Baßbereich. Durch diesen Effekt entsteht bei einem größeren Abstand zum Mikrofon ein neutraleres Klangbild und bei geringem Abstand erscheint die Stimme weicher und voller. Der Frequenzgang und die zugehörigen Polardiagramme von Gesangsmikrofonen sind ebenfalls in Bild 2.7 zu sehen.

Zur Ausstattung und Konstruktion der Gesangsmikrofone zählen der meist runde, große Mikrofonkorb, der die Mikrofonkapsel vor Beschädigungen schützen soll. Ferner hat das Mikrofon im Innern eine spezielle Federung, welche den Körperschall, hervorgerufen durch eine zu starke Mikrofonbewegung, abfangen soll.

Andere Mikrofone sind speziell zur Aufnahme von baßbetonten Instrumenten konzipiert. Diese Modelle sind mit einer größeren Membran ausgerüstet, die sich besser zur Aufnahme von tiefen Frequenzen eignet (Bild 2.8).

Der Frequenzgang (Bild 2.8) dieser Mikrofone zeigt eine Anhebung im Bereich um 100 Hz, die die voluminöse Baßwiedergabe begünstigt. Eine Kompensationsspule verhindert Brummeinstreuungen im tieffrequenten Bereich. Diese Mikrofone eignen sich besonders zur Aufnahme von Elektrobaß-Gitarren, Baß-Drums und tiefen Blasinstrumenten.

Die größte Gruppe der Mikrofonmodelle, die Standardmikrofone (Bild 2.9) weisen einen weitgehend linearen Frequenzgang auf. Die Standardmikrofone lassen sich für alle Bereiche einsetzen. Da die meisten Instrumente keine ausgesprochene Baßwiedergabe benötigen, läßt sich bei sehr vielen Modellen der Baßbereich in mehreren Stufen abschwächen, um Störungen in diesem Bereich zu vermeiden. Die Standardmikrofone werden meistens bei E-Gitarren, akustischen Gitarren, Toms, Snare's, Blasinstrumenten und allen anderen Instrumenten ohne ausgeprägte Klangcharakteristik eingesetzt.

Bei den Mikrofonen gibt es noch eine Reihe von Sondermodellen, die erwähnenswert sind. Für Schlagzeuger und Keyboarder, die singen sollen (und wollen), ist die Aufstellung eines Gesangsmikrofones immer ein Problem. Die Aufstellung eines Galgenstativs ist oft störend und engt die

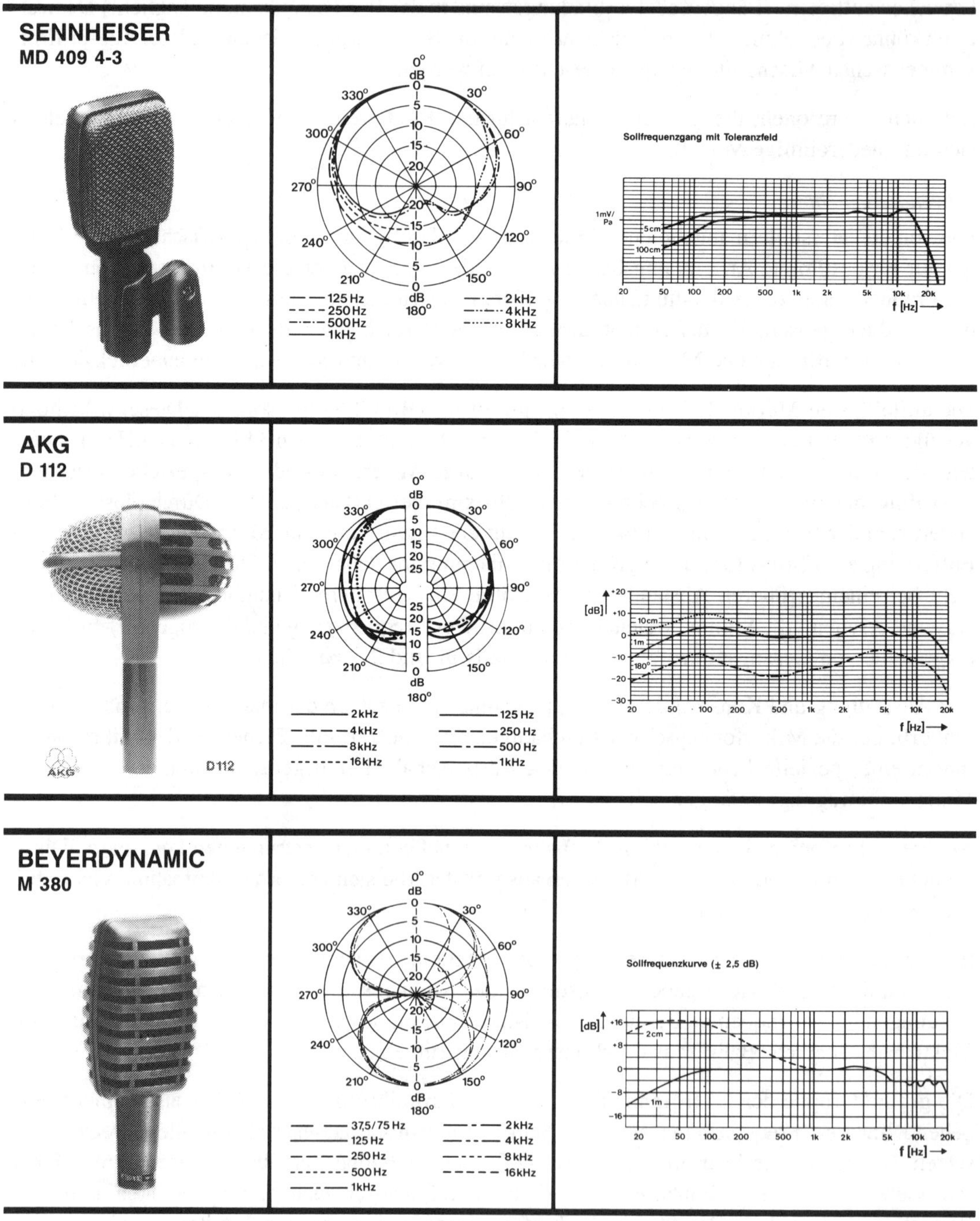

889010-2-8

Bild 2.8 Drei der populärsten Mikrofone mit großer Membranfläche zur Aufnahme baßbetonter und impulsstarker Instrumente. Das AKG D 112 und das MD 409 (Sennheiser) besitzen eine Nierencharakteristik; das Mikrofon M 380 (Beyer) hat eine Achtercharakteristik.

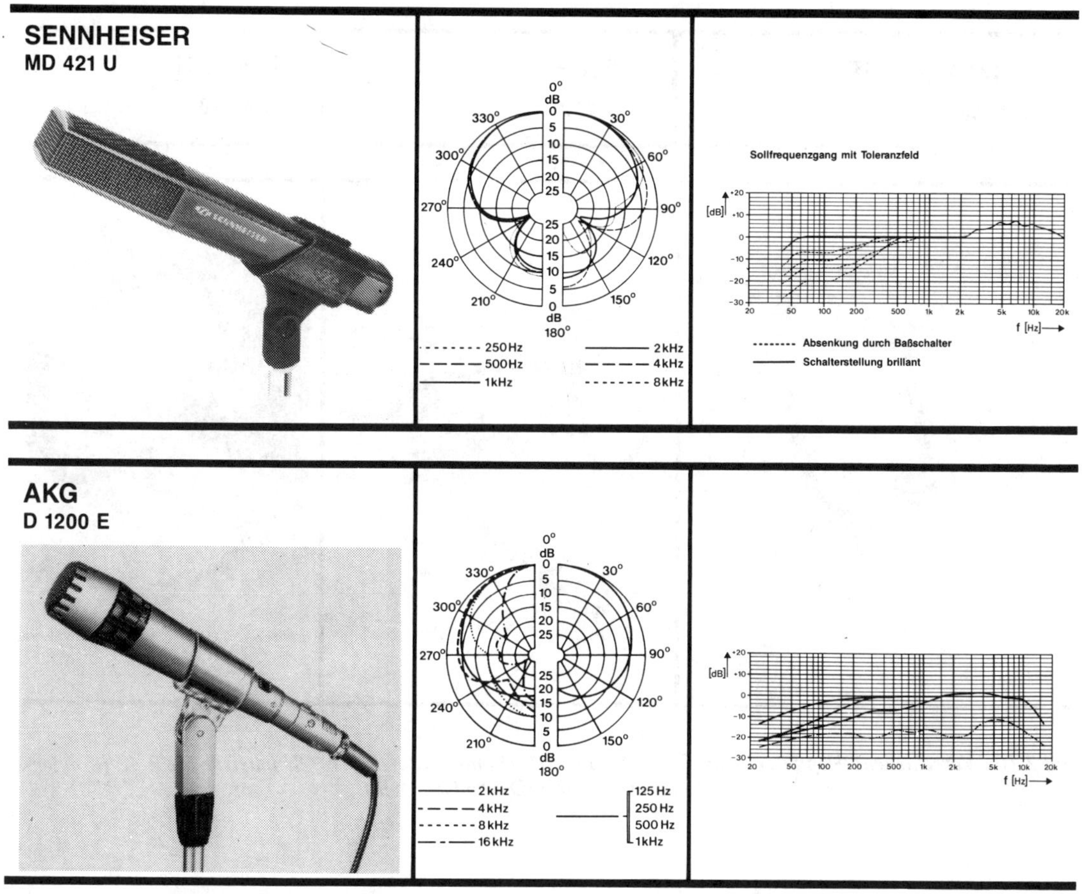

889010-2-9

Bild 2.9 Zwei der gängigsten Universalmikrofone: das AKG D 1200 E und das MD 441 von Sennheiser. Beide Mikrofone verfügen über einen Schalter mit verschiedenen Stufen zur Baßabschwächung.

Bewegungsfreiheit des Musikers ein. Seit einiger Zeit sind Mikrofone auf dem Markt erhältlich, die dieses Problem lösen. Es handelt sich dabei um Kleinmikrofone, die mit einem Bügel, ähnlich einem Kopfhörer, direkt am Kopf befestigt werden können (Bild 2.10). Mit diesem Mikrofontyp bleibt die völlige Bewegungsfreiheit des Musikers erhalten.

Ein anderes Sondermodell bei den Mikrofonen ist das Einbaumikrofon für Trommeln. Diese Mikrofone werden mit einer speziellen Haltevorrichtung innerhalb der Trommeln befestigt. Die Halterungen sind verstellbar, damit immer eine optimale Ausrichtung der Mikrofone möglich ist. Es müssen allerdings für die Befestigung Löcher in die Trommelwände gebohrt werden. Die Vorteile dieser Mikrofone liegen in der Zeitersparnis beim Aufbau, da die Mikrofone in den Trommeln verbleiben können. Außerdem ersparen sie Platz und Kosten, weil keine Mikrofonstative notwendig sind. Dieses System hat sich aber auf breiter Ebene nicht durchsetzen können, was möglicherweise an dem notwendigen Trommelumbau liegt. Stattdessen setzen sich immer mehr Kleinstmikrofone durch, die mit einem Bügel und einer Klammer direkt an den Trommeln — ohne Umbau — befestigt werden können. Diese Kleinstmikrofone (Bild 2.11) haben eine hohe Qualität und weisen die gleichen Vorzüge wie das Einbausystem auf.

SENNHEISER MKE 48	AKG C 410	BEYER HM 560
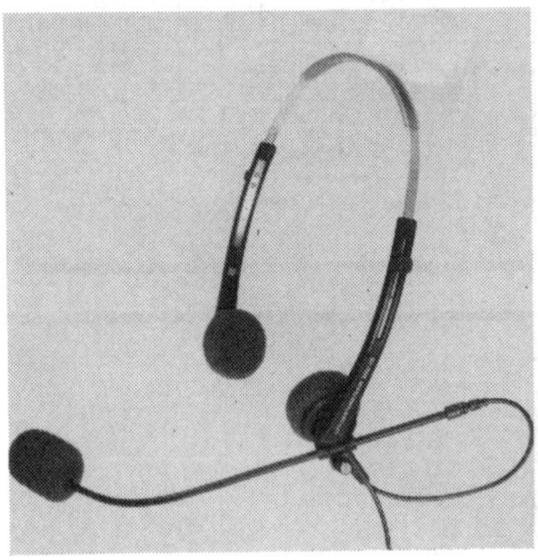	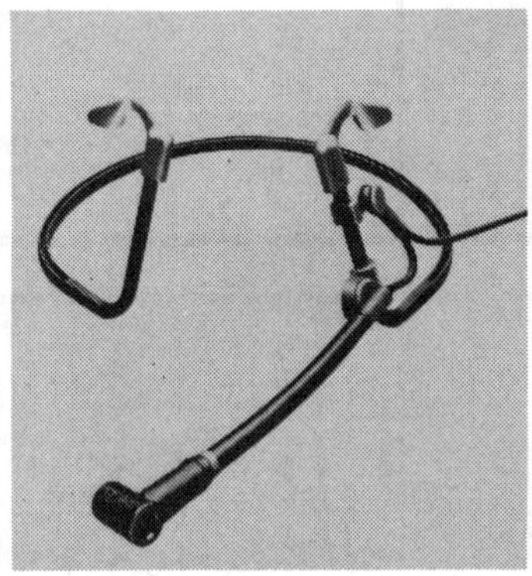	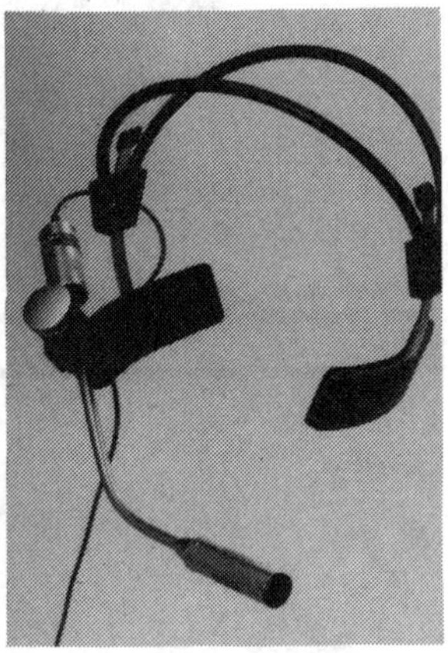

Bild 2.10 Verschiedene Kopfbügelmikrofone: AKG C 410 (Kondensator/Niere); Sennheiser MKE 48 (Kondensator); Beyer HM 560 (Dynamisch/Acht).

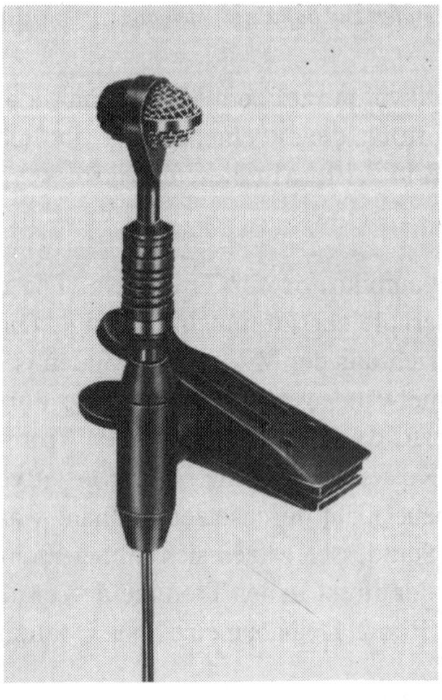

Bild 2.11 Das miniaturisierte Kondensatormikrofon (AKG C 408) ist speziell zur Abnahme von Perkussionseinheiten konzipiert. Das sehr kleine Mikrofon läßt sich mit der Klammerhalterung gut an der Snare, den Toms oder Bongos befestigen. Der Frequenzgang des Mikrofons ist besonders auf diese Instrumente abgestimmt.

a

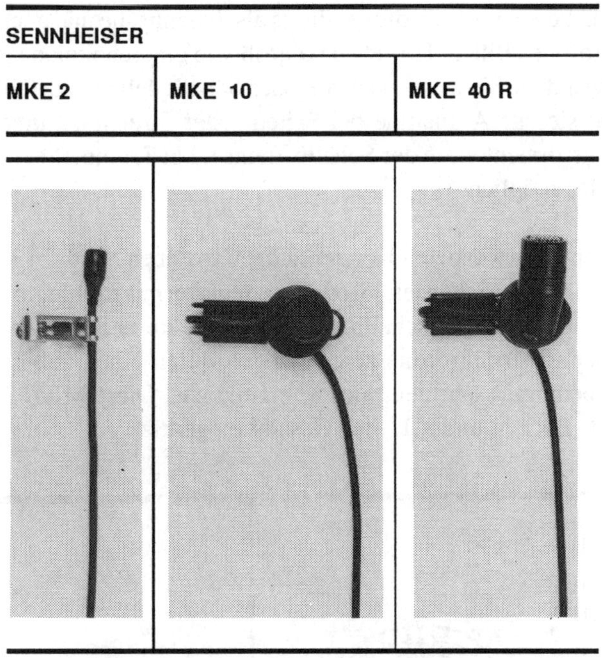

b

Bild 2.12 Die in Bild 2.12a gezeigten Miniatur-Elektret-Mikrofone sind als Ansteckmikrofone oder zur direkten Anbringung an Instrumente geeignet. Es sind die Sennheiser-Typen MKE 2 (Kugel), MKE 10 (Kugel) und MKE 40 (Niere). In Bild 2.12b ist das MKE 40 an der Schallöffnung eines Saxofons angebracht.

Zu erwähnen sind noch die Kleinstmikrofone, die es als dynamische und auch als Kondensatormodelle gibt. Diese Mikrofone (Bild 2.12), etwa so groß wie ein Schokoladenstück, sind in nahezu jedem Bereich zu verwenden. Sie lassen sich an jeder Schallquelle unauffällig anbringen. Besonders gut geeignet sind sie zur Aufnahme bei Saiten- oder Streichinstrumenten. Aber auch die Verwendung bei Blasinstrumenten (in der Schallöffnung), bei Trommeln und direkt am Lautsprechergitter ist problemlos möglich.

Bei den in der PA-Technik verwendeten Kondensatormikrofonen (Bild 2.13) handelt es sich meist um Modelle mit kleiner Membrankapsel. Große Kondensatormikrofone, meist in der Studiotechnik eingesetzt, sind zusätzlich mit umschaltbarer Richtcharakteristik und anderen Besonderheiten ausgestattet. Die Kondensatormikrofone zeichnen sich durch einen äußerst linearen Frequenzgang und ein dadurch bedingtes sehr neutrales Klangbild aus. Diese Mikrofone werden meist zur Aufnahme von Hi-Hat, Becken und u.U. für Gesang eingesetzt.

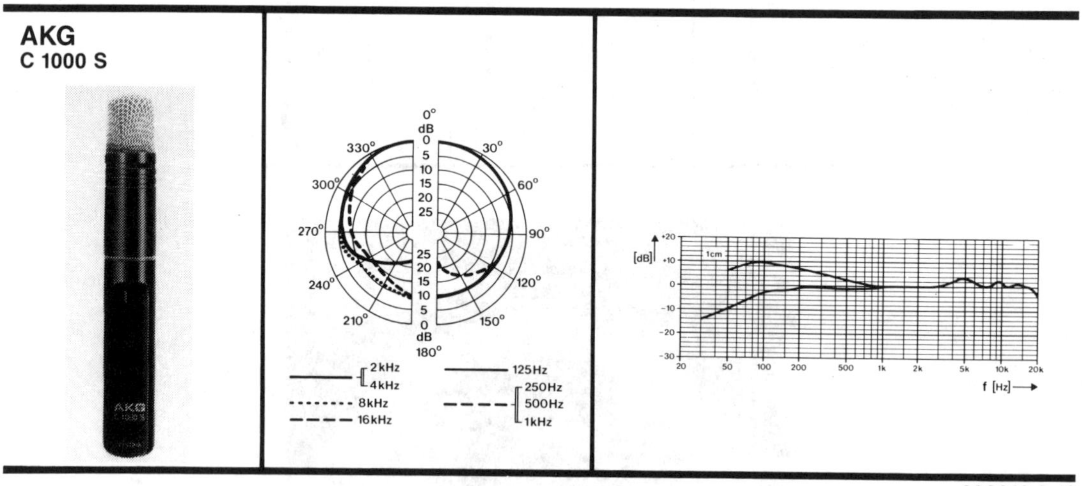

889010-2-13

Bild 2.13 Kondensatormikrofon AKG C 1000 S mit kleiner Membrankapsel sowie der dazu gehörenden Frequenzgangkurve mit Polardiagramm.

Drahtlose Mikrofone

Eine drahtlose Signalübertragung zwischen Mikrofon und Mischpult bzw. zwischen Instrument und Verstärker hat viele Vorteile. Der wesentlichste ist die Bewegungsfreiheit des Musikers oder Sängers auf der Bühne, weil es keine festen Kabelverbindungen gibt, die den Aktionsradius einengen.

Das Prinzip der drahtlosen Übertragung ist in den Bildern 2.14 und 2.15 skizziert. Die drahtlosen Verbindungen bestehen immer aus einem Sende- und einem Empfangsteil; die Anlagen sind in zwei Ausführungen erhältlich. Zum einen gibt es Anlagen, bei denen im Mikrofon der Sender integriert ist (Bild 2.14). Zum anderen gibt es separate Sender, an die vorwiegend ein Instrument, aber auch ein Mikrofon anzuschließen ist (Bild 2.15). Zu beiden Anlagen gehört das ebenfalls separate Empfangsteil, welches mit dem Mischpult bzw. dem Verstärker verbunden ist.

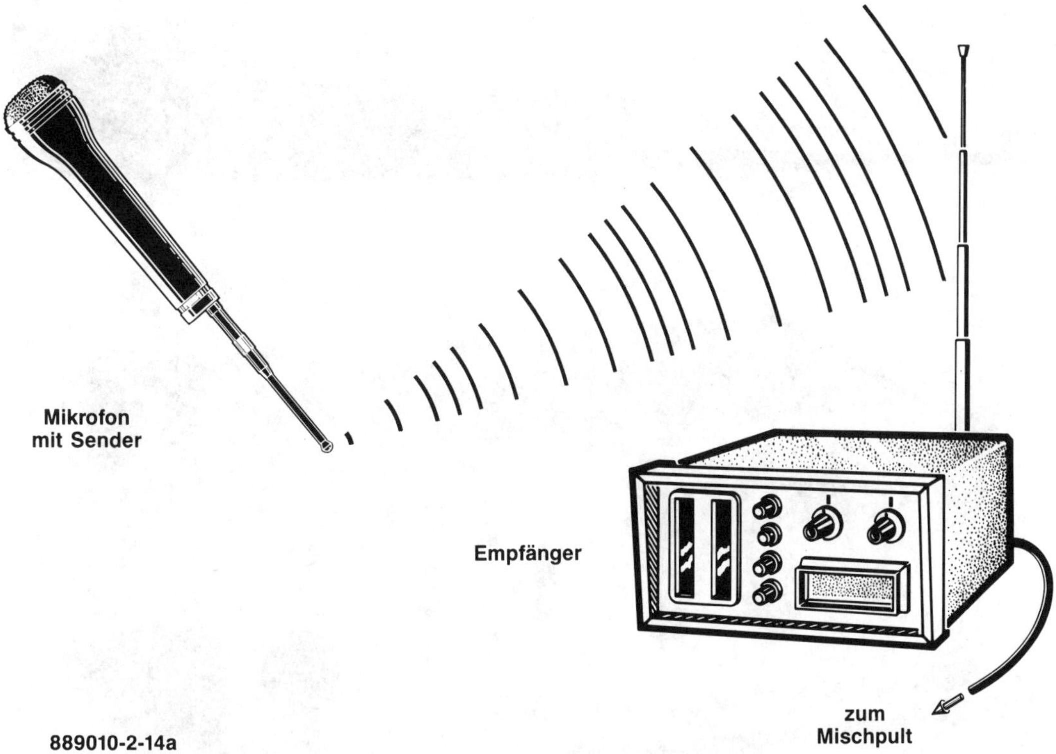

Bild 2.14a Hier ist das Prinzip einer drahtlosen Mikrofonanlage mit Sendeteil im Mikrofon skizziert.

Neben der größeren Bewegungsfreiheit sind die drahtlosen Übertragungsanlagen weniger störanfällig als die Kabelanlagen. Einstreuungen durch andere Störquellen und mechanische Fehlursachen sind nahezu ausgeschlossen.

Zugelassen in der Bundesrepublik sind allerdings nur die Geräte, die die Genehmigung der Post und eine FTZ-Nummer besitzen. Es werden Geräte angeboten, die im UHF-Bereich (Ultra High Frequenzy) und im VHF-Bereich (Very High Frequenzy) arbeiten. UHF-Geräte sind teuerer und nur dort von Bedeutung, wo der VHF-Bereich belegt ist. Neben den normalen Geräten gibt es bei den Empfängern auch noch Geräte in Diversity-Technik. Ihr Einsatz ist allerdings nur dort sinnvoll, wo durch starke Reflexionen eventuelle Störungen zu erwarten sind. Diese hochwertigen Geräte sind für sehr umfangreiche Anlagen und speziellen Einsatz (z.B. beim Fernsehen) konzipiert. Die Diversity-Empfänger bestehen im Prinzip aus zwei Empfangsteilen; beide empfangen das Signal eines Senders. Der Diversity-Empfänger wählt immer das stärkere und bessere Signal aus und schaltet automatisch auf das entsprechende Empfangsteil um. Normalerweise reichen einfache Systeme in VHF-Technik aus.

Einen großen Nachteil haben die drahtlosen Übertragungsanlagen alle: die Anschaffungskosten sind relativ hoch. Deshalb kommen solche Anlagen auch nur dort in Frage, wo für die Show unbedingte Bewegungsfreiheit erforderlich ist, beispielsweise für den Sänger.

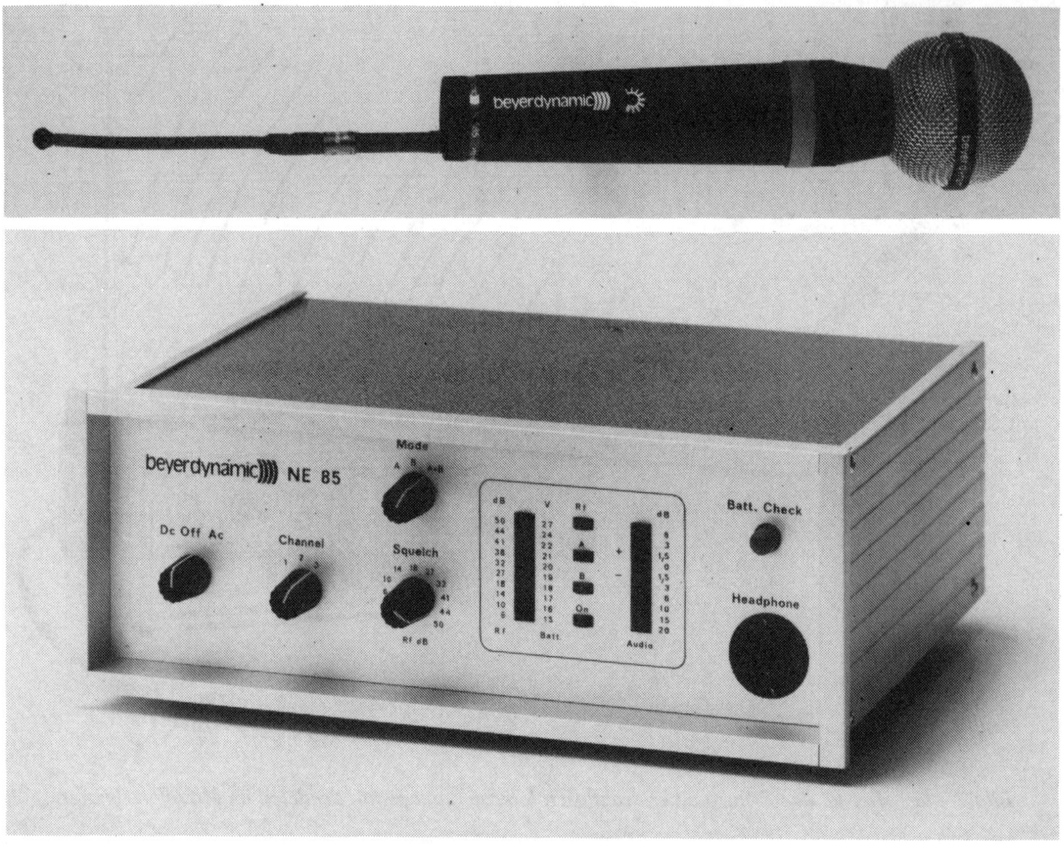

Bild 2.14b Hier sind die Komponenten einer drahtlosen Mikrofonanlage dargestellt. Es ist das Sendemikrofon S 185 (Beyer) mit dem Mikrofonkopf EM 85 (Elektret-Kondensator/Niere) und die dreikanalige Empfangsanlage Ne 85.

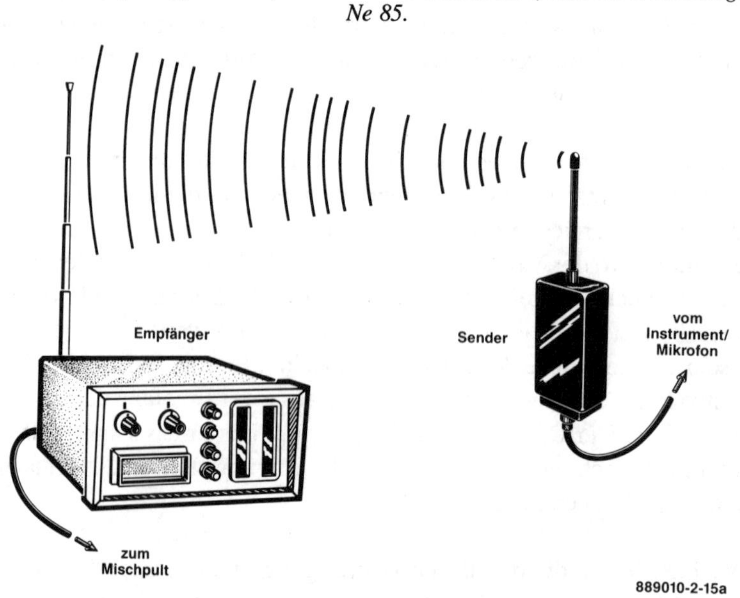

Bild 2.15a Prinzip einer drahtlosen Übertragungsanlage für Instrumente/Mikrofone mit separatem Sendeteil.

Bild 2.15b zeigt das separate Sendeteil Soundcaster SK 1012 (Sennheiser) an einer E-Gitarre.

DI-Boxen (direct injection)

Eine andere Möglichkeit der Schallaufnahme bieten die DI-Boxen. Mit ihrer Hilfe ist es möglich, ein elektrisches Signal aufzuteilen und zwei verschiedenen Geräten zuzuführen. Die DI-Boxen sind in der Regel zwischen Verstärker und Lautsprecherboxen geschaltet (Bild 2.16). Dadurch bleibt der typische Eigenklang des Verstärkers und seine Regelmöglichkeit erhalten. Bei einigen DI-Boxen ist auch der Anschluß zwischen Instrument und Verstärker oder zwischen Vor- und Endverstärker möglich.

Die DI-Boxen haben einen hochohmigen Eingang, der asymmetrisch verschaltet und für einen Klinkenstecker vorgesehen ist. Ausgangsbuchsen sind es in der Regel zwei. Der eine Ausgang ist hochohmig, hat eine Klinkensteckerbuchse und ist asymmetrisch ausgelegt. (Dazu ist auch noch häufig ein Parallelausgang vorhanden.) Der zweite Ausgang ist niederohmig und für einen XLR-Stecker ausgelegt. Das Signal steht dort erdfrei-symmetrisch zur Verfügung und kann beispielsweise dem Mischpult zugeführt werden. Viele DI-Boxen haben noch zusätzliche Möglichkeiten. Dazu gehört ein Schalter (Ground on/off bzw. Earth Lift), der die Abtrennung der Erdung möglich macht; so lassen sich Erdungsprobleme einfach beseitigen. Weitere Sonderausstattungen sind Hochton- und Baßfilter, Phasenumkehrung, Übersteuerungsanzeige und bei aktiven DI-Boxen eine Batteriekontrolle.

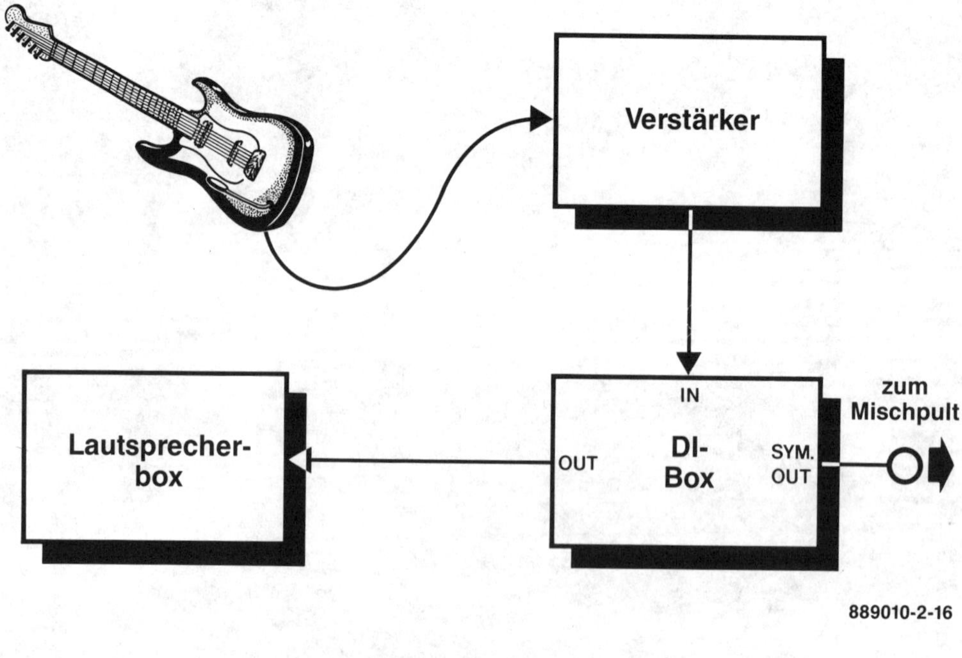

Bild 2.16 Eine DI-Box wird zwischen Verstärker und Lautsprecherbox geschaltet.

DI-Boxen gibt es in aktiver und passiver Ausführung (Bild 2.17). Beide Modelle arbeiten mit Split-Transformatoren, deren Qualität über die Übertragungseigenschaften entscheidet. Aktive Modelle besitzen Verstärkungsglieder, die die Übertragungseigenschaften verbessern, Pegelanpassungen erlauben und den Einfluß von Kabelkapazitäten verhindern.

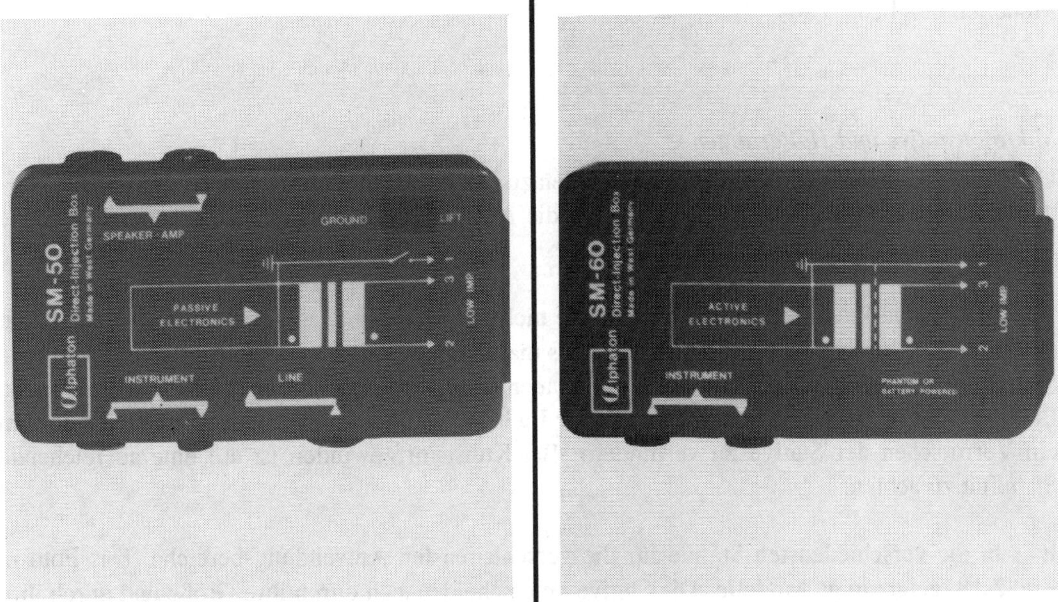

Bild 2.17 Zwei industriell gefertigte DI-Boxen: die passive Ausführung SM 50 und die aktive Ausführung SM 60 (Alphaton).

Die Vorteile der DI-Boxen liegen darin, daß keine anderen Schallquellen mit aufgenommen werden, keine Rückkopplungen auftreten können und sie preiswerter als ein hochwertiges Mikrofon mit Stativ sind. Diese Vorteile lassen sich allerdings nur bei elektronisch verstärkten Instrumenten nutzen, bei denen der Eigenklang des Lautsprechers keine Rolle spielt. Das ist beispielsweise bei Tasteninstrumenten und Elektrobaß-Gitarren der Fall.

Direktausgänge (Direct out/Line out)

Die meisten Tasteninstrumente und auch einige Verstärker haben Direktausgänge. Sie bieten die Möglichkeit, das Signal unmittelbar und direkt aus dem Signalweg zu nehmen. Dabei handelt es sich um hochohmige und asymmetrsiche Ausgänge. Das dort entnommene Signal könnte man zwar direkt zu den Line-Eingängen der Mischpulte führen, aber, um Störeinstrahlungen zu verhindern, macht man den Umweg über eine DI-Box. Dadurch gelangt das Signal niederohmig und erdfrei-symmetrisch zum Mischpult.

Wird eine DI-Box mit Direktausgängen verwendet, ist darauf zu achten, daß sich die DI-Box auch tatsächlich hinter das Instrument bzw. die Verstärkerstufen schalten läßt. Das ist nicht bei allen Modellen möglich.

Mikrofonstative und Halterungen

Um die Mikrofone richtig vor die Schallquellen zu plazieren, sind Stative und Halterungen erforderlich. Dabei gibt es, was die Qualität und die Anwendungsbereiche betrifft, unterschiedliche Ausführungen.

Ein Qualitätsmerkmal der Stative ist, daß sie nicht zu leicht sind; nur so ist die Standfestigkeit gesichert. Die Stativsockel sollten deshalb aus massivem Metall bzw. Stahlrohr sein. Klappbare Stativfüße erlauben zwar ein schnelleres Aufbauen, sind aber nicht so stabil wie die schraubbaren Füße, die etwas mehr Zeit beanspruchen. Die Fußenden sollten mit Gummi ummantelt sein, um ein Verrutschen der Stative zu verhindern. Bei Kunststoffgewinden ist auf eine ausreichende Stabilität zu achten.

Es gibt die verschiedensten Stative für die verschiedensten Anwendungsbereiche. Das Foto in Bild 2.18. zeigt einige Modelle. Die Stative unterscheiden sich durch ihre Größe und durch ihre Ausstattung mit und ohne Galgen. Der Einsatzbereich ist für Stative ohne Galgen relativ beschränkt. Man nimmt sie hauptsächlich für Sänger oder für die Plazierung vor Lautsprecherboxen. Mit Galgen sind die Mikrofonstative sehr universell verwendbar. Durch die Galgenkonstruktion lassen sich die Stative an jeder Schallquelle optimal plazieren.

Bei der Stativauswahl ist darauf zu achten, daß für den entsprechenden Verwendungszweck auch das richtige Modell zur Verfügung steht. Besonders bei den Mikrofonstativen am Schlagzeug sollten die Galgen nicht zu lang sein, damit sie nicht zu weit herausragen. So können die Stative nicht stören und man spart außerdem Platz, was auf kleinen und beengten Bühnen sehr wichtig ist.

Zu jedem Mikrofon werden Halterungen mitgeliefert, die genau zu dem entsprechenden Modell passen (Bild 2.19). Wegen der unterschiedlichen Mikrofongrößen sind diese Halterungen selten für andere Modelle geeignet. Die Halterungen sind in der Regel aus Kunststoff und deshalb leicht zerstörbar. Ersatzweise gibt es im Handel Klammerhalterungen, die unabhängig von Mikrofontyp und Mikrofongröße für jedes Modell zu gebrauchen sind. Für einige Modelle gibt es auch Gummihalterungen, die erheblich haltbarer als die aus Kunststoff sind.

Bei allen Mikrofonhalterungen ist für die Befestigung am Stativ ein Reduziergewinde notwendig. Das ist deshalb der Fall, weil alle handelsüblichen Stative kleinere Gewinde als die Mikrofonhalterungen haben. Die Reduziergewinde sind Metallbuchsen, die außen ein großes Gewinde für die Mikrofonhalterung und innen ein kleines Gewinde für die Stative besitzen. Mit den Reduziergewinden lassen sich alle Mikrofonhalterungen an jedem Stativ befestigen.

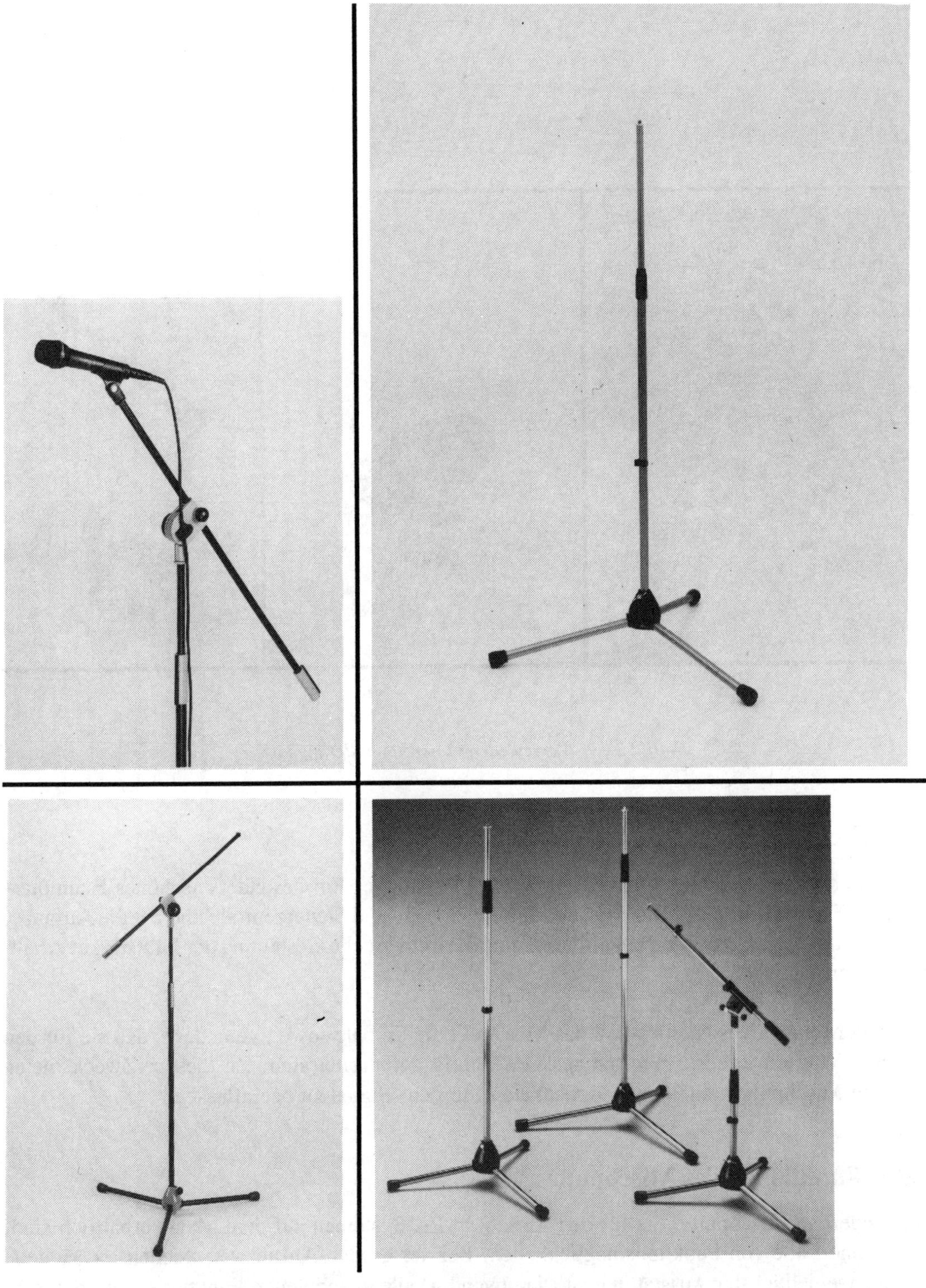

Bild 2.18 Mikrofonstative in verschiedenen Größen und Ausführungen.

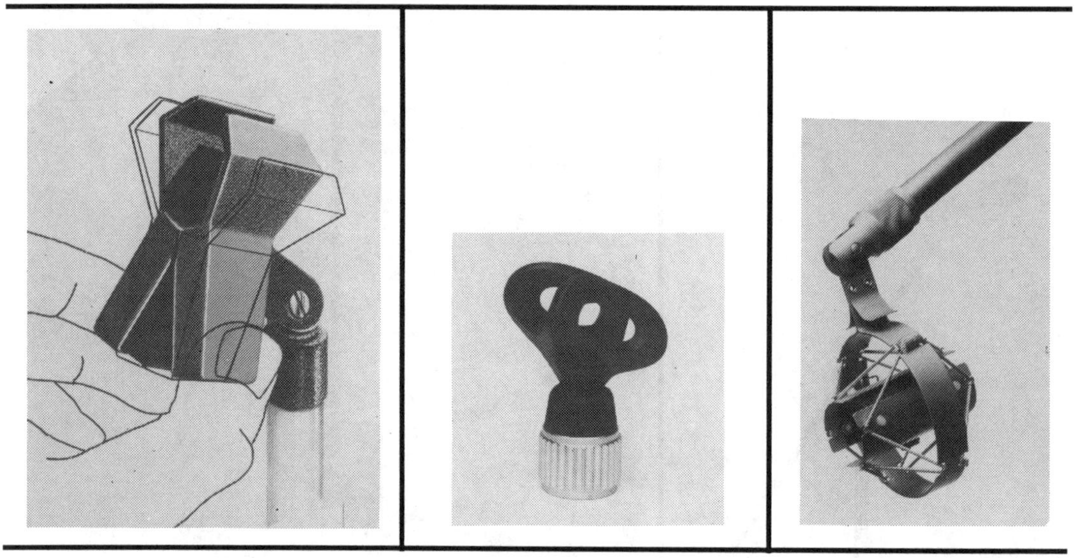

Bild 2.19 Verschiedene Mikrofonhalterungen.

2.3 Mischpulte (Mixer)

Das Mischpult ist der Mittelpunkt einer jeden PA-Anlage. Ein besonders »schönes Exemplar« zeigt das Foto in Bild 2.20. Das Mischpult ist die Schalt- und Steuerzentrale und hat die Aufgabe, alle Aufnahmesignale zusammenzuführen, um eine individuelle Gestaltung der Lautstärkeverhältnisse zu ermöglichen.

Außer der Lautstärkesteuerung soll das Mischpult die Signale soweit verändern, daß sie für den weiteren Weg durch die Übertragungskette richtig aufbereitet sind. Zu diesem Zweck bieten moderne Mischpulte zahlreiche Möglichkeiten, um das Signal zu beeinflussen.

2.3.1 Funktionen des Mischpultes

Die modernen Mischpulte, die für den Einsatz in PA-Systemen auf dem Markt erhältlich sind, bieten eine Fülle von Funktionsmöglichkeiten. Bei der großen Anzahl verschiedenster Modelle mit unterschiedlichster Ausstattung ist es notwendig, alle angebotenen Funktionen zu erläutern. Erst wenn man sie alle kennt, kann man entscheiden, welche Ausstattung ein gutes und für den praktischen Gebrauch ausreichendes Mischpult besitzen sollte.

Bild 2.20 Großes PA-Mischpult (Soundcraft Serie 8000) mit 40 Eingangskanälen, 8 Subgruppen und den beiden Summenausgängen (40/8/2).

Eingänge (Inputs)

Die Eingänge der Mischpulte sind, mit Ausnahme einiger weniger Modelle der unteren Preisskala und einiger Gesangsverstärker, durchweg »erdfrei-symmetrisch« (balanced) ausgelegt. Diese Schaltungsart hat sich durchgesetzt, weil sie die Verwendung sehr langer Verbindungskabel ohne Störeinstreuungen ermöglicht. Lange Verbindungskabel sind auf jeden Fall dann erforderlich, wenn das Mischpult im Saal aufgestellt wird, wo es auch hingehört. Gesangsverstärker mit asymmetrischen Eingängen können nur mit kurzen Verbindungskabeln unmittelbar auf der Bühne eingesetzt werden.

Die Mischpulte mit »erdfrei-symmetrischen« Eingängen besitzen bei den preisgünstigeren Modellen einfache Stereo-Klinkenbuchsen; ansonsten sind die Mischpulte mit den teueren, aber sehr viel besseren XLR-Buchsen ausgerüstet.

Die meisten Mischpulte besitzen neben den niederohmigen »erdfrei-symmetrischen« Mikrofoneingängen zusätzlich noch hochohmige, asymmetrsiche Eingänge (Line-Inputs). Diese Eingänge sind für den Anschluß von hochpegeligen Quellen vorgesehen, z.B. Direktausgänge von Instrumenten oder zum Anschluß von Bandmaschinen.

Wahlschalter für Mic/Line

Dieser Wahlschalter ermöglicht es, zwischen den niederohmigen und hochohmigen Eingängen (also zwischen erdfrei-symmetrisch und asymmetrisch) umzuschalten. So ist es möglich, die entsprechende Betriebsart problemlos zu wählen und damit die jeweilige Quelle auf den Eingang zu legen.

48-V-Phantomspeisung (Phantom power PWR)

Wie bereits erwähnt, benötigen Kondensatormikrofone eine eigene Versorgungsspannung. Soll ein Kondensatormikrofon angeschlossen werden, läßt sich bei Mischpulten, die über eine 48-V-Phantomspeisung verfügen, mit einem Schalter die Stromversorgung für den jeweiligen Kanal bereitstellen.

Phasenumkehrschalter (Phase reverse)

Bei einer ungünstigen Aufstellung der Mikrofone können unter Umständen Probleme durch Phasenauslöschungen auftreten. Mit einer Umkehrung (Drehung) der Phasen lassen sich diese Auslöschungen in der Regel beseitigen. Mit Hilfe dieses Schalters werden die Phasen im Eingang um 180 Grad gedreht.

Eingangsverstärker (Input gain)

Die Signalspannungen, die zu den Mischpulteingängen gelangen, sind in der Regel unterschiedlich hoch. Diese Differenzen liegen einerseits begründet in den Lautstärkeunterschieden der verschiedenen Signalquellen und andererseits in den Eigenschaften der verwendeten Mikrofone. Damit das Mischpult die Signale jedoch einwandfrei weiterverarbeiten kann, müssen bestimmte Spannungspegel vorhanden sein. Meist jedoch liegen die aufgenommenen Signalspannungen unter die erforderlichen Mindestpegel. Deshalb müssen die Signaleingangsspannungen auf das benötigte Niveau vorverstärkt werden.

Mit dem »Gain-Regler« hat man die Möglichkeit, das Maß für die Verstärkung des Eingangssignals zu bestimmen. So können sehr schwache Signale sehr hoch verstärkt werden; das paßt sie optimal an das Mischpult an und verringert den Rauschabstand. Signale, die ohnehin bereits einen fast ausreichenden Pegel haben, werden kaum noch verstärkt. So kann der Eingang nicht übersteuert werden und evtl. Verzerrungen auftreten.

Durch die Regelung der Eingangsverstärkung lassen sich alle Signale auf einen gleichen Spannungspegel bringen, was alle anderen Steuerfunktionen des Mischpultes erleichtert und begünstigt.

Mischpulte mit getrennten Mic/Line-Eingängen weisen auch oft getrennte Gain-Regler für die Mikrofon- und Line-Eingänge auf. Damit lassen sich die Eingangsverstärkungsfaktoren für beide Betriebsarten getrennt einstellen. Das wirkt sich besonders auf die Line-Eingänge günstig aus, da die Signale der hochpegeligen Line-Quellen eine erheblich geringere Vorverstärkung benötigen. In manchen Fällen ist überhaupt keine Vorverstärkung erforderlich, weil die Signalspannung bereits hoch genug ist. Nun ist vielmehr eine Dämpfung des Signals erforderlich. Viele Line-Regler verfügen deshalb auch über eine Abschwächmöglichkeit (-dB).

Eingangsdämpfung (Input Pad PAD)

Eingangssignale, deren Pegel so hoch sind, daß sie selbst bei geringster Vorverstärkung den Mischpulteingang übersteuern, lassen sich mit dem »Input Pad« bedämpfen. Die Dämpfung liegt in der Regel zwischen -20 dB und -30 dB. Diese Vordämpfung verhindert in jedem Fall ein Übersteuern der einzelnen Kanäle.

Übersteuerungsanzeige (Overloadindicator OL)

Die Übersteuerungsanzeige ist eine rote Leuchtdiode (kurz LED genannt). Sie leuchtet auf, kurz bevor der Eingangskanal übersteuert wird. Die Übersteuerungsanzeige ist eine wertvolle Hilfe bei der Einstellung der Eingangsverstärkung (Gain).

Die Einstellung der Eingangsverstärkung sollte so vorgenommen werden, daß die Übersteuerungsanzeige überhaupt nicht oder nur ganz selten aufleuchtet. Dafür ist einzig und alleine der Gain-Regler zuständig. Für den praktischen Betrieb heißt das: Der Gain-Regler wird bei starken Eingangssignalen, wenn überhaupt, nur ganz minimal aufgedreht; bei schwachen Signalen jedoch mehr. In jedem Fall jedoch nur bis kurz vor dem Aufleuchten der Übersteuerungsanzeige. Die Übersteuerungs-LED ist hinter der Klangregelung geschaltet. So werden Pegelveränderungen durch Anhebungen und Absenkungen registriert und kontrolliert.

Einige wenige Mischpultmodelle verfügen noch über eine zweite optische Anzeige; es ist eine grüne LED. Sie leuchtet dann auf, wenn der Eingangssignalpegel ausreichend hoch über dem Grundrauschen liegt. Nur wenn diese LED aufleuchtet, ist die einwandfreie Verstärkung des Signals gewährleistet.

Diese beiden optischen Kontrollmöglichkeiten lassen eine optimale Aussteuerung zu und schützen vor Untersteuerung mit dem damit verbundenen hohen Grundrauschen bzw. vor Übersteuerung und der dadurch verursachten Signalverzerrung.

Ein Bedienungspanel mit den bisher besprochenen Funktionen kann so aussehen, wie es in Bild 2.21 skizziert ist.

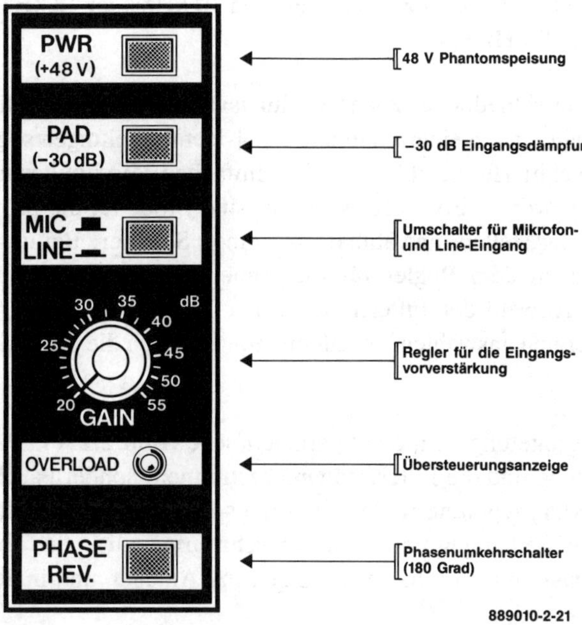

Bild 2.21 Eingangssektion eines Mischpult-Eingangskanals (Input Chanel).

Klangregelung (Equalizer)

Die Klangregelung, über die jedes Mischpult verfügt, erlaubt es, das Eingangssignal klanglich zu korrigieren bzw. das Klangbild nach eigenen Vorstellungen zu gestalten. Der Aufwand und damit die Effektivität der Klangregelungen ist bei den einzelnen Modellen sehr unterschiedlich.

Einfache PA-Mischpulte und Gesangsverstärker verfügen nur über eine 2-fache Klangregelung für Bässe und Höhen. Diese Minimal-Klangregelungen gestatten eine nur sehr geringe Beeinflussung des Klangbildes. In der modernen PA-Technik sind diese Klangregelungen fast immer unzureichend. Moderne Mischpulte haben meist 3- oder gar 4-fache Klangregelungen. Sie erlauben eine gute Klangkorrektur und sind in allen Fällen ausreichend. Man unterscheidet dabei zwischen vier Klangregelungsvarianten:

1. Klangregelungen mit festen Filterfrequenzen;
2. Klangregelungen mit umschaltbaren Filterfrequenzen;
3. semiparametrische Klangregelungen;
4. (voll-)parametrische Klangregelungen.

Die Filterfrequenzen legen den Frequenzbereich fest, in dem die Klangregelung wirksam sein soll. Nur in diesem Bereich kann mit der Klangregelung der Signalpegel abgesenkt (also gedämpft) oder angehoben und damit verstärkt werden. Der Bereich für die Anhebung oder Absenkung ist nicht bei allen Modellen gleich. Er reicht von 0 dB bis ± 12 dB oder bei Modellen mit stärkeren Regelungen von 0 dB bis ± 15 dB; bei extremen Klangregelungen sogar bis ± 20 dB. Bild 2.22a zeigt das Muster für ein Bedienungspanel mit festen Filterfrequenzen zwischen 0 dB und ± 12 dB.

Bei den meisten PA-Mischpulten liegen die Filterfrequenzen für den Höhen- und Baßbereich fest. Im Höhenbereich hat die Filterfrequenz einen Wert von 10 kHz oder 12 kHz, im Baßbereich liegt sie zwischen 50 Hz und 100 Hz.

Entscheidend bei den unterschiedlichen Klangregelungsvarianten sind die Mittenbereiche. Sie lassen sich bei 3-fach Regelungen in einem Bereich, bei 4-fach Regelungen sogar in zwei Bereichen beeinflussen. Ein Beispiel hierfür zeigt Bild 2.22b. Einfachen Mischpulten ist jedem Bereich eine feste Filterfrequenz zugeordnet. Etwas aufwendiger sind Modelle, die pro Bereich zwei Filterfrequenzen zur Verfügung stellen, anwählbar über einen Schalter. Bei der semiparametrischen Klangregelung steht neben dem Regler für die Anhebung/Absenkung für jeden Bereich ein zweiter Regler für die Anwahl der Filterfrequenz zur Verfügung. Die Frequenz läßt sich aus einem relativ großen Bereich auswählen, so daß für jede Schallquelle die optimale Klangkorrektur möglich ist.

Die aufwendigste Klangregelung ist die vollparametrische (Bild 2.22c). Dabei lassen sich nicht nur Anhebung, Absenkung und die Filterfrequenz bestimmen, sondern auch die Bandbreite (der Q-Faktor), in der die Klangregelung wirkt. Allerdings ist die vollparametrische Klangregelung äußerst schwierig in der Bedienung und technisch sehr aufwendig. Aus diesen Gründen finden sich diese Klangregelungen nur in sehr aufwendigen PA-Anlagen und in Studiokonsolen.

Weitere Ausführungen zu den Klangregelungen (Arbeitsweise und Wirkungen) finden Sie in dem Abschnitt »Klangregelwerke (Equalizer)« ab Seite 84.

a)

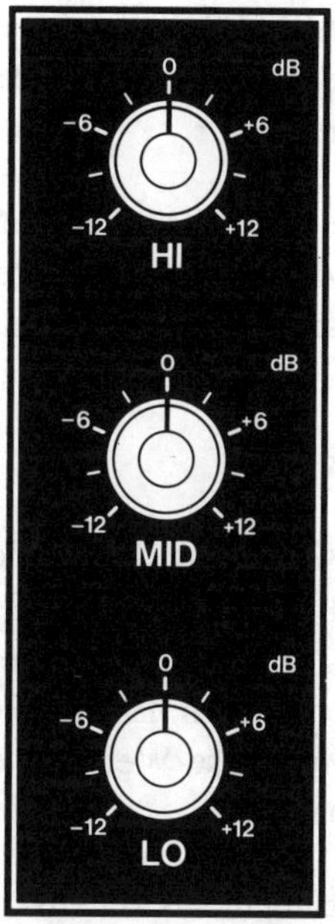

Bild 2.22a
Klangregelung mit festen Frequenzen

b)

Bild 2.22b
Semiparametrische Klangregelung

c)

Bild 2.22c
Vollparametrische Klangregelung

Klangregelung ein/aus (Equalizing in/out)

Mit diesem Schalter (zu sehen in Bild 2.22c) läßt sich die Klangregelung abschalten. Das Signal durchläuft dann den entsprechenden Kanal, ohne das es klanglich verändert wird. Dadurch entsteht die Möglichkeit, das Originalsignal mit dem klanglich korrigierten Signal zu vergleichen und so die Effektivität der Klangregelung zu überprüfen.

Baßfilter (Bass Cut)

Bei der Signalübertragung können Störungen durch tieffrequente Schallanteile entstehen; sie sind unter der Bezeichnung Trittschall bekannt. Mit einem Bass-Cut-Schalter (Bild 2.22c) wird ein Filter aktiviert, das Frequenzen unter 100 Hz abschwächt. Es handelt sich dabei um ein Hochpaßfilter mit 12 dB/Oktave (siehe hierzu auch »Die Flankensteilheit« auf Seite 131).

Das Baßfilter sollte nur in Mischpultkanälen Verwendung finden, an die ein Instrument angeschlossen ist, das selbst keine tiefen Frequenzen erzeugt, weil ansonsten das Filter den Tieftonbereich des Instrumentes mit abschwächt. Deshalb wird das Baßfilter hauptsächlich für Gesang, Becken, Hi-Hat und evtl. noch Gitarre sowie Hänge-Toms eingesetzt.

Effektwege (Effekt Sends)

Für Effektgeräte haben die Mischpulte besondere Ein- und Ausgänge und sind deshalb von jedem Eingangskanal aus einzeln anzusteuern. Der Effekt-Send-Regler EFF (Bild 2.23) in den Eingangskanälen reguliert die Stärke des Signals des jeweiligen Eingangs, das zum Effektgerät gelangt. So ist es möglich, die Lautstärke des Effektes vom Mischpult aus zu steuern. Es ist außerdem möglich, das Effektgerät von mehreren Kanälen aus anzusteuern. Auf diese Weise ist ein Effekt für mehrere Schallquellen mit unterschiedlichen Intensitäten nutzbar.

Die Effektwege sind bei allen Mischpulten »post-fade« geschaltet. Das bedeutet nichts anderes, als daß das Signal hinter dem Lautstärkeregler (Fader) dem Effektgerät zugeführt wird. Die Lautstärke des Effektes ist deshalb auch direkt von der Stellung des Lautstärkereglers abhängig.

Monitorwege (Foldback)

Die Monitor-Send-Regler FB (Bild 2.23) bestimmen die Lautstärke, mit der der jeweilige Kanal über die Monitoranlage auf der Bühne wiedergegeben werden soll. Mit Hilfe der horizontal nebeneinander angeordneten Foldback-Regler FB läßt sich eine separate Mischung aller Eingangskanäle für die Monitoranlage erstellen. Die Monitorregler sind »pre-fade« geschaltet, d.h., das Signal wird vor dem Lautstärkeregler abgenommen. Der Lautstärkeregler hat so keinen Einfluß auf die Monitorwege. Die eingestellte Lautstärke und das Mischungsverhältnis der Monitorregler ist also unabhängig von der Stellung der Lautstärkeregler der Eingangskanäle.

Umschaltbare Wege (Aux, Bus, Cue)

Einige Mischpultmodelle haben die Möglichkeit, den Aux-Send-Regler mittels Schalter von »pre-fade«- auf »post-fade«-Betrieb umzuschalten. So kann man selbst wählen, ob man den Effekt- oder den Monitorweg nutzen will.

Bild 2.23 zeigt ein mögliches Bedienungspanel für Monitor-, Effekt- und Aux-Send-Regler.

Panorama-Regler (Pan-Pot)

PA-Systeme lassen sich auch in Stereo aussteuern; dazu muß man nur die Signale in bestimmte Richtungen (Links, Mitte, Rechts) aufteilen. Es entsteht so ein akustischer Raumeindruck auf horizontaler Ebene. Die Signalrichtung bei jedem Kanal bestimmt der Panoramaregler PAN (Bild 2.24). Dieser Regler richtet das Signal stufenlos nach links oder rechts. Wenn also das

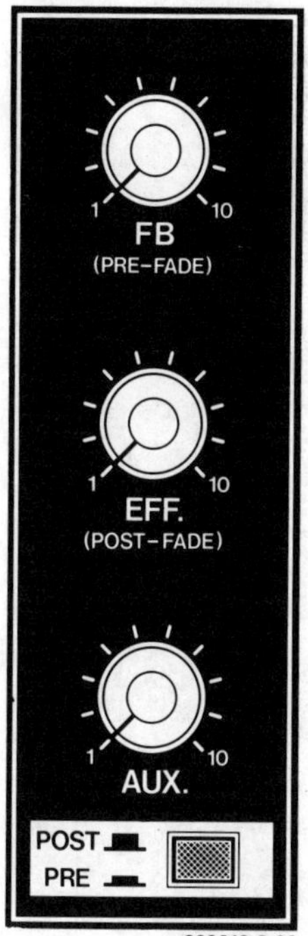

Bild 2.23
Foldback-, Effekt-Send- und Aux-Sektion eines Mischpulteingangskanals. Die Regler haben in der Reihenfolge von oben nach unten folgende Funktion:
FB = Monitor-Send-Regler (Foldback, pre-fade);
EFF = Effekt-Send-Regler (post-fade);
Aux = Aux-Send-Regler;
Pre = Umschalter für den Aux-Weg von post-fade- auf pre-fade-Betrieb.

Signal von links nach rechts verschoben wird, nimmt die Lautstärke links ab und rechts bleibt sie gleich. In der Mittelstellung des Pan-Reglers ist das Signal in den Kanälen gleich laut und es erscheint akustisch in der Mitte.

ON (Kanal ein/aus oder Channel in/out bzw. Mute)

Mit dem ON-Schalter (Bild 2.24) läßt sich der Kanal abschalten. Das kann sinnvoll sein, wenn während des Auftritts der Kanal zeitweise nicht benötigt wird und die Gefahr besteht, daß er Störungen verursacht.

PFL (Pre Fade Listening) Solo

Der PFL-Schalter (Bild 2.24) erlaubt es, den Kanal lautstärkeunabhängig abzuhören; außerdem wird der Signalpegel auf den Anzeigeinstrumenten angezeigt. Der PFL-Schalter mit den Anzeigeinstrumenten und die Übersteuerungs-LED des Eingangskanals sind die wichtigsten Hilfen bei der Einstellung der Eingangsvorverstärkung. Sie helfen Übersteuerungen zu vermeiden. Durch das Abhören per Kopfhörer ist es zusätzlich möglich festzustellen, ob andere Schallquellen in den abgehörten Kanal einstreuen. So hat man ein genaues Bild darüber, ob eine Änderung der Mikrofonaufstellung notwendig ist oder nicht.

Flachbahn-Schieberegler (Fader)

Mit den Schiebereglern (Bild 2.24) der Eingangskanäle wird die Lautstärke zu den Masterausgängen bzw. den Subgruppen und das Lautstärke-/Mischungsverhältnis der Kanäle zueinander bestimmt. Durch die Stellung der Schieberegler ist das Mischungsverhältnis der einzelnen Kanäle zueinander auch optisch gut zu überblicken. Nur einige kleine Gesangsverstärker und Mischpultmodelle sind mit Drehreglern ausgerüstet.

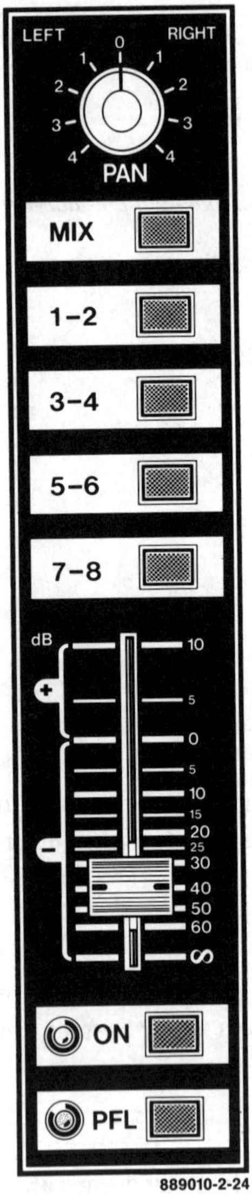

Bild 2.24
Routing-, Pan- und Lautstärkesektion eines Mischpulteingangskanals. Die Funktionen der einzelnen Bedienelemente sind von oben nach unten:
PAN = Panorama-Richtungsregler;
Mix = Routing zu den Masterausgängen links/rechts;
1-2 = Routing zu den Subgruppen 1 und 2;
3-4 = Routing zu den Subgruppen 3 und 4;
5-6 = Routing zu den Subgruppen 5 und 6;
7-8 = Routing zu den Subgruppen 7 und 8;
ON = Kanalausschalter mit grüner LED;
PFL = Pre-Fade-Listening-Schalter mit roter LED;
ohne Bezeichnung = Schieberegler für die Lautstärke.

Mit den Schaltern Mix, 1-2, 3-4, 5-6 und 7-8 ist ein Routing möglich. Erläuterungen hierzu folgen im Abschnitt Sub- bzw. Untergruppen.

Summenausgänge Rechts/Links (Master Right/Left)

Die Masterkanäle R/L regeln das Gesamtsignal. Hier kommen alle Signale der Einzelkanäle zusammen und bilden die Gesamtsumme.

Bei fast allen Mischpulten kann das Gesamtsignal der Summenausgänge lediglich in der Lautstärke variiert werden. Eine Klangregelung des Summensignals ist nur bei sehr wenigen Modellen möglich. Eine Klangregelung, wie sie in den Eingangskanälen integriert ist, hat bei den Summen-

Bild 2.25 Eingangskanal des »Soundcraft«-Mischpultes 8000. Dieses Beispiel für einen Eingangskanal enthält alle bisher besprochenen Funktionseinheiten. ▶

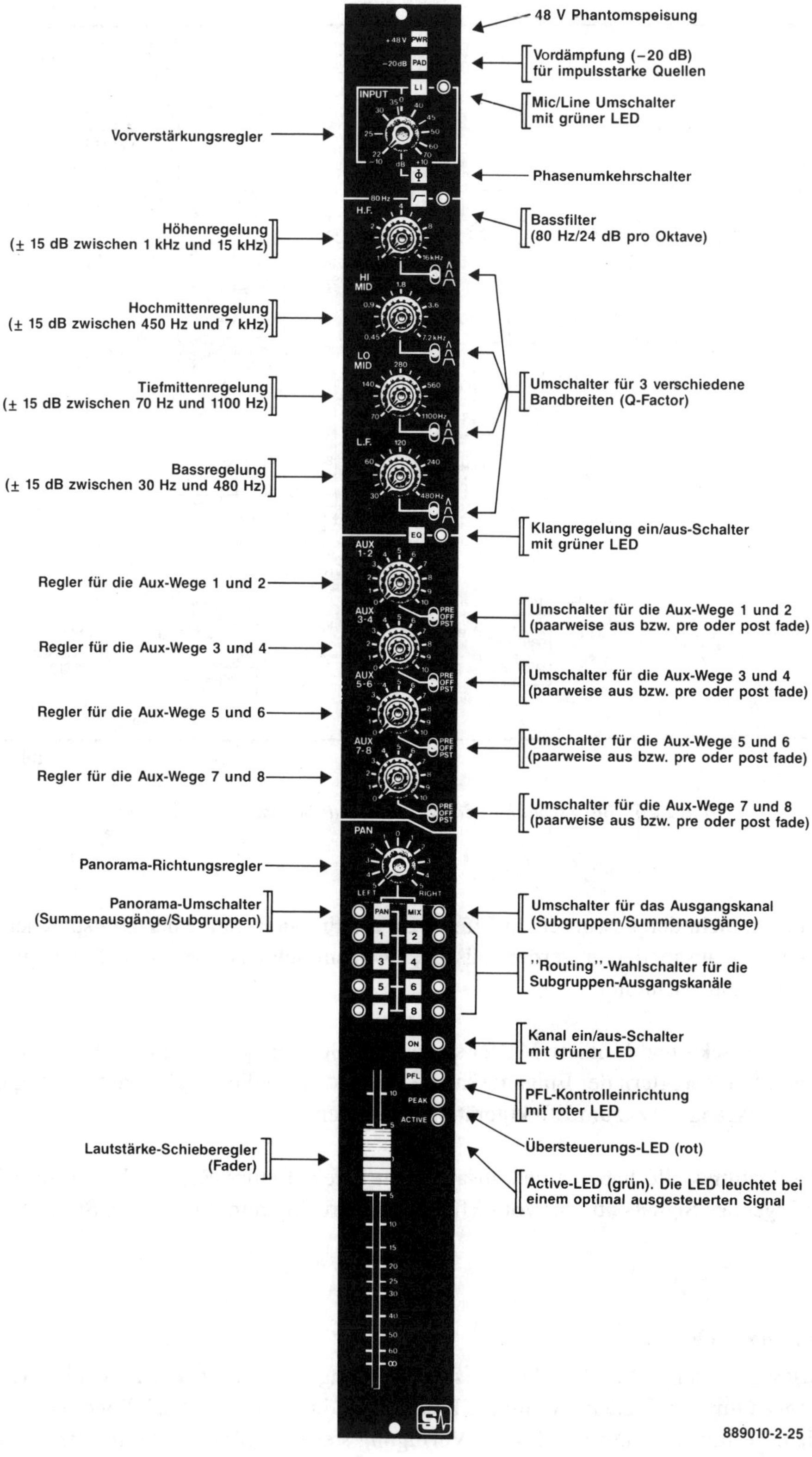
48 V Phantomspeisung
Vordämpfung (−20 dB) für impulsstarke Quellen
Mic/Line Umschalter mit grüner LED
Vorverstärkungsregler
Phasenumkehrschalter
Höhenregelung (± 15 dB zwischen 1 kHz und 15 kHz)
Bassfilter (80 Hz/24 dB pro Oktave)
Hochmittenregelung (± 15 dB zwischen 450 Hz und 7 kHz)
Tiefmittenregelung (± 15 dB zwischen 70 Hz und 1100 Hz)
Umschalter für 3 verschiedene Bandbreiten (Q-Factor)
Bassregelung (± 15 dB zwischen 30 Hz und 480 Hz)
Klangregelung ein/aus-Schalter mit grüner LED
Regler für die Aux-Wege 1 und 2
Umschalter für die Aux-Wege 1 und 2 (paarweise aus bzw. pre oder post fade)
Regler für die Aux-Wege 3 und 4
Umschalter für die Aux-Wege 3 und 4 (paarweise aus bzw. pre oder post fade)
Regler für die Aux-Wege 5 und 6
Umschalter für die Aux-Wege 5 und 6 (paarweise aus bzw. pre oder post fade)
Regler für die Aux-Wege 7 und 8
Umschalter für die Aux-Wege 7 und 8 (paarweise aus bzw. pre oder post fade)
Panorama-Richtungsregler
Panorama-Umschalter (Summenausgänge/Subgruppen)
Umschalter für das Ausgangskanal (Subgruppen/Summenausgänge)
"Routing"-Wahlschalter für die Subgruppen-Ausgangskanäle
Kanal ein/aus-Schalter mit grüner LED
PFL-Kontrolleinrichtung mit roter LED
Übersteuerungs-LED (rot)
Lautstärke-Schieberegler (Fader)
Active-LED (grün). Die LED leuchtet bei einem optimal ausgesteuerten Signal
INPUT
H.F.
HI MID
LO MID
L.F.
EQ
PAN
ON
PFL
PEAK
ACTIVE
889010-2-25

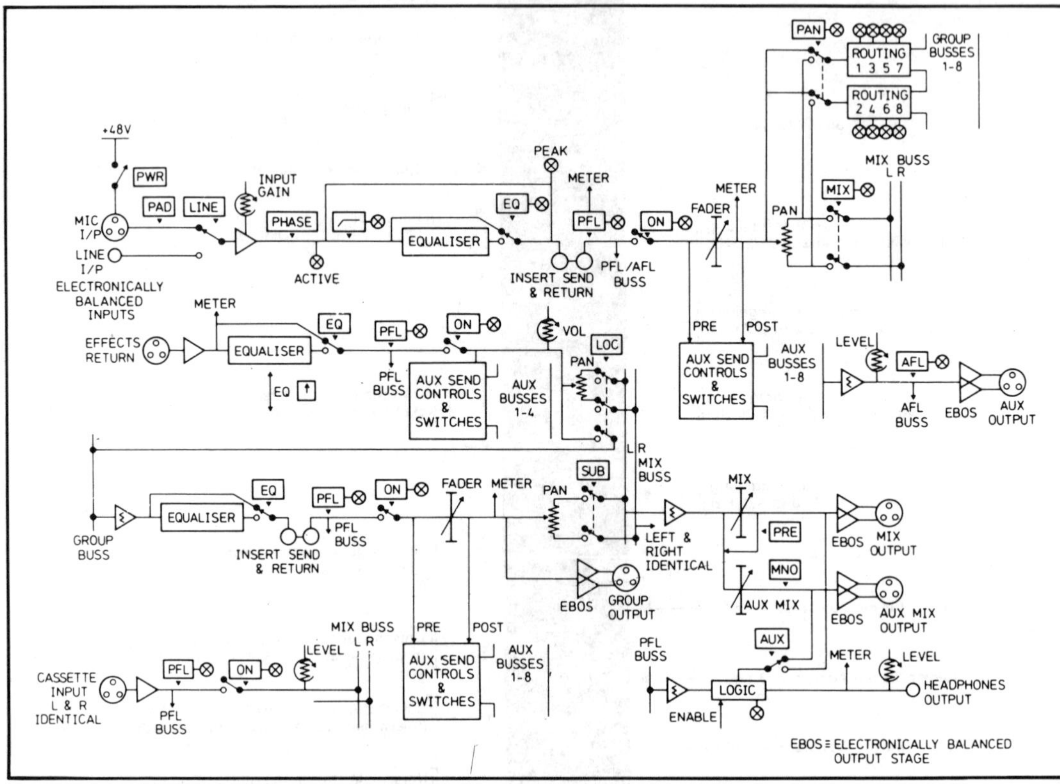

889010-2-26

Bild 2.26 Blockschaltbild für das Mischpult Soundcraft Serie 8000.

ausgängen auch nicht den gewünschten Effekt. Da die Frequenzgänge der Lautsprecher und die Saaleigenschaften ausgeglichen werden müssen, ist es empfehlenswert, in die Summenausgänge einen Equalizer einzuschleifen.

Die Regler für Effekt- und Monitor-Master steuern die Gesamtsignale der einzelnen Effekt-Send-Reglern und Monitorreglern der Eingangskanäle. Es besteht so die Möglichkeit, die Signalstärke zum Monitorausgang bzw. zum Effektgerät zu regulieren.

Einige Mischpultmodelle haben einen zusätzlichen Effekt-Return-Regler. Von seiner Stellung hängt der Pegel des Signals ab, das vom Effektgerät zurückkommt und in den Signalweg eingespeist wird.

Testtongenerator (Oscillator)

In den Masterkanälen mancher Mischpulte ist ein Testtongenerator eingebaut. Mit ihm lassen sich Testmessungen für verschiedene, wählbare Frequenzen durchführen. Auch Bandmaschinen können mit dem Testtongenerator auf das zur Verfügung stehende Mischpult eingemessen werden.

Sprechanlage (Talkback)

Eine sehr nützliche Zusatzeinrichtung bieten einige Mischpulte mit dem Talkback. In diesem Fall ist das Mischpult mit einem Mikrofon und der entsprechenden Schaltung ausgerüstet, um von dort aus über die Monitoranlage Anweisungen zur Bühne durchzugeben. Diese Einrichtung erleichtert beim Soundcheck den Kontakt mit den Musikern auf der Bühne. Das gilt insbesondere in großen Sälen, wo das Mischpult von der Bühne weit entfernt ist. Mit dieser Einrichtung ist das dauernde Hin- und Herlaufen oder das laute Zurufen unnötig.

Die Talkback-Einrichtung ist mit dem Monitorausgang verbunden und auch nur über die Monitoranlage zu hören, nicht über die PA selbst. Bei Mischpulten mit mehreren Monitorausgängen kann man den Monitorkanal anwählen, der das Talkback wiedergeben soll.

Abhörmöglichkeiten über Kopfhörer

Eine gute Kontrollmöglichkeit ist das Abhören bestimmter Signale über Kopfhörer. Hierzu gibt es mehrere Wege: über die PFL-Tasten in den Eingangskanälen sowie in den Master- und Monitorausgangskanälen. Mit Hilfe eines Abhörwählschalters wird dann die gewünschte Möglichkeit angesprochen. Für die Lautstärke des Signals im Kopfhörerausgang steht ein eigener Regler zur Verfügung (Headphone-Level).

Anzeigeinstrumente (VU/Peak-Meter)

Alle Mischpulte sind mit Anzeigeinstrumenten ausgestattet. Sie zeigen in der Regel den Pegel des Gesamtausgangssignals an. Andere Anzeigen, wie die der Eingangssignale (PFL) oder der Monitor- bzw. Effektsignale, sind über Wahlschalter abrufbar.

Die meisten Anzeigeinstrumente sind VU-Meter (VU = Voltage Unit) und in dB geeicht. Ein Beispiel für ein solches Instrument zeigt Bild 2.27a. Bei dem Zeigerinstrument ist die Skala in zwei Teile gesplittet: einem schwarzen Teil von -30 dB bis 0 dB und einem roten Teil (rechts). Steht der Zeiger auf 0 dB, dann ist das Mischpult voll ausgesteuert. Den niedrigsten Pegel hat das Signal, wenn der Zeiger links steht (bei —); beim höchsten Pegel steht der Zeiger rechts (bei +). Das VU-Meter zeigt einen Durchschnittswert an, der dem tatsächlichen Eindruck des menschlichen Gehörs entspricht. Sehr kurze Spitzen, die das Gehör nicht wahrnimmt, zeigt auch das

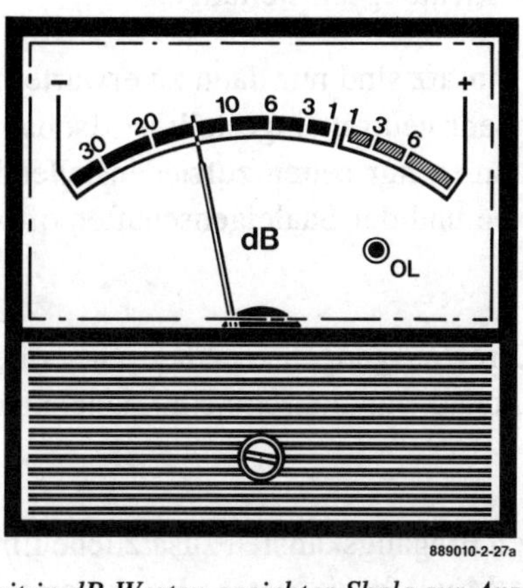

Bild 2.27a Zeigerinstrument mit in dB-Werten geeichter Skala zur Anzeige von Signalspannungspegel.

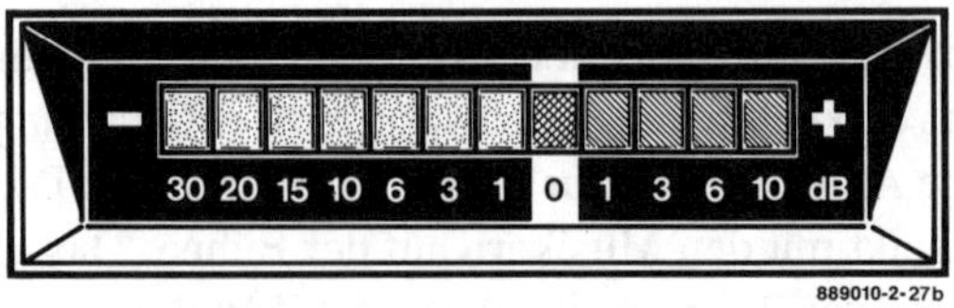

Bild 2.27b LED-Kette zur Anzeige von VU- und Peak-Werten in db-Schritten.

VU-Meter nicht an. Um bei dieser trägen Anzeige Übersteuerungen zu verhindern, ist das VU-Meter mit einem Vorlauf ausgestattet, d.h., das Instrument zeigt immer einen höheren Pegel an als tatsächlich vorliegt. In der Praxis kann das anliegende Signal das VU-Meter bis zur 0 dB-Marke aussteuern, ohne daß das Mischpult übersteuert. Kurze Überschreitungen dieser Marke sind vernachlässigbar, weil sie sich nicht als Übersteuerungen und Verzerrungen bemerkbar machen. Einige VU-Meter besitzen zusätzlich eine LED, die eine Übersteuerung anzeigt.

Eine andere Anzeigemöglichkeit als die Zeigerinstrumente sind die LED-Ketten (Bild 2.27b). Hierbei ist der Zeiger durch eine Anzahl von Leuchtdioden ersetzt. Nach dieser Methode lassen sich nicht nur die Signalpegel anzeigen (VU-Charakteristik), sondern auch die Spitzenwerte der Signale (Peak-Charakteristik). Wenn also die Anzeige von VU auf Peak umgeschaltet wird, zeigen die Leuchtdioden auch die kurzzeitigen und vom Ohr nicht wahrgenommenen Pegelspitzen an. Die Peak-Anzeige zeigt so den tatsächlichen Signalpegel an, also auch die vernachlässigbaren kurzen Spitzenimpulse. Auch bei den LED-Ketten ist die Anzeige in dB geeicht: von -30 dB bis -1 dB ist der zulässige Bereich (meiste grüne LEDs); 0 dB entspricht der Vollaussteuerung; von +1 dB bis +12 dB ist das Gerät übersteuert (angezeigt meist durch rote LEDs).

VU-Meter gibt es als Zeigerinstrumente oder als LED-Ketten; die Peak-Anzeige ist nur mit der LED-Kette möglich.

Ausgänge für Bandmaschinen

Mischpulte mit Anschlüsse für eine Bandmaschine ermöglichen Aufnahmen direkt aus den Masterkanälen L/R. Die Bandmaschine nimmt das Gesamtsignal mit allen Beeinflussungen durch das Mischpult auf. Die Aufnahme enthält so das eingestellte Lautstärkeverhältnis der Kanäle sowie die gesamten Klang- und Richtungseinstellungen.

Gute Bandaufnahmen im Live-Einsatz sind nur dann zu erwarten, wenn das Mischpult entweder speziell für die Aufnahme oder sehr neutral eingestellt ist. Ist das Mischpult bereits für den Auftritt eingestellt, sind die Aufnahmen nur selten zufriedenstellend, weil die Klangregelung zum Ausgleich der Lautsprecherboxen und der Saaleigenschaften oft sehr extrem wirkt.

Direktausgänge (Direct Outs)

Die einzelnen Kanäle sind mit Direktausgängen versehen. Sie erlauben es, jeden Kanal einzeln auf eine Aufnahmespur einer Mehrkanal-Bandmaschine aufzunehmen.

Einschleifungen (Inserts)

Größere Mischpulte haben in den Eingangskanälen zusätzliche Ein- und Ausgangsanschlüsse, die Inserts genannt werden und die Möglichkeit bieten, Effektgeräte in den betreffenden Eingangskanal einzuschleifen. Das Effektgerät liegt so hinter der Klangregelung und verarbeitet deshalb das bereits korrigierte Signal. Der Effekt selbst ist nur für den Kanal aktiv, bei dem er angeschlossen ist.

Master- bzw. Summenausgänge R/L (Output R/L)

Das Gesamtsignal, das an den Summenausgängen zur Verfügung steht, gelangt von dort weiter zu den Zusatzgeräten bzw. zu den Endstufen. Die Summenausgänge sind bei fast allen Mischpulten asymmetrisch ausgelegt. Da die Ausgangssignale relativ stark sind, genügt die asymmetrsiche Leitungsführung in der Regel, um Störeinstreuungen fern zu halten. Schwierigkeiten können allerdings bei einer relativ umfangreichen Lichtanlage auftreten. In diesem Fall ist es notwendig, die Ausgänge auf erdfrei-symmetrische Leitungsführung umzurüsten; dazu ist in der Regel jede Werkstatt in der Lage. Zu beachten ist dabei, daß alle nachfolgenden Geräte (Zusatzgeräte und Endstufen) über erdfrei-symmetrische Eingänge verfügen müssen.

Eine Anlage mit durchgängig erdfrei-symmetrischer Auslegung ist in nahezu jedem Fall vor Störeinstreuungen sicher. Meist genügt es schon, wenn die Mikrofonleitungen erdfrei-symmetrisch und die Ausgangsleitungen asymmetrisch sind. Es ist deshalb vor einer Umrüstung immer zu prüfen, ob sie wirklich notwendig ist und die erhofften Verbesserungen bringt.

Sub- bzw. Untergruppen (Subgroups)

Mischpulte mit 16 und mehr Eingangskanälen sind schwierig zu überblicken. Den Überblick und die Arbeit mit dem Mischpult können Subgruppen (Untergruppen) sehr erleichtern. Subgruppen gehörten bis vor wenigen Jahren noch zur Luxusausstattung eines Mischpultes. Heute aber, nachdem die Mischpulte erheblich preisgünstiger geworden sind, gehören die Subgruppen fast zum Standard von Mischpulten mit 16 und mehr Kanälen.

Die Subgruppen fassen mehrere Kanäle zusammen. Dafür ist bei derartigen Mischpulten in den Eingangskanälen eine Wahltastatur (Routing) angebracht. Die Wahltastatur gestattet die Zuordnung jedes Eingangskanals zu einer beliebigen Subgruppe.

Im Handel sind Mischpulte mit 4, 8 und 16 Subgruppen erhältlich. Für den Live-Betrieb sind 4 oder 8 Subgruppen ausreichend. Mischpulte mit 16 Subgruppen sind für die Verwendung einer 16-Spur-Bandmaschine vorgesehen. Bei der Anzahl der Subgruppen ist zu beachten, daß für die Wiedergabe in Stereo jeweils zwei dieser Gruppen erforderlich sind; je ein Subgruppenkanal für rechts und links.

Die Wahltasten aller Mischpulte mit Subgruppen ordnen dem Kanal immer zwei Subgruppenkanäle zu. Die Kennzeichnung bei einem Mischpult mit 8 Subgruppen lautet deshalb: 1 - 2, 3 - 4, 5 - 6, 7 - 8 und R - L. Durch die Taste R - L wird der Eingangskanal keiner Subgruppe zugeordnet, sondern direkt den Summenausgangskanälen zugeführt. Betätigt man eine der anderen Tasten, ordnet man damit den Eingangskanal den beiden entsprechenden Subgruppen zu; dabei hat der Pan-Regler des Eingangskanals eine besondere Aufgabe zu erfüllen. Der Pan-Regler (Bild 2.28) bestimmt, ob der Kanal beiden Subgruppen zu gleichen Teilen oder mit unterschiedlichem Verhältnis zugeführt wird oder ob die Zuordnung nur zu einer der beiden Subgruppen erfolgt. In der Praxis heißt das: Durch Drücken der Taste 1 - 2 ist der Kanal diesen beiden Subgruppenkanälen zugeordnet. Befindet sich der Pan-Regler dieses Kanals in Mittelstellung, erscheint das Signal in beiden Subgruppen zu gleichen Teilen. Steht der Pan-Regler hingegen in Stellung L, erscheint das Signal nur in Subgruppe 1 und in Stellung R nur in Subgruppe 2. Gleiches gilt für Zwischenstellungen wie halbrechts, halblinks und ähnliches. Für den Stereobetrieb müssen sich die Pan-Regler der Subgruppen jeweils am Endanschlag L bzw. R befinden. Die Pan-Regler der Eingangskanäle werden dabei nach Wunsch ausgerichtet. In Bild 2.28 ist ersichtlich, wie sich die Eingangskanäle auf die Subgruppen verteilen lassen und wie die Pan-Einstellung für den Stereobetrieb erfolgen muß. Die Auswirkungen der Pan-Regler der Eingangskanäle und der Subgruppen ist aus Bild 2.29 ersichtlich.

Der Vorteil der Subgruppen liegt darin, daß man die Lautstärke einer Instrumentengruppe (beispielsweise vom Schlagzeug) nicht mehr an 8 Kanälen einstellen muß, sondern nur an den beiden Subgruppenkanälen. Unter der Voraussetzung also, daß das Lautstärkeverhältnis innerhalb der entsprechenden Gruppe stimmt, erfolgt die Mischung ausschließlich im Subgruppenbereich. Diese Zusammenfassung erleichtert die Arbeit bei einer relativ großen Anzahl von Eingangskanälen doch erheblich.

Zu beachten ist, daß die Lautstärkeregelung der Subgruppen nicht immer mit dem Schieberegler erfolgt, sondern u.U. mit Drehpotentiometern mit der Bezeichnung »Level«. Die Schiebepotentiometer der Subgruppen regeln in diesem Fall die Lautstärke zu den Ausgängen der Gruppe zu einer Bandmaschine.

Die Subgruppen verfügen auch über einen Effekt-Send-Regler und über einen Monitorregler. Damit läßt sich das gesamte Gruppensignal dem Monitor oder einem Effektgerät zuführen. Eine PFL-Abhörmöglichkeit besteht bei den Subgruppen ebenfalls.

»In-Line«-Mischpulte

Neben den Mischpulten mit »Routing«-Schaltungen zur Anwahl von Subgruppen, auch »Taktfeld«-Mischpulte genannt, sind auch noch Mischpulte mit »In Line«-Schaltungen erhältlich. Diese Mischpulte sind hauptsächlich für den Aufnahmebereich gedacht, können natürlich auch in PA-Systemen eingesetzt werden.

In den Taktfeld-Mischpulten lassen sich die Eingangskanäle zusammenfassen und so den Subgruppen/Ausgangskanälen zuordnen. Dadurch ist der technische Aufwand und damit der Preis dieser Geräte, wenn viele Subgruppen/Ausgangskanäle für Aufnahmezwecke gebraucht werden, sehr hoch.

Im Gegensatz dazu sind die Eingangssektion sowie die Monitor-, Subgruppen- und Ausgangssektion bei den »In Line«-Mischpulten in einem Kanalzug zusammengefaßt. Das reduziert nicht nur den technischen Aufwand, sondern verringert auch den Preis. In jedem Kanal befinden sich zwei Reglersektionen: Eine für die Eingangssektion, meist mit einem langen Schieberegler ausgestattet und eine für die Monitor-, Subgruppen- und Ausgangssektion, mit einem kürzeren Schieberegler oder einem Drehpotentiometer versehen.

Die »In Line«-Mischpulte bieten vielfältige Funktionsmöglichkeiten der beiden Bereiche. Diese Möglichkeiten sind von Modell zu Modell unterschiedlich. Als Funktionsbeispiel betrachten wir an dieser Stelle ein »In Line«-Mischpult mit 16 Kanälen.

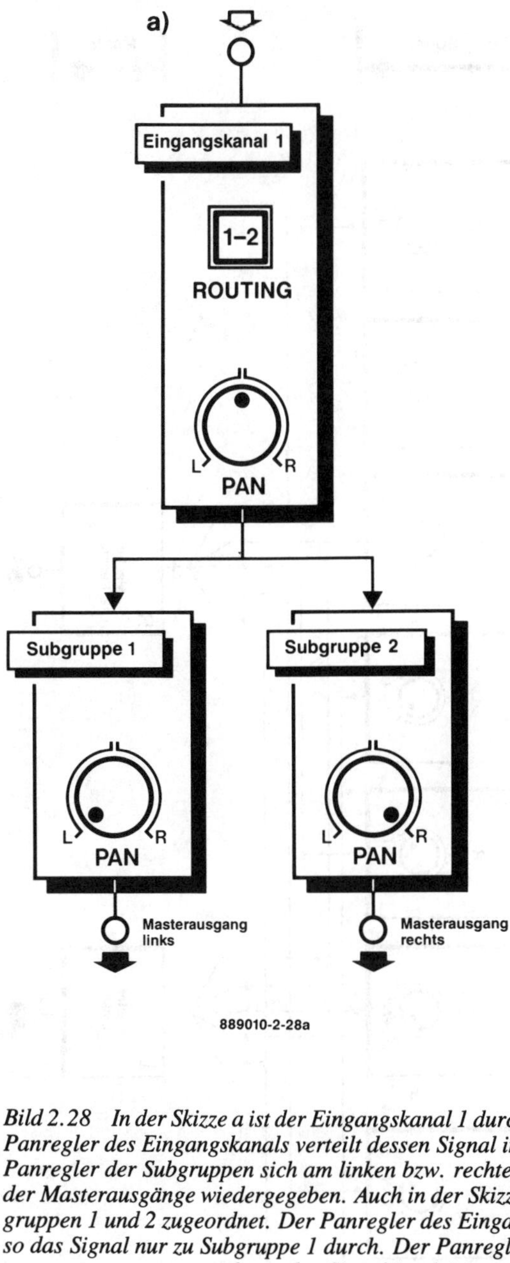

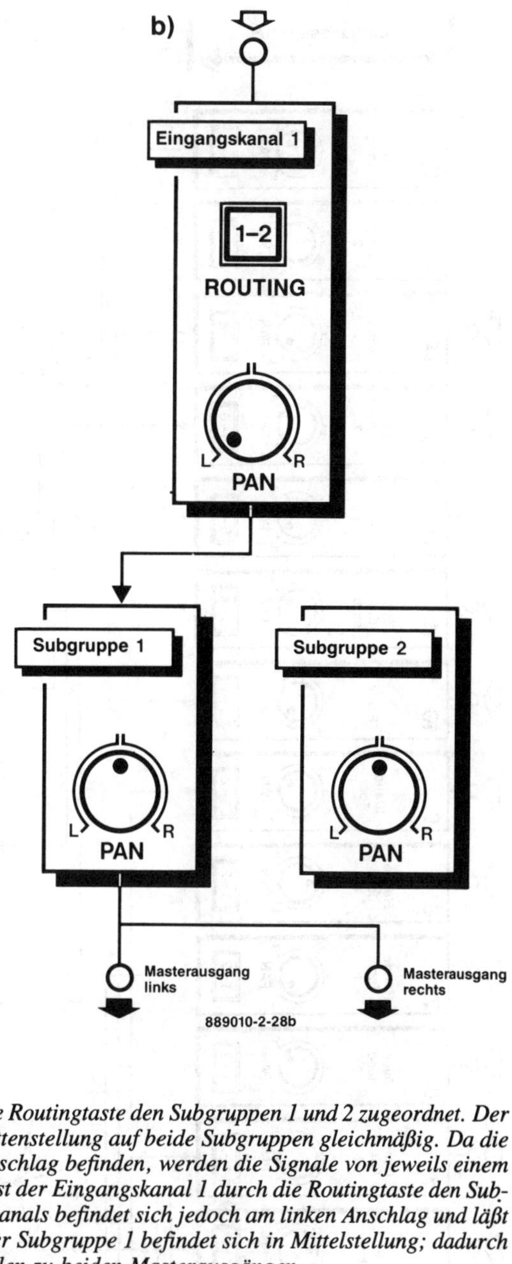

Bild 2.28 In der Skizze a ist der Eingangskanal 1 durch die Routingtaste den Subgruppen 1 und 2 zugeordnet. Der Panregler des Eingangskanals verteilt dessen Signal in Mittenstellung auf beide Subgruppen gleichmäßig. Da die Panregler der Subgruppen sich am linken bzw. rechten Anschlag befinden, werden die Signale von jeweils einem der Masterausgänge wiedergegeben. Auch in der Skizze b ist der Eingangskanal 1 durch die Routingtaste den Subgruppen 1 und 2 zugeordnet. Der Panregler des Eingangskanals befindet sich jedoch am linken Anschlag und läßt so das Signal nur zu Subgruppe 1 durch. Der Panregler der Subgruppe 1 befindet sich in Mittelstellung; dadurch gelangt das Signal in gleichen Anteilen zu beiden Masterausgängen.

Eine Möglichkeit besteht darin, beide Kanalsektionen als Eingänge zu nutzen. Damit stünden 32 Kanäle zur Verfügung und aus dem 16 Kanal »In Line«-Mischpult würde ein 32/2 Mischpult. Die 16 Kanäle der zweiten Sektion können auch als Ausgang genutzt werden, wodurch ein 16/16/2 Mischpult zur Verfügung stände. Die zweite Sektion kann auch als Subgruppe dienen, in der mehrere Eingangskanäle zusammengefaßt werden. Eine Teilung der Funktion ist ebenfalls möglich. Dabei könnten neben den 16 Eingängen der ersten Sektion noch vier Kanäle der zweiten

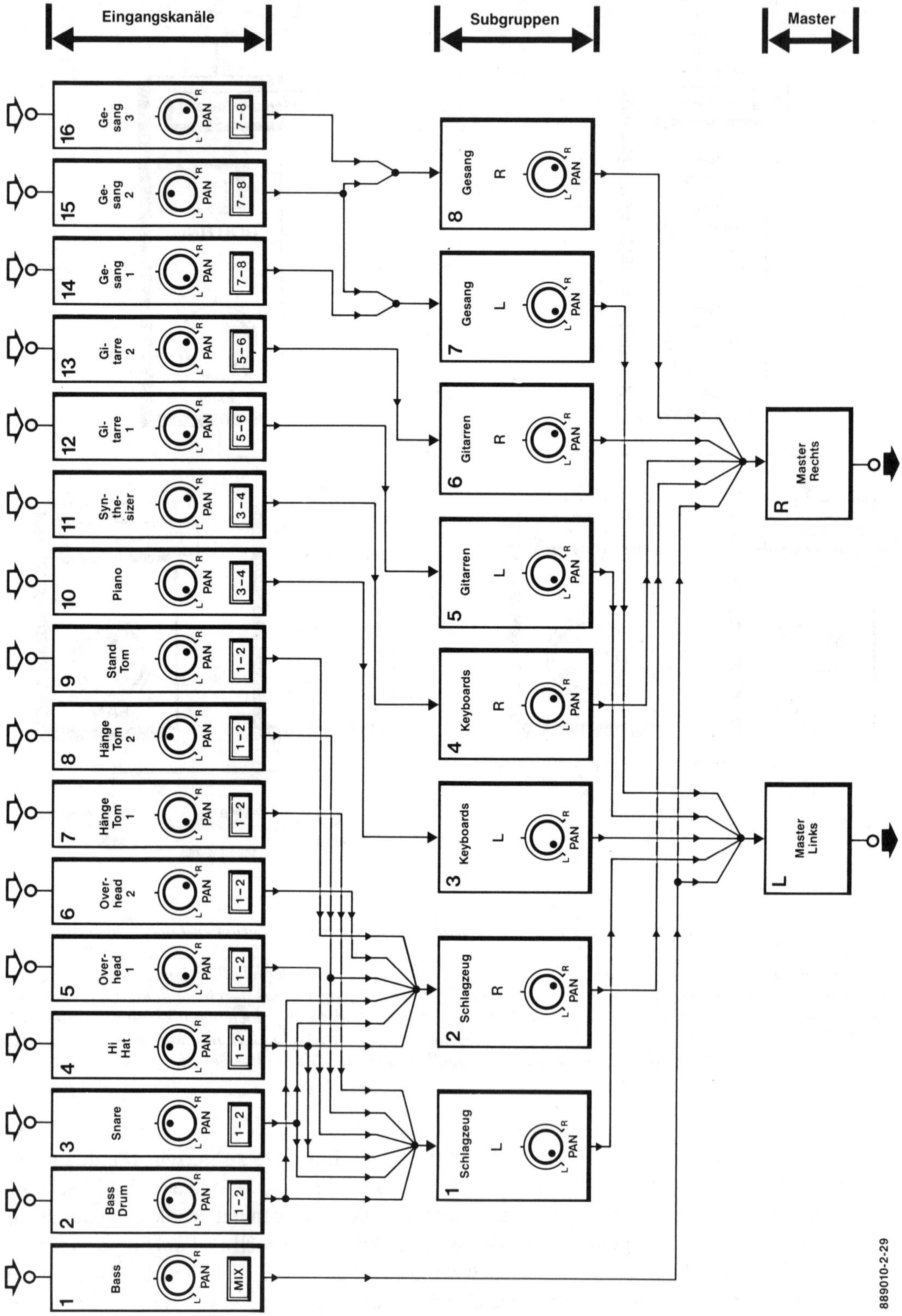

Eingangskanäle
Subgruppen
Master
1 Bass PAN MIX
2 Bass Drum PAN 1–2
3 Snare PAN 1–2
4 Hi Hat PAN 1–2
5 Over-head 1 PAN 1–2
6 Over-head 2 PAN 1–2
7 Hänge Tom 1 PAN 1–2
8 Hänge Tom 2 PAN 1–2
9 Stand Tom PAN 1–2
10 Piano PAN 3–4
11 Syn-the-sizer PAN 3–4
12 Gi-tarre 1 PAN 5–6
13 Gi-tarre 2 PAN 5–6
14 Ge-sang 1 PAN 7–8
15 Ge-sang 2 PAN 7–8
16 Ge-sang 3 PAN 7–8
1 Schlagzeug L PAN
2 Schlagzeug R PAN
3 Keyboards L PAN
4 Keyboards R PAN
5 Gitarren L PAN
6 Gitarren R PAN
7 Gesang L PAN
8 Gesang R PAN
L Master Links
R Master Rechts
889010-2-29

◀ *Bild 2.29 Verteilung und Zusammenfassung der Eingangskanäle eines Mischpultes auf Subgruppen und Masterausgänge.*

Sektion ebenfalls als Eingang dienen. Weitere vier Kanäle der zweiten Sektion könnten als Subgruppen funktionieren und die restlichen acht Kanäle als Ausgänge zu einer 8-Spur-Bandmaschine (20/4/8/2 Mischpult). Die zweite Sektion könnte man darüberhinaus in einem anderen Anwendungsfall für Monitormischungen und als Effektwege nutzen.

Diese Anwendungen mit verschiedenen Funktionsmöglichkeiten zeigen, wie vielseitig die Schaltungen der »In Line«-Mischpulte sein können. Diese Vielseitigkeit ist jedoch nur im Aufnahmebereich von Bedeutung, weil im PA-Bereich diese vielfältigen Möglichkeiten selten benötigt werden. Für die PA-Anwendung haben die »In Line«-Mischpulte außerdem den Nachteil, daß die Bedienungselemente und die Funktionsbereiche unübersichtlich angeordnet sind. Das kann, bei der hektischen Betriebsamkeit eines Live-Konzertes, schnell zu Fehlbedienungen führen. Bei ruhiger Arbeit im Aufnahmebereich stellt dieser Umstand keinen Nachteil dar.

Signalweg im Mischpult

Um die Regelfunktionen eines Mischpultes zu verdeutlichen, sollen die wesentlichen Stationen im Signalweg im Zusammenhang und in ihrer tatsächlichen Reihenfolge erklärt werden. Zu diesen Erläuterungen gehört Bild 2.30.

Gelangt ein Signal in den Eingang des Mischpults, kann es, wenn der Signalpegel zu hoch ist, mit Hilfe der Vordämpfung (Input Pad) abgeschwächt werden. Hinter der Vordämpfung folgt die Vorverstärkung, die mit dem Gain- oder Trimm-Regler einstellbar ist. Anschließend durchläuft das Signal die Klangregelung (Equalizer), die individuell die Bässe, Mitten und Höhen beeinflussen kann.

Das soweit aufbereitete Signal kann nun vor dem Lautstärkeregler (Fader) abgezweigt (pre fade) und über den Monitormaster der Monitoranlage zugeführt werden. Der Foldback-Regler bestimmt dabei die Lautstärke des Kanals auf dem Monitor.

Zurück zum Lautstärkeregler (Fader). Es ist ein Schiebepotentiometer, das die Lautstärke des Kanals zur Subgruppe oder zu den Masterausgängen einstellt. Hinter der Lautstärkeregelung (post fade) kann das Signal abgezweigt und einem Effektgerät zugeführt werden. Der Effekt-Send-Regler bestimmt dabei die Lautstärke des Signals zum Effektgerät. Monitor und Effekt lassen sich auch unabhängig von den Eingangskanälen in gleicher Weise von den Subgruppen steuern.

Der Sinn der »pre-fade«- (Monitor) und der »post-fade«-Schaltung (Effekt) liegt darin, daß im Monitorweg das Signal unabhängig von der Lautstärkeeinstellung des Kanals fließen soll, damit auf der Bühne immer die gleiche Monitormischung gewährleistet ist. Wäre das nicht so geregelt, würde sich bei jeder Lautstärkeänderung des Kanals für die PA auch die Lautstärke des Monitors auf der Bühne ändern. Das Gegenteil hiervon ist bei den Effektwegen erwünscht. Hier soll sich die Lautstärke des Effektsignals mit der Lautstärke des Kanals ändern, damit das Verhältnis zwischen dem Original- und dem Effektsignal erhalten bleibt.

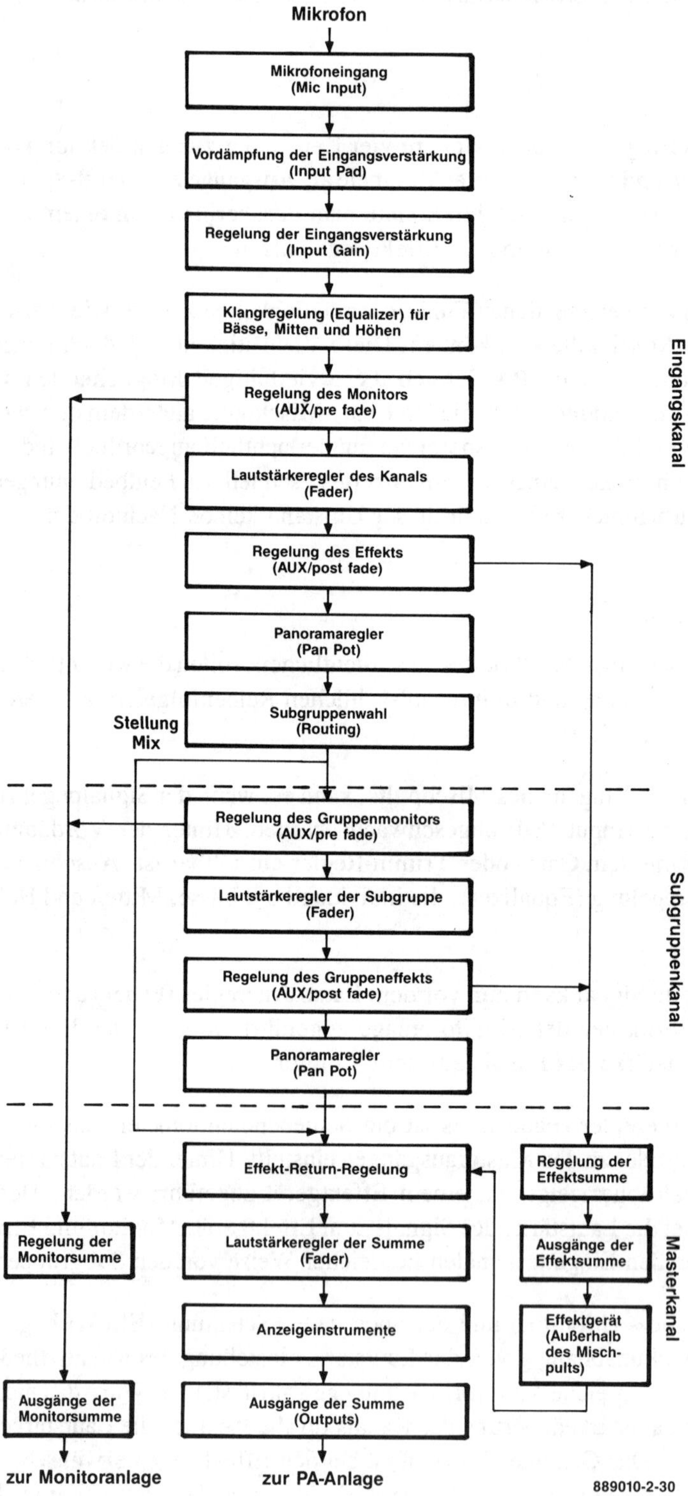
Mikrofon
Mikrofoneingang (Mic Input)
Vordämpfung der Eingangsverstärkung (Input Pad)
Regelung der Eingangsverstärkung (Input Gain)
Klangregelung (Equalizer) für Bässe, Mitten und Höhen
Regelung des Monitors (AUX/pre fade)
Lautstärkeregler des Kanals (Fader)
Regelung des Effekts (AUX/post fade)
Panoramaregler (Pan Pot)
Subgruppenwahl (Routing)
Stellung Mix
Eingangskanal
Regelung des Gruppenmonitors (AUX/pre fade)
Lautstärkeregler der Subgruppe (Fader)
Regelung des Gruppeneffekts (AUX/post fade)
Panoramaregler (Pan Pot)
Subgruppenkanal
Effekt-Return-Regelung
Regelung der Effektsumme
Regelung der Monitorsumme
Lautstärkeregler der Summe (Fader)
Ausgänge der Effektsumme
Anzeigeinstrumente
Effektgerät (Außerhalb des Mischpults)
Masterkanal
Ausgänge der Monitorsumme
Ausgänge der Summe (Outputs)
zur Monitoranlage
zur PA-Anlage
889010-2-30

◀ *Bild 2.30 Schema für den Signalweg in einem Mischpult.*

Am Eingangskanal wird die Signalrichtung bestimmt (Pan Pot) und über die Wahltastatur (Routing) erfolgt die Zuordnung zu den Subgruppen oder direkt zu den Masterkanälen. Wenn das Signal über eine Subgruppe geleitet wird, kann man es vor der Lautstärkeregelung (Level-Poti oder Fader) der Subgruppe dem Monitormaster zuführen. Der Lautstärkeregler bestimmt die Lautstärke der Subgruppe zu den Masterkanälen. Hinter dem Lautstärkeregler kann das Gruppensignal abgezweigt und einem Effektgerät zugeführt werden.

Der Monitor- und Effekt-Regler steuert das Signal aller Kanäle, die in den Subgruppen zusammengefaßt sind. Der Panoramaregler der Subgruppe bestimmt dann die Richtung des Gruppensignals zu den Masterausgängen. In den beiden Masterkanälen R/L wird anschließend das Gesamtsignal aller Eingangskanäle und Gruppen verarbeitet. Der Monitormaster regelt die Gesamtlautstärke des Signals, das zum Monitor gelangt. Für das Signal, das zum Effektgerät gelangt, regelt die Gesamtlautstärke der Effekt-Send-Master. Schließlich regeln die Masterfader die Signalstärke für die Endstufen.

Mischpulte, die über Effekt-Return-Wege verfügen, speisen über einen entsprechenden Regler das vom Effektgerät zurückkommende Signal wieder in den Hauptsignalweg ein. Die Stärke des zurückkommenden Signals bestimmt dann der entsprechende Regler.

Die Anzeigeinstrumente sind zwischen den Masterkanälen und den Ausgängen angeordnet. Die Einschleifmöglichkeiten (Inserts) liegen hinter der Klangregelung und vor dem Monitorweg. Die Phantomspeisung und der Mic/Line-Wahlschalter liegen am Anfang des Kanals vor der Vordämpfung. Die PFL-Vorhörwege gehen vor dem Lautstärkeregler aus dem Kanal und können dort abgehört werden. Die Übersteuerungsanzeige befindet sich hinter der Klangregelung.

Tonbandaufnahmemöglichkeiten mit Subgruppen

Neben der vereinfachten Bedienung ist es bei Mischpulten mit Subgruppen möglich, Tonbandaufnahmen mit Mehrspur-Bandmaschinen zu machen und selbst zu gestalten. Dabei besteht sogar die Möglichkeit, aus den Subgruppen heraus auf eine Mehrspurmaschine aufzunehmen (Bild 2.31a) und auch über die Subgruppen die Mehrspuraufnahme abzuspielen sowie auf zwei Spuren (Stereo) zurückzumischen (Remix in Bild 2.31b).

Wie die Bandaufnahme im Übungsraum oder beim Auftritt zu realisieren ist, zeigt, das Bild 2.31a. Die Aufnahme erfolgt über die Ausgänge der Subgruppen. Das Gesamtsignal gelangt über die Masterausgänge R/L zur PA. Die Level-Potis der Subgruppen stellen die Lautstärke der Gruppen zum Master ein. Die Schieberegler regeln die Lautstärke der Ausgänge zur Bandmaschine. Der Wahlschalter der Subgruppen für die Betriebsart (Group/Tape) befindet sich in Stellung Group.

Das Zurückmischen der 8 Tonbandspuren auf zwei Stereospuren ist schematisch in Bild 2.31b dargestellt. Dabei ist die Stereobandmaschine an den beiden Masterausgängen bzw. an den Tonbandausgängen (Record Outs) angeschlossen. Die 8-Spur-Bandmaschine kann über die Subgruppen abgespielt werden, wobei sich der Wahlschalter in Stellung »Tape« bzw. »Remix« befinden muß. Diese Möglichkeit bietet sich an, wenn die Aufnahmen klanglich einwandfrei sind und bei der Rückmischung nur Lautstärke- und Richtungseinstellung erfolgen muß. Diese Möglichkeiten sind durch die Subgruppen gegeben; das erspart umständliches Verkabeln.

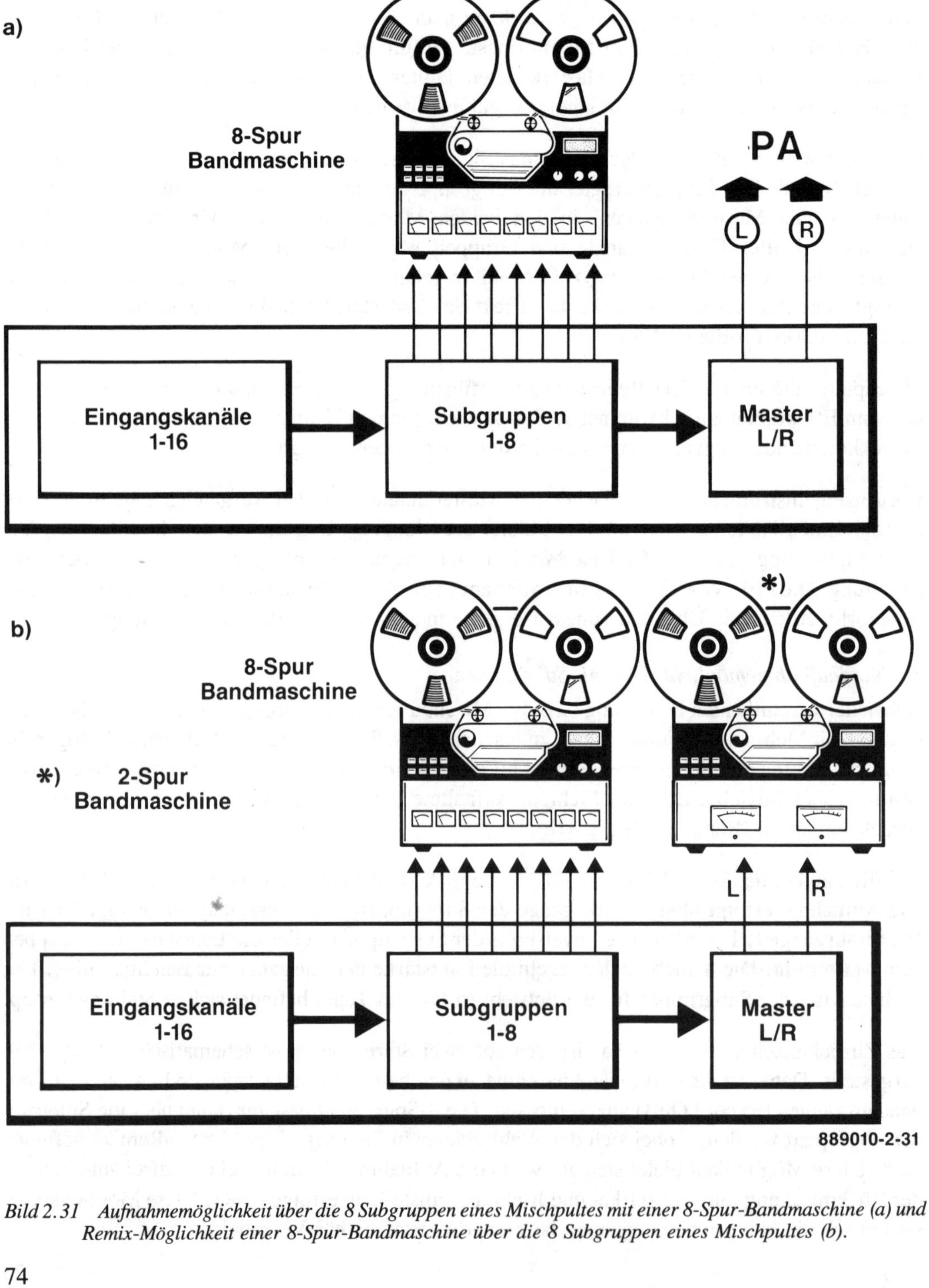

Bild 2.31 Aufnahmemöglichkeit über die 8 Subgruppen eines Mischpultes mit einer 8-Spur-Bandmaschine (a) und Remix-Möglichkeit einer 8-Spur-Bandmaschine über die 8 Subgruppen eines Mischpultes (b).

Die meist bessere Lösung ist die Rückmischung über die Eingangskanäle. Das macht zwar die Verkabelung aufwendiger, aber es stehen noch einmal alle Regelmöglichkeiten zur Verfügung (wie Klangregelung und Effektwege), um die Signale zu korrigieren und zu beeinflussen. Der Anschluß der Bandmaschine erfolgt in den Eingangskanälen über die Line-Anschlüsse. Bei der Aufnahme über die Subgruppen spielen die Pan-Regler keine Rolle, wohl aber beim Remix. Hierbei erstellen sie das Stereobild für die Mastermaschine.

Monitormischpult

Bei sehr aufwendigen PA-Systemen ist ein zusätzliches zweites Mischpult für die Steuerung der Monitoranlage auf der Bühne zuständig. Ein solches Monitormischpult ist in Bild 2.32 zu sehen. Bei derartigen Anlagen wird die Monitoranlage nicht von den Foldbackwegen des PA-Mischpultes im Saal gesteuert, sondern von dem Monitormischpult, das auf bzw. neben der Bühne plaziert ist. Mit Hilfe von Splittertransformatoren werden dabei die Mikrofonleitungen auf der Bühne geteilt und dem Saal- sowie dem Monitormischpult zugeführt.

Die Regelmöglichkeiten sind denen eines PA-Mischpultes sehr ähnlich. Der Unterschied besteht darin, daß man jeden Eingang auf jeden Ausgang legen kann; dadurch sind verschiedene Mischungen in jedem Ausgangskanal möglich. Jeder Musiker erhält seine eigenen Monitorboxen, so daß die Mischung entsprechend seinen Wünschen eingestellt werden kann.

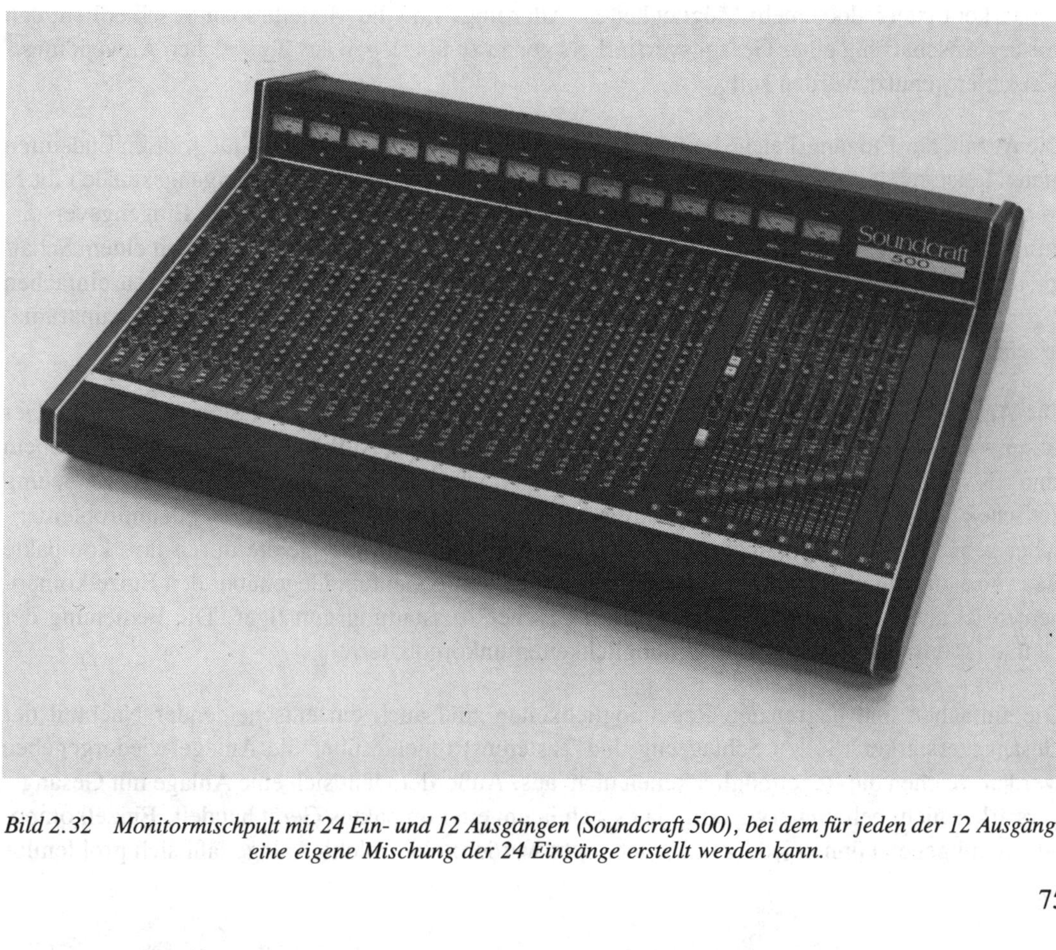

Bild 2.32 Monitormischpult mit 24 Ein- und 12 Ausgängen (Soundcraft 500), bei dem für jeden der 12 Ausgänge eine eigene Mischung der 24 Eingänge erstellt werden kann.

Durch die Möglichkeit, verschiedene Mischungen sowie unterschiedliche Klänge und Lautstärken für jede Monitorboxengruppe einzustellen, läßt sich mit Hilfe des Monitormischpultes eine optimale Bühnenbeschallung für die Musiker realisieren. Allerdings ist eine solche externe Monitormischung mit allen dazu gehörenden Komponenten (Splittertransformator, Monitormischpult und die entsprechende Anzahl von Monitorlautsprechern sowie Endstufen) so kostspielig, daß sie den finanziellen Rahmen der meisten Bands sprengt. Diese aufwendige Einrichtung bleibt deshalb in der Regel dem professionellen Bereich vorbehalten.

Für den normalen Anwender ist eine Monitoranlage mit einer oder zwei verschiedenen Mischmöglichkeiten über die Foldbackwege des Saalmischpultes in dem Falle ausreichend. Diese Lösung ist in jedem Fall kostengünstiger. Sie benötigt kein zusätzliches Personal (das Monitormischpult muß ein zusätzlicher Techniker bedienen) und weniger Raum auf der Bühne (der ohnehin meist zu knapp ist).

Gesangsverstärker (Power Mixer)

Unter dem Begriff Gesangsverstärker versteht man eine Kombination von Mischpult und Endstufe (Bild 2.33). Ursprünglich handelte es sich dabei um kleine 6-Kanal-Mischpulte mit geringen Regelmöglichkeiten und einer 100 Watt Mono-Endstufe. Diese Geräte waren für die Wiedergabe von Gesang in kleinen Räumen gedacht und auch nur dafür geeignet. Geräte für diesen Anwendungsbereich sind auch heute noch erhältlich. Der weitaus größere Teil der angebotenen Gesangsverstärker bietet jedoch mehr Möglichkeiten. Allerdings sind die Modelle so unterschiedlich, daß vor der Anschaffung eines Gesangsverstärkers genau zu überlegen ist, für welchen Anwendungsbereich er genutzt werden soll.

Die Anzahl der Eingangskanäle bewegt sich zwischen sechs und zwölf. Die integrierten Endstufen bieten Leistungen zwischen 100 Watt Mono und 2 x 200 Watt Stereo. Die Eingangskanäle gibt es sowohl in erdfrei-symmetrischer wie auch in asymmetrischer Auslegung. Die Eingangsverstärkung kann entweder, wie bei den Mischpulten, stufenlos eingestellt werden oder mit einem Schalter nur grob in drei bis fünf Rasterstufen. Die Klangregelmöglichkeiten reichen von einfachen 2-Band-Regelungen mit festen Frequenzen für Bässe und Höhen bis zu aufwendigen semiparametrischen 3-Band-Klangregelungen.

Die Anschaffung eines Gesangsverstärkers bietet Vorteile, hat aber auch einige Nachteile. Der Hauptvorteil der Gesangsverstärker liegt darin, daß sie beim Aufbau sehr einfach zu verkabeln sind. Es sind lediglich die Mikrofone und die Lautsprecherboxen anzuschließen. Die Verkabelung zwischen Mischpult, Zusatzgeräten und Endstufe entfällt. Dadurch ist jederzeit ein unproblematischer schneller Auf- und Abbau möglich. Hinzu kommt, daß die Geräte durch ihre kompakte Bauweise günstiger zu transportieren sind als Einzelkomponenten. Gegenüber den Einzelkomponenten ist auch der Preis bei Geräten mit einfacher Ausstattung günstiger. Die Bedienung der Geräte ist durch die geringen Regelmöglichkeiten unkompliziert.

Die einfachen und begrenzten Regelmöglichkeiten sind auch ein entscheidender Nachteil der Gesangsverstärker. Sollen Schlagzeug und Tasteninstrumente über die Anlage wiedergegeben werden, reichen die Regelmöglichkeiten nicht aus. Außerdem läßt sich eine Anlage mit Gesangsverstärker nicht beliebig erweitern, da es sich ja um ein kompaktes Gerät handelt. Einzelkomponenten hingegen können jederzeit ausgetauscht werden; eine solche Anlage läßt sich problemlos

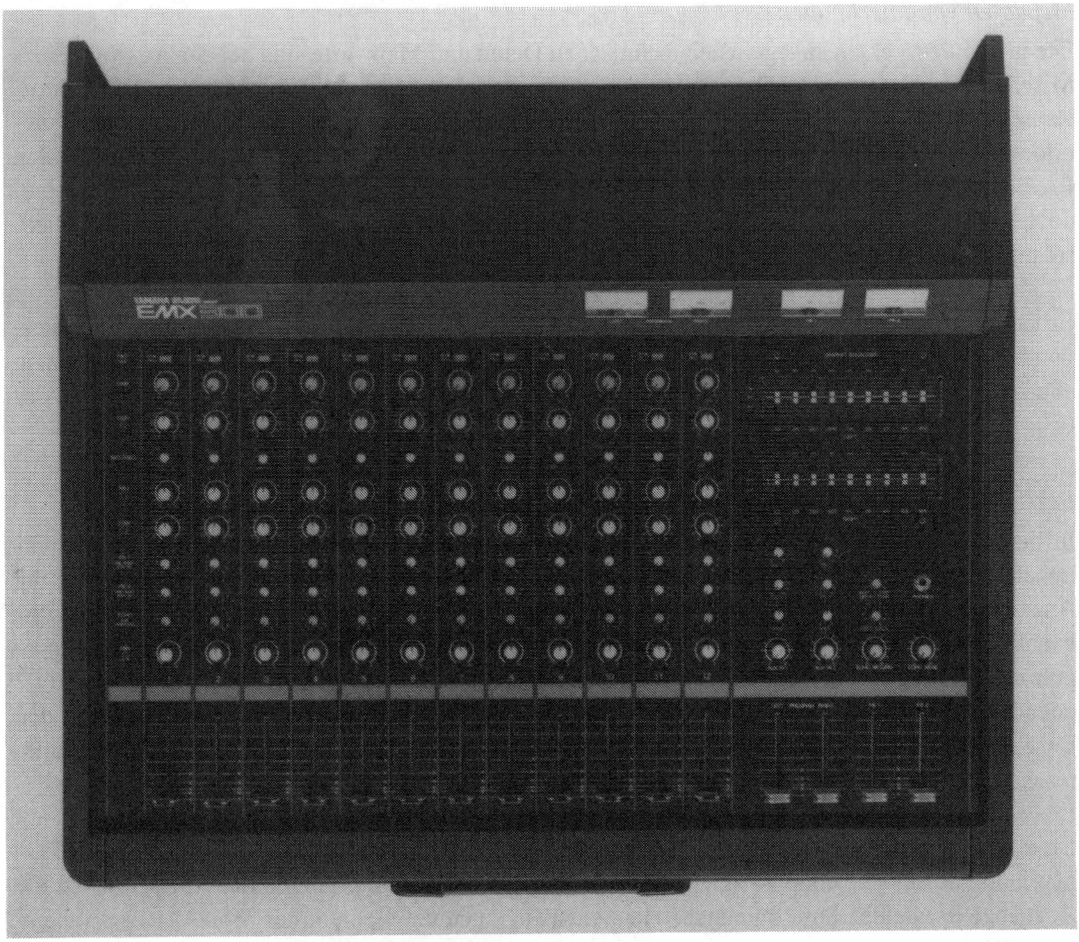

Bild 2.33 Powermixer (Yamaha EMX 300) mit 12-Kanal-Mischpult, intergrierter 2 x 250 W Endstufe, 2 x 9-Band-Equalizer sowie Analogdelay.

ergänzen oder vergrößern. Ein anderes Problem tritt dann auf, wenn der Gesangsverstärker im Saal verwendet werden soll. Dies ist nur dann möglich, wenn das Gerät über erdfrei-symmetrische Eingänge verfügt, denn nur dann lassen sich lange Mikrofonkabel verlegen, ohne daß Störeinstreuungen möglich sind. Das allerdings bedeutet, daß sehr lange Lautsprecherkabel verlegt werden müssen, welches mit Leistungsverlusten verbunden ist. Durch diese Bedingungen ist der Gesangsverstärker eher für die Verwendung auf der Bühne mit kurzen Verbindungskabeln geeignet.

Abschließend kann mann sagen, daß die Anschaffung eines Gesangsverstärkers nur für die Anwender interessant ist, die genau wissen, welche Erwartungen sie an ein solches Gerät stellen können. Verlangt man mehr (bessere Regelmöglichkeiten, Aufstellung im Saal, eventueller Ausbau der Anlage), bietet der Aufbau mit Einzelkomponenten bessere Möglichkeiten.

Meßdaten von Mischpulten

Die in den Prospekten angegebenen technischen Daten und Meßwerte sind bei der Auswahl eines Mischpultes zweitrangig. Die Werte der modernen PA-Mischpulte hinsichtlich Klirrfaktor, Rauschabstand und Frequenzgang sind so gut, daß von ihnen keine Beeinträchtigung des Klangbildes zu erwarten ist. Selbst sehr preisgünstige Modelle erreichen einen Standard, der für den PA-Bereich ausreichend ist. Teurere Modelle haben natürlich bessere Werte als preisgünstigere, doch für den PA-Bereich und auch für den aufnahmetechnischen Bereich ist das unerheblich, solange es sich um einfache Aufnahmen für Demozwecke handelt.

Erheblich wichtiger für den praktischen Einsatz ist die Qualität der verwendeten Bauteile. Hiervon hängt es ab, inwieweit die Geräte anfällig gegen Defekte sind. Diese Beurteilung kann man allerdings kaum selbst durchführen, da sich diese Mängel erst nach längerer Benutzung des Gerätes bemerkbar machen.

Bezeichnungen der Mischpulte

In den Preislisten der Händler und in den Prospekten der Hersteller sind für die Mischpult-Bezeichnungen häufig nur Abkürzungen zu finden. Sie bestehen aus einer Zahlenreihe, die die Anzahl der Eingänge, der Subgruppen und der Ausgänge angibt. Ein Mischpult mit 16 Eingangskanälen und zwei Ausgangskanälen würde als 16 in 2 oder einfach als 16/2 bezeichnet. Ein Mischpult mit 24 Eingängen acht Subgruppen und zwei Ausgängen trägt die Bezeichnung 24 in 8 in 2 oder 24/8/2. Diese Mischpulte eignen sich auch für 8-Kanal-Aufnahmen. Mischpulte mit den Bezeichnungen 24/16/2 oder 32/24/2 sind für Aufnahmen mit einer 16- oder 24-Spur-Bandmaschine gedacht. Monitormischpulte werden als 16/8 o.ä. bezeichnet.

Eine Ausnahme bilden die Mischpulte, die mit »in 1« bezeichnet sind. So hat z.B. ein 16/2/1-Mischpult nur einen Mono-Ausgang. Will man dieses Mischpult in Stereo betreiben, müssen die Ausgänge der beiden Subgruppen als Hauptausgänge genutzt werden; der Mono-Ausgang bleibt unberücksichtigt.

Mischpulte in Modulbauweise (Modular Mixer)

Neben den Kompaktmischpulten, die in verschiedenen Größen als 12-, 16-, 20- oder 24-Kanal-Mischpulte mit 4 bis 16 Subgruppen erhältlich sind, bietet der Handel auch noch Mischpulte in Modulbauweise an. Diese Mischpulte erlauben es, die Eingangskanäle von acht bis 40, die der Subgruppen sowie der Monitor- und der Ausgangskanäle individuell aus Einzelmodulen zusammenzustellen. Die meisten Modulmischpulte verfügen über eine aufwendige Ausstattung und vielen Extras, sind von hoher Qualität und gehören deshalb der gehobenen Preisklasse an. Zu den sehr teueren Einzelmodulen kommt noch der Einbaurahmen und die Stromversorgung. Die Modulmischpulte sind zwar sehr gut und erlauben eine Vielzahl von Kombinations- und Erweiterungsmöglichkeiten, sind dafür aber auch überdurchschnittlich teuer und gehören deshalb eher in den professionellen Bereich.

Einige wenige Hersteller von Kompaktmischpulten bieten Ergänzungsmodule für ihre Modelle an. Dadurch läßt sich aus einem 16-Kanal-Mischpult mit einem 4-Kanal-Ergänzungsmodul ein 20-Kanal-Mischpult machen. Die meisten Kompaktmischpult-Hersteller bieten keine Erweiterungsmöglichkeiten, so daß man aus den angebotenen Standardgrößen auswählen muß. Die

Auswahl sollte dann in der Regel so ausfallen, daß das Mischpult mehr Eingangskanäle hat als momentan erforderlich sind. Eventuelle Erweiterungen werfen dann zu einem späteren Zeitpunkt keine Probleme auf. Ein großes Kompaktmischpult von hoher Qualität ist immer noch preiswerter als ein Modulmischpult.

Bedienbarkeit eines Mischpultes

Bei der Auswahl eines Mischpultes sollte die Bedienbarkeit (die Ergonomie), das »human engineering«, nicht außer acht gelassen werden. Die Ausstattung des Mischpultes muß den Erfordernissen des Anwendungsbereiches und den Kenntnissen der Personen, die es bedienen, entsprechen. Unnötige Ausstattungen, die den Aufbau und die Bedienung komplizieren, sind zu vermeiden. Die Bedienungselemente müssen übersichtlich angeordnet sein; dabei ist eine vernünftige Aufteilung des Mischpultes notwendig. Die Regler dürfen nicht zu klein sein; außerdem ist eine farbliche Kennzeichnung nach ihrer Funktion von Vorteil. Die Drehpotentiometer sollten in ihrer Mittelstellung einen Rastpunkt aufweisen, der das Auffinden der neutralen Stellung erleichtert.

Auswahl eines Mischpultes

Nachdem nun alle gängigen Ausstattungsmerkmale und Funktionen von Mischpulten bekannt sind, ist jetzt eine Auswahl, entsprechend der speziellen Bedürfnisse der Einsatzbereiche, möglich. Ein Mischpult, das für die meisten Anwender im Amateur- und semiprofessionellen Bereich ausreichende Möglichkeiten bietet, sollte über folgende Ausstattung verfügen:

— 16 bis 24 Eingangskanäle
— 4 bis 8 Subgruppen
— erdfrei-symmetrische Eingänge
— Input Pad
— Gain-Regler
— Übersteuerungsanzeige (Overload-LED)
— 3- oder 4-fach-Klangregelung
— zwei Monitorwege (pre fade)
— zwei Effektwege (post fade)
— Panoramaregler
— Routing
— PFL-Abhörmöglichkeit
— Effekt-Return-Wege
— Fader mit einem Regelweg von 10 cm
— Insert-Möglichkeiten

Mit dieser Ausrüstung läßt sich das Signal optimal anpassen, korrigieren und steuern.

Nützliche Zusatzeinrichtungen sind z.B. Bass Cut, eine semiparametrische Klangregelung und Talkback. Die Einrichtungen sind bei den Mischpulten der mittleren Preisklasse enthalten. Inserts, Phase reverse, Phantom Power, zusätzliche Gain-Regler für Line-Eingänge und Schalter für Kanal sowie Equalizer aus/ein trifft man nur in Mischpulten der gehobenen Preisklasse an. Diese Möglichkeiten sind selten wirklich notwendig, dafür aber äußerst kostspielig. Außerdem lassen sich einige der Einrichtungen, wie z.B. Inserts und Phantom Power, immer noch nachrüsten. Dies ist meist noch kostengünstiger als die Anschaffung eines Luxus-Modells.

Keinesfalls sollte ein Mischpult angeschafft werden, dessen Möglichkeiten man überhaupt nicht voll ausschöpfen kann. Dies ist um so schlimmer, wenn das zuviel ausgegebene Geld bei anderen Komponenten wieder eingespart werden muß. Ein Beispiel für ein Mischpult mit praxisgerechter Ausstattung sehen wir in Bild 2.34.

Bild 2.34 Mischpult mit praxisgerechter Ausstattung für den Amateur- und semiprofessionellen Bereich (Soundcraft Serie 200 SR als 16/4/2-Ausführung). Das Mischpult verfügt in jedem Eingangskanal über Phantomspeisung, Input-Pad, Line-Umschalter, Gainregler, 4-fach Klangregelung mit Festfrequenzen (60 Hz, 250 Hz, 5 kHz und 12 kHz), vier Aux-Wege (2 x pre-fade und 2 x post-fade), Pan, Routing, Kanal aus, PFL, Peak-Anzeige sowie Fader.

2.4 Zusatzgeräte

Der Oberbegriff »Zusatzgeräte« faßt alle Geräte zusammen, die der Ergänzung einer bestehenden PA-Übertragungskette dienen. Wie so etwas aussehen kann, zeigt Bild 2.35. Mit den Zusatzgeräten ist zweierlei möglich: einmal eine Klangverbesserung des bestehenden PA-Systems und zum zweiten eine Klangveränderung des Signals, um Effekte zu erzielen.

Die Bedienung der Zusatzgeräte erfordert eine genaue Kenntnis der Funktion und der vielfältigen Möglichkeiten, die ein solches Gerät bietet. Dafür ist es notwendig, daß man sich ausführlich mit allen sich bietenden Regelungsmöglichkeiten beschäftigt und sie auch ausprobiert. Nur dann lassen sich die Möglichkeiten des Gerätes ausnutzen und sinnvoll einsetzen. Vor der Anschaffung

Bild 2.35 Rack mit Zusatzgeräten.

von Zusatzgeräten muß man also genau überlegen, ob das Gerät überhaupt notwendig ist und ob man alles sinnvoll nutzen kann. Weiterhin ist festzustellen, ob das jeweilige Gerät das gewünschte Resultat liefert und der meist recht hohe Preis gerechtfertigt ist.

Gemeinsame Bedienungselemente

Einige Bedienungselemente sind an fast allen Zusatzgeräten anzutreffen; dazu gehören die Anpassungsregler für die Ein- und Ausgänge (Input/Output-Gain/Level). Mit diesen Reglern läßt sich der Eingang des Zusatzgerätes an den Ausgangslevel des vorhergehenden Gerätes anpassen, um so eine Übersteuerung des Zusatzgerätes zu verhindern. Ferner stellen sie den Ausgangslevel des Zusatzgerätes so ein, daß der Eingang des nachfolgenden Gerätes nicht übersteuert wird. Dadurch ist eine Anpassung des Zusatzgerätes an verschiedenen Punkten der Übertragungskette möglich.

Die meisten Zusatzgeräte verfügen außerdem über einen Schalter mit der Bezeichnung »Bypass« oder »Defeat«. Ist dieser Schalter aktiviert, wird die Funktion des Zusatzgerätes ausgeschaltet und das Signal nicht weiter beeinflußt. Diese Funktion ist nützlich, wenn man das Zusatzgerät mal nicht benutzen will; auch beim Direktvergleich zwischen Originalsignal und beeinflußtem Signal ist der Schalter recht praktisch.

Anschlußmöglichkeiten von Zusatzgeräten

Bei der Beschreibung der Mischpultfunktionen wurde bereits an den entsprechenden Stellen auf die Schaltungsmöglichkeiten mit den Zusatzgeräten hingewiesen. An dieser Stelle wollen wir uns etwas genauer damit befassen; dazu dient auch die Grafik aus Bild 2.36.

Es gibt verschiedene Möglichkeiten, Zusatzgeräte in den Signalweg einzuschleifen; sie alle sind in Bild 2.36 angedeutet. Die erste Möglichkeit führt über die Insert-Ein- und -Ausgänge der Eingangskanäle (A), die zweite über die der Subgruppen (B) und die dritte über die der Masterkanäle (C). Bei diesen Möglichkeiten kann das Zusatzgerät über asymmetrische Ein- und -Ausgänge verfügen, weil die Insert-Ein- und Ausgänge ebenfalls asymmetrisch beschaltet sind.

Für die Möglichkeit A genügt ein einkanaliges (Mono)Gerät. Es wird nur der Kanal beeinflußt, in dem das Zusatzgerät eingeschleift ist. Diese Möglichkeit bietet sich an, wenn ein Instrument eine besonders aufwendige Klangregelung (Equalizer) benötigt oder eine Begrenzung (Limiter) erforderlich ist.

Geräte mit asymmetrischer Beschaltung genügen auch bei der Möglichkeit B. Abhängig davon, ob das Gerät in einer (Mono) oder in zwei (Stereo) Subgruppen eingesetzt werden soll, ist eine einkanalige oder eine zweikanalige Ausführung erforderlich.

Möglichkeit C erfordert auch ein asymmetrisch beschaltetes Gerät. Hierbei sollte es allerdings immer ein zweikanaliges Gerät sein, damit beide Masterkanäle (L/R) gleichmäßig beeinflußt werden. Als Zusatzgeräte für diese Möglichkeit sind beispielsweise Equalizer, Limiter, Kompressoren und Exciter denkbar.

Die vierte Möglichkeit (D) zeigt den Anschluß von Effektgeräten über die Effekt-Send-Wege der Eingangskanäle oder der Subgruppen und über den Effekt-Return-Weg in die Masterkanäle. Auch diese Anschlüsse sind asymmetrisch ausgelegt; es ist lediglich ein einkanaliges Gerät erforderlich. Das Effektgerät kann mit unterschiedlichen Intensitäten von den Eingangskanälen und Subgruppen angesteuert werden. Die Mischung der Signale von den Eingängen und Subgruppen wird über die Effekt-Send-Regler vorgenommen. Der Vorteil dieser Möglichkeit liegt darin, daß viele Signale mit unterschiedlicher Stärke diesen Effekt nutzen können. Dieser Fall ist besonders günstig für Hall, Delay-Effekte und Harmonizer.

Die fünfte und letzte Möglichkeit (E) ist, das Zusatzgerät hinter die Masterausgänge zu schalten. Um die beiden Kanäle (L/R) gleichzeitig zu beeinflussen, ist hierfür immer ein zweikanaliges Gerät erforderlich. Diese Möglichkeit beeinflußt das Gesamtsignal aller Eingänge und Subgruppen. Sind die Ausgänge, an die das Zusatzgerät angeschlossen wird, asymmetrisch beschaltet, reicht ein Zusatzgerät mit gleicher Ausstattung aus. Bei Ausgängen mit erdfrei-symmetrischer

Beschaltung muß auch das Zusatzgerät über solche Ein- und Ausgänge verfügen, damit die erdfrei-symmetrische Leitungsführung erhalten bleibt. Die letzte Möglichkeit eignet sich für die gleichen Zusatzgeräte wie die Möglichkeit C.

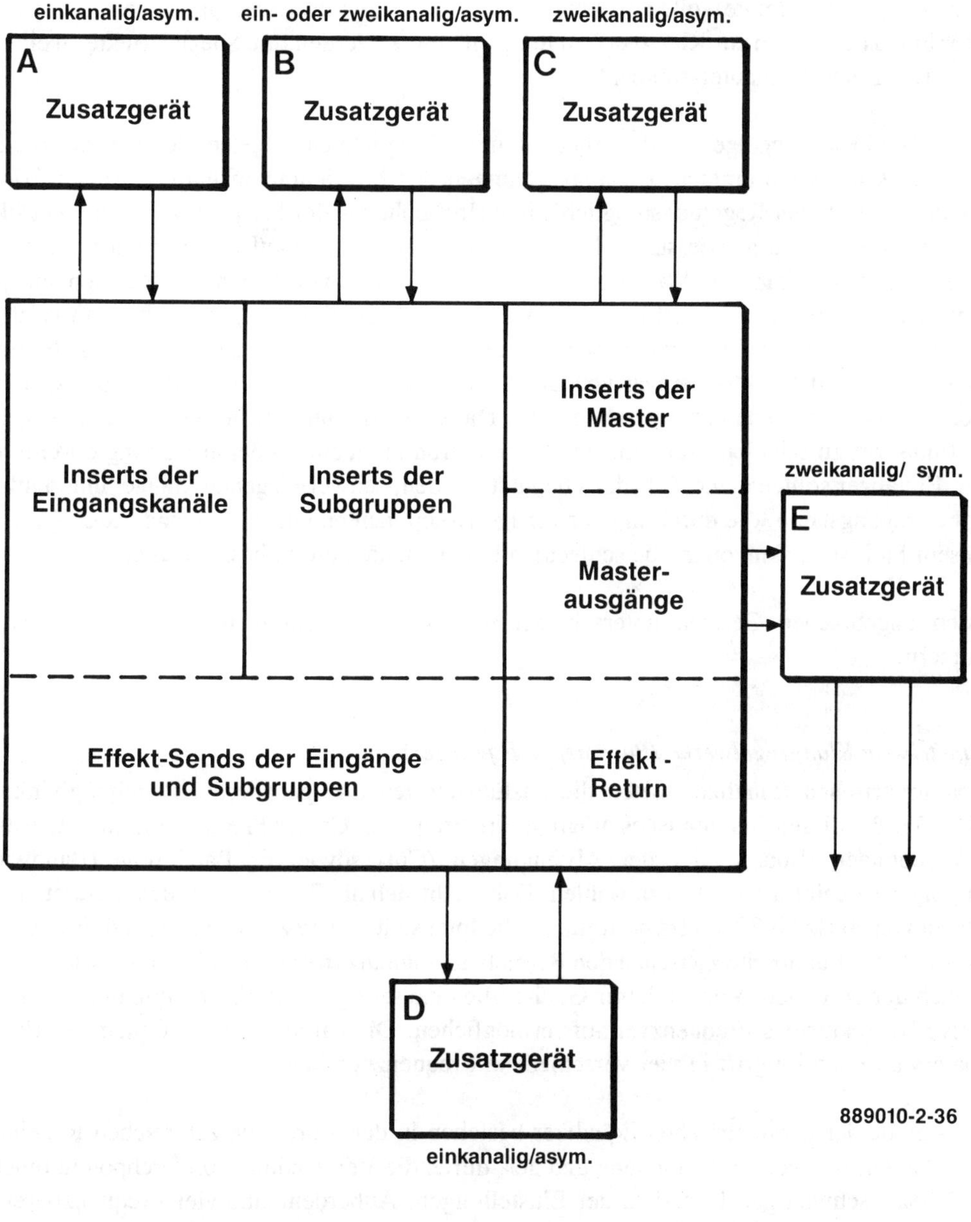

Bild 2.36 Anschlußmöglichkeiten von Zusatzgeräten an ein Mischpult.

In der Praxis zieht man die Möglichkeit C der Möglichkeit E wegen des geringeren Aufwandes vor. Vorausgesetzt, das Mischpult verfügt über die entsprechenden Insert-Möglichkeiten. Ist das nicht der Fall, können die Zusatzgeräte zwischen den Mischpultausgängen und den Multicoreanschlüssen nach Möglichkeit E angeschlossen werden.

Klangregelungen (Equalizer)

Equalizer als Zusatzgeräte sollen in erster Linie der Klangverbesserung dienen. Sie können darüber hinaus aber auch zur Klangverfremdung eingesetzt werden, um Spezialeffekte zu erzielen (z.B. Telefon- und Computerstimmen).

Equalizer sind Klangregelgeräte, die erheblich mehr Möglichkeiten bieten, den Frequenzverlauf zu beeinflussen als die einfachen Klangregelungen der Mischpulteingänge. Equalizer können wegen der Vielzahl der Regelungsmöglichkeiten Unebenheiten der Frequenzverläufe von Mikrofonen und Lautsprechern, wie sie auch hochwertige PA-Systeme aufweisen, relativ leicht ausgleichen. Außerdem kann die Wiedergabe optimal an die Besonderheiten von Räumen angepaßt werden. Diese Anpassung ist fast immer notwendig, da jeder Raum Eigenschaften aufweist, die bestimmte Frequenzbereiche hervorheben oder unterdrücken. So werden beispielsweise Frequenzen im Mittel- und Hochtonbereich von Steinwänden reflektiert und verstärkt, aber von Vorhängen und Polstern gedämpft und abgesenkt. Daher ist es sinnvoll, in die Mischpultausgänge einen Equalizer zu schalten, mit dem sich Korrekturen in einem größeren Umfang durchführen lassen. Equalizer sollten keinesfalls dazu benutzt werden, schwerwiegende Mängel innerhalb der PA-Übertragungskette, die durch minderwertige Komponenten entstanden sind, auszugleichen. In diesem Fall ist es sinnvoller, die schlechten Komponenten durch bessere zu ersetzen.

Bei den angebotenen Geräten unterscheidet man zwischen parametrischen und grafischen Equalizern.

Parametrische Klangregelwerke (Parametric Equalizer)

Die parametrischen Equalizer bieten die ausführlichsten und genauesten Regelmöglichkeiten (Bild 2.37). Bei diesen Geräten ist es möglich, die Frequenz (Center Frequency), die Intensitäten der Anhebungen (Boost) oder der Absenkungen (Cut) sowie die Bandbreite (Bandwidth, Q-Faktor) der Beeinflussung frei zu wählen. Dabei läßt sich die Frequenz aus dem gesamten Hörspektrum von 20 Hz bis 20000 Hz bestimmen, die Intensität meist zwischen 0 dB und ± 12 dB maximal sowie die Bandbreite zwischen den Bereichen »schmal« (narrow) und »breit« (wide). Darin liegt auch der besondere Vorteil dieser Geräte, die eine sehr gezielte Einstellung und damit eine effektive Korrektur des Frequenzverlaufs ermöglichen. Die parametrischen Equalizer erlauben normalerweise den Eingriff in vier verschiedene Frequenzbereiche.

Die Nachteile der parametrischen Equalizer bestehen in der, durch die zahlreichen Regelungsmöglichkeiten, schwierigen Bedienung und der, durch die Verwendung von Drehpotentiometern (Bild 2.38a), schwierigen Übersicht der Einstellungen. Außerdem sind vier Frequenzbereiche, die korrigiert werden können, in der PA-Technik oft nicht ausreichend, um die Lautsprecher an den Raum anzupassen. Aus diesen Gründen werden parametrische Equalizer vorwiegend in Tonstudios eingesetzt, und nur selten in PA-Systemen.

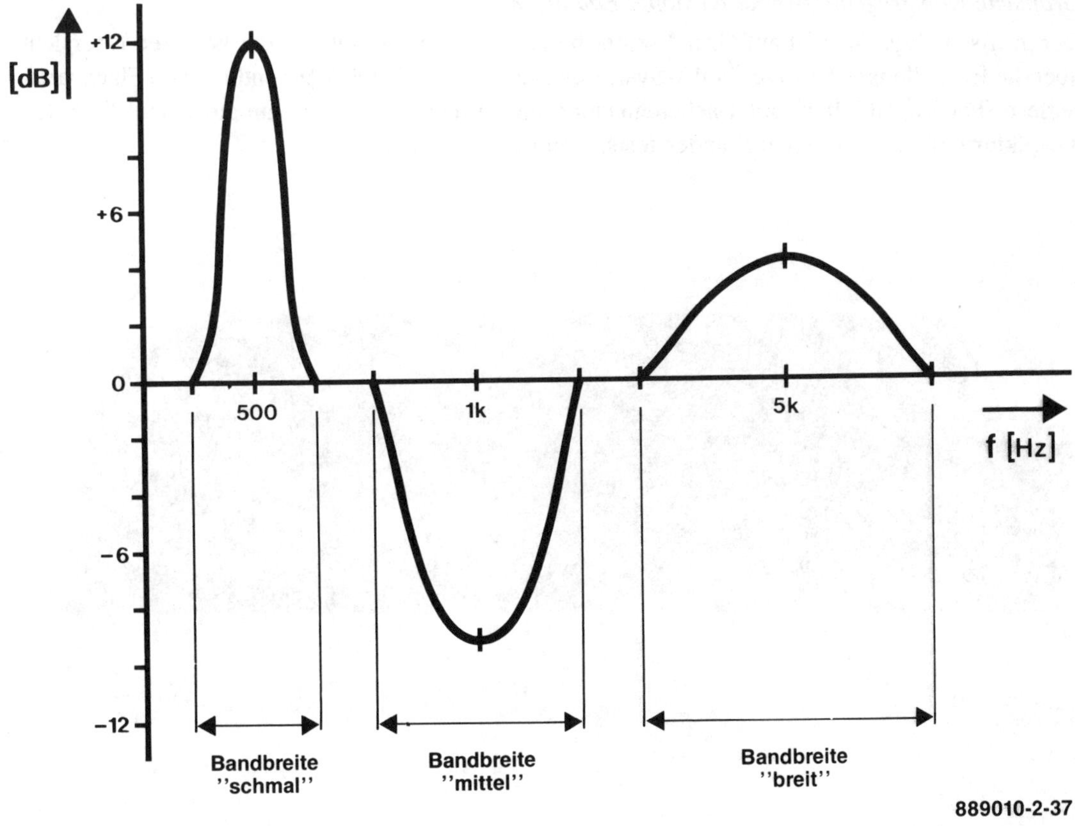

Bild 2.37 Funktionen eines parametrischen Equalizers mit einer schmalen Anhebung von 12 dB bei 500 Hz, einer mittleren Absenkung von 8 dB bei 1 kHz und einer breiten Anhebung von 4 dB bei 5 kHz. Die Bandbreiten, die Intensitäten der Anhebungen und Absenkungen sowie die Frequenz sind individuell veränderbar.

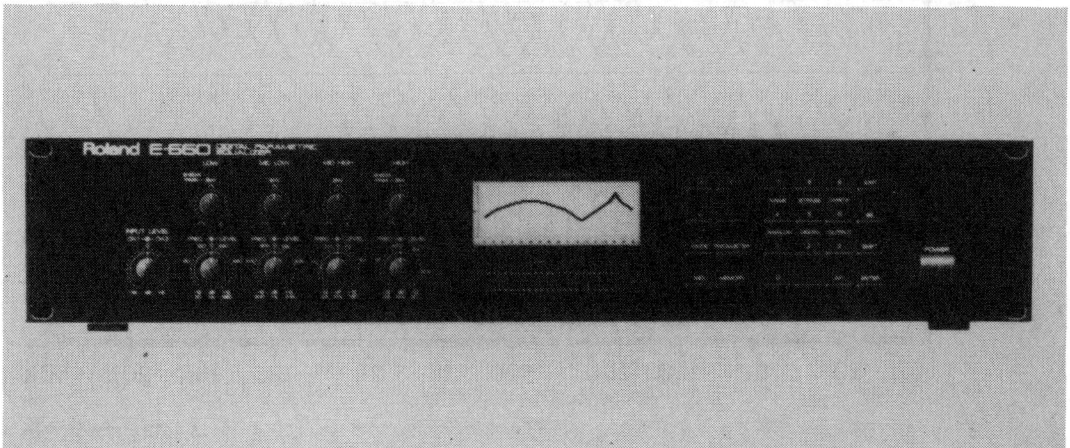

Bild 2.38a

Grafische Klangregelnetzwerke (Graphic Equalizer)

Der grafische Equalizer ist auf Grund seiner besseren Bedienbarkeit und der besseren Übersicht über die Einstellungen häufiger in PA-Systemen anzutreffen. Durch Verwendung von Flachbahnreglern (Fadern), die horizontal nebeneinander angeordnet sind, kann man auf einen Blick den Korrekturverlauf der Frequenzbänder feststellen (Bild 2.38b).

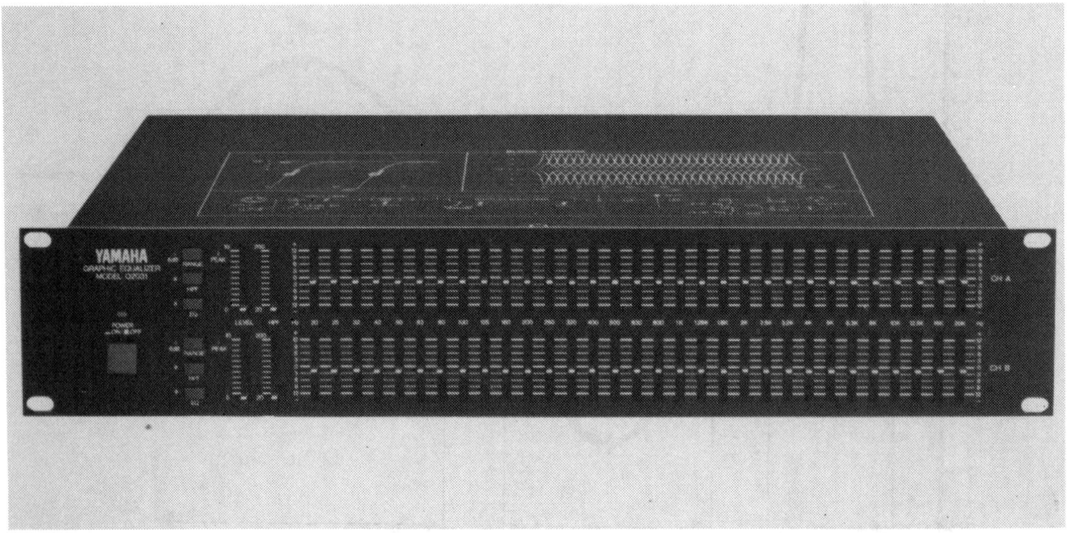

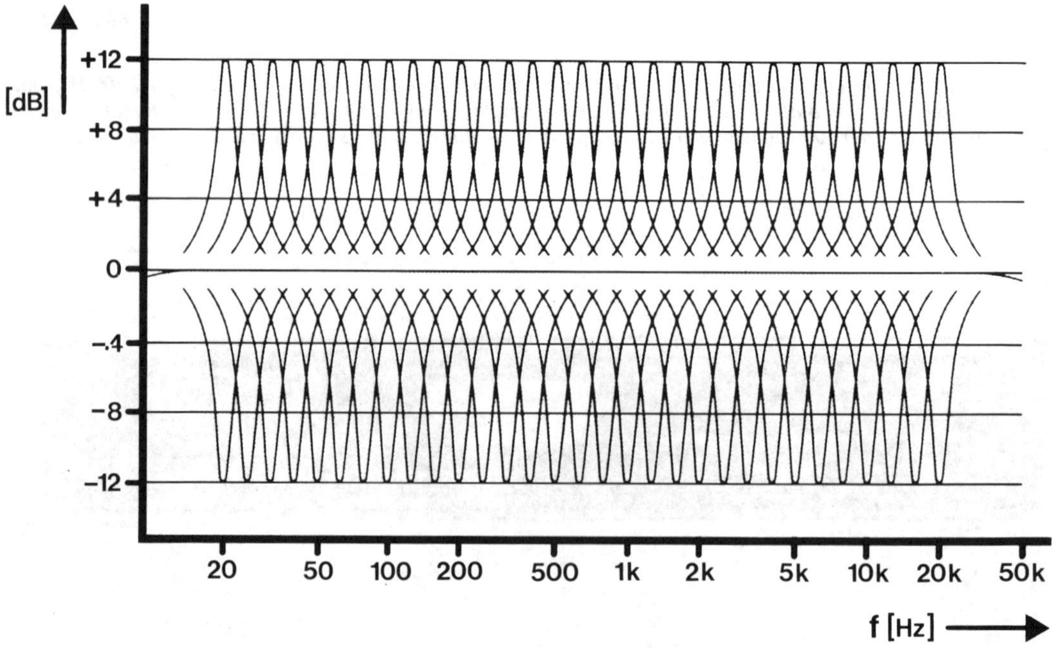

Bild 2.38b und 2.38c Grafischer Terz-Equalizer Q 2031 (Yamaha) mit 31 Frequenzbändern und einem Regelbereich von ± 12 dB sowie den entsprechenden Filterkurven.

Im Gegensatz zu den parametrischen Equalizern liegen die Frequenzbänder bei den grafischen Geräten fest. Auch die Bandbreite, in der die Frequenzbeeinflussung möglich ist, läßt sich bei den grafischen Equalizern nicht verändern. Die Anzahl der Frequenzbänder ist bei den unterschiedlichen Modellen verschieden und bewegt sich zwischen 10 und 31. Grafische Equalizer mit Oktavabstand besitzen 10 Frequenzbänder, Geräte mit Terzabstand (1/3 Oktave) verfügen über 27 bis 31 Bänder. Der Handel bietet auch Geräte mit anderen Abständen an. Die Intensität der Anhebungen und Absenkungen für die festliegenden Frequenzbänder mit fester Bandbreite lassen sich in einem Bereich von ± 12 dB regeln. Einige Geräte bieten auch stärkere Intensitäten.

Echtzeit-Analysator (Realtime Analyzer)

Um mit Hilfe eines Equalizers den Frequenzverlauf eines PA-Systems auszugleichen, gibt es drei Möglichkeiten.

Die erste, jedoch schlechteste und unsicherste Methode ist die, den Equalizer beim Soundcheck mit der Band nach Gehör einzustellen. Die zweite, bessere Lösung ist die Einstellung mit Hilfe eines Bandgerätes. Dazu benötigt man neben einem guten Bandgerät (Tonband oder Cassettenrecorder) die Aufnahme eines, vom Klangbild her vertrauten Musikstückes, daß man über die PA wiedergibt. Die Klangregelungen des betreffenden Mischpultes sollten dabei in neutraler Stellung sein. Der Frequenzgang des Systems wird mit dem Equalizer nun so korrigiert, daß sich das gewünschte Klangbild einstellt. Der Nachteil bei dieser Methode ist, wie auch bei der ersten, daß man sich auf sein Gehör verlassen muß.

Die dritte, beste und auch sicherste Methode ist die, einen »Echtzeit-Analysator« zu verwenden und damit das PA-System einzumessen. Ein solches Gerät, ein Beispiel hierfür sehen wir in Bild 2.39 ist in der Lage, Frequenzgänge sichtbar zu machen. Der Analysator zeigt den Pegel der entsprechenden Wiedergabefrequenzen über Leuchtdioden (LEDs) oder auf einem Bildschirm an. Die Anzeige des Analysators ist, wie die Regelung des Equalizers, in dB-Schritten geeicht. Mit Hilfe dieser Anzeige kann der Verlauf der Wiedergabefrequenzen leicht abgelesen und mit dem Equalizer linearisiert werden.

Der Analysator sollte möglichst viele Anzeigebänder aufweisen, um eine sehr genaue Anzeige zu ermöglichen. Allerdings sind Analysatoren mit Terz-Anzeige, das sind 31 Bänder, sehr kostspielig. Preiswerter sind Geräte mit Oktav-Anzeige, die 10 Bänder besitzen. Besonders günstig sind Kombinationen von Oktav-Equalizer und Analyzer, da in diesen Geräten viele Bauteile für beide Anwendungsbereiche genutzt werden können. Diese Kombinationen sind in der Regel im Amateurbereich ausreichend und leisten gute Dienste beim Einmessen eines PA-Systems.

Einmessen eines PA-Systems mit Equalizer/Analyzer

Steht ein Equalizer und ein Analyzer oder eine Kombination beider Geräte zur Verfügung, geht man beim Einmessen eines PA-Systems folgendermaßen vor.

Zuerst wird ein spezielles Meßmikrofon, welches einen linearen Frequenzverlauf haben muß, damit die Anzeigekurve nicht verfälscht wird, an einem repräsentativen Meßplatz aufgestellt. Dieser Meßplatz muß einen Kompromiß zwischen den verschiedenen Plätzen im Zuhörerraum bieten. Man kann auch mehrere Messungen an verschiedenen Orten im Raum vornehmen und

Bild 2.39 Digitaler Echtzeit-Analysator (Realtime Analyzer) mit Terz-Anzeige (1/3 Oktave) »Goldline ASA-30« von Alphaton.

dann daraus einen Durchschnittswert errechnen. Häufig wählt man jedoch die Saalmitte, wo auch das Mischpult steht. Über die PA-Anlage wird dann ein Testsignal wiedergegeben. Dieses Testsignal ist ein »Rosa Rauschen« (Pink Noise) und weist bei allen Frequenzen des Analyzers den gleichen Pegel auf. Das »lineare« Signal wird über die Lautsprecher wiedergegeben und vom Meßmikrofon aufgenommen. Unregelmäßigkeiten in der Wiedergabe des PA-Systems zeigt der Analyzer nun an, so daß man sie mit dem Equalizer ausgleichen kann.

Die Korrekturen, die man mit dem Equalizer vornimmt, können auf der Anzeige des Analyzers ständig kontrolliert werden. Das Ausgleichen der Frequenzbänder sollte am Equalizer so erfolgen, daß man sich an einer Frequenz mit mittlerem Pegel, die der Analyzer anzeigt, orientiert. Die anderen Frequenzbänder paßt man dann durch gleichmäßiges Anheben oder Absenken an. Orientiert man sich hingegen an einer Frequenz mit sehr hohem Pegel und hebt in Folge dessen alle anderen Frequenzbänder stark an, kann durch die hohe Verstärkung eine Übersteuerung der Endstufen und so eine Gefahr für die Lautsprecher entstehen.

In Bild 2.40 ist am Beispiel einer Wiedergabekurve eines Lautsprechers die Arbeitsweise mit Equalizer und Analyzer sowie deren Wirkung schematisch dargestellt. Im Frequenz-Schalldruck-Schema Bild 2.40a ist die Wiedergabekurve eines Lautsprechers eingezeichnet, wie sie das Meßmikrofon aufgenommen hat. Bild 2.40b zeigt die Wiedergabekurve, wie sie auf der Anzeige (das Display) des Analyzers zu sehen ist. Die Equalizer-Einstellung, die den Frequenzverlauf linearisiert, ist in Bild 2.40c dargestellt. Die Orientierungsfrequenz liegt dabei bei 250 Hz. Die Wiedergabekurve nach der Korrektur mit dem Equalizer zeigt einen nun nahezu linearen Verlauf (Bild 2.40d).

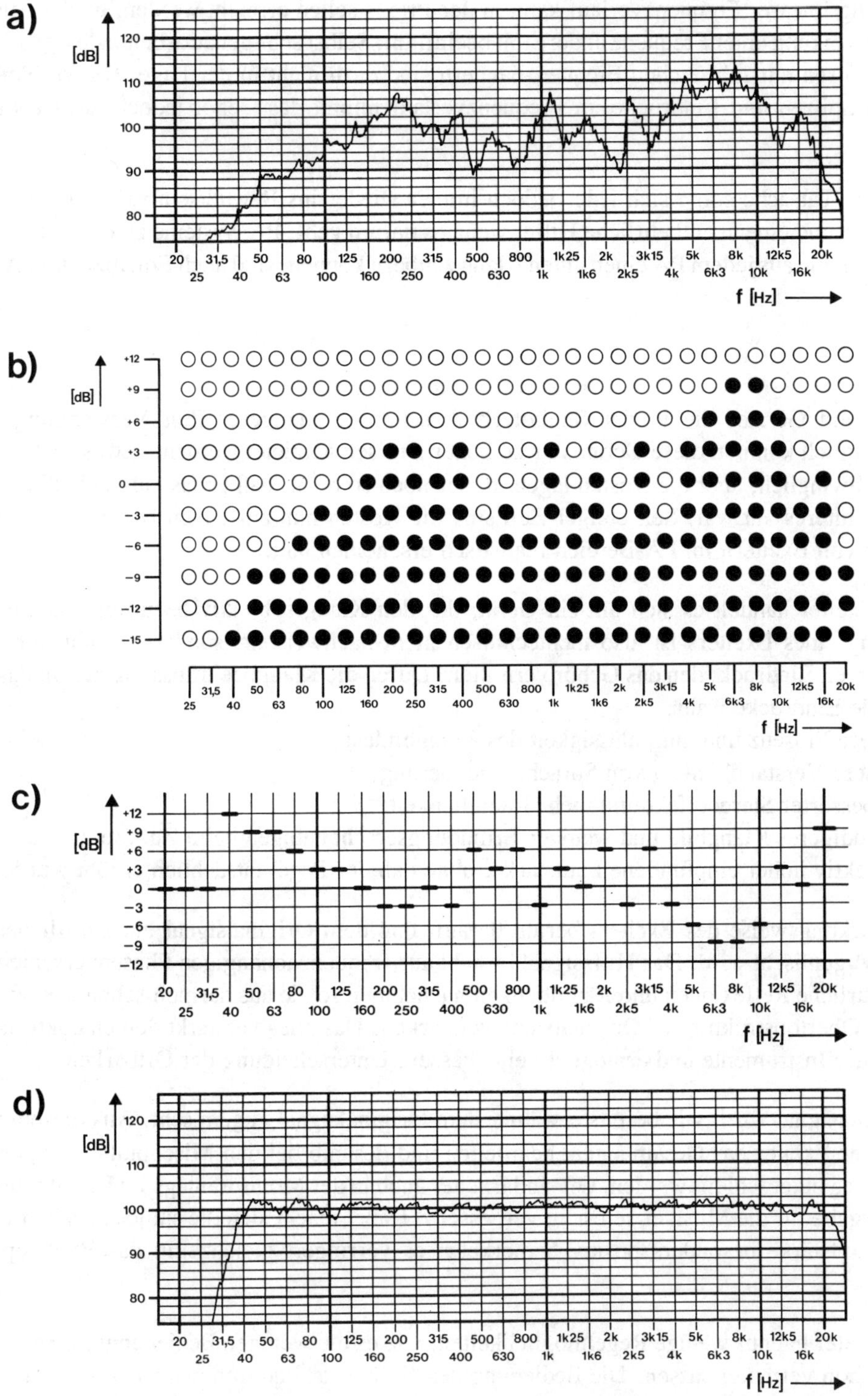

Bild 2.40 Frequenzgangkorrektur mit Analyzer und Equalizer.

Ein völlig linearer Frequenzverlauf kann in der Praxis selten erreicht werden, da die Anhebung oder Absenkung einer Frequenz andere mit beeinflußt. Selbst sehr genau arbeitende Equalizer und Analysatoren mit zahlreichen Frequenzbändern sind dazu nicht in der Lage. Die verbleibenden kleinen Spitzen und Einbrüche im Frequenzverlauf nimmt das Gehör jedoch nicht als störend wahr.

Folgende Tatsache sollte sich jeder jedoch immer wieder ins Bewußtsein rufen: Equalizer und Analyzer sind eine unentbehrliche Hilfe, wenn es darum geht, PA-Systeme zu optimieren. Wundergeräte, die aus jedem PA einen guten Klang zaubern können, sind auch Equalizer und Analyzer nicht!

Exciter

Exiter sind Geräte, die in der Studiotechnik schon seit längerer Zeit Verwendung finden. Ursprünglich konnten diese Geräte nur zu hohen Preisen gemietet werden. Etwas später wurden sie erschwinglich, aber die Kosten lagen immer noch so hoch, daß es fast ausschließlich nur für Studios interessant war. Seit einiger Zeit sind die Kosten nun auf einem Niveau, das auch den Einsatz von Excitern im PA-Bereich realistisch erscheinen läßt.

Beim Exciter handelt es sich um ein Gerät, das den Klang subjektiv beeinflußt. Die effektive Wirkung eines Exciters ist also meßtechnisch nicht nachweisbar, sondern beruht nur auf den subjektiven Eindruck, den das Gehör vermittelt. Durch die Klangbeeinflussung nimmt das Gehör folgende Eindrücke wahr:
— höhere Präsenz und Durchlässigkeit des Klangbildes;
— bessere Verständlichkeit von Sprache und Gesang;
— verbesserter Stereoeffekt und mehr Räumlichkeit;
— lebendigeres Klangbild und weniger Ermüdungserscheinungen beim Zuhören;
— subjektiv höher empfundene Lautstärke, ohne daß der Pegel tatsächlich erhöht wurde.

Die Wirkungsweise des Exciters beruht darauf, daß dem Originalsignal ein künstliches Hilfssignal zugemischt wird. Das Hilfssignal besteht aus frequenzabhängigen Phasenverschiebungen, die natürliche Reflexionen und Räumlichkeit nachahmen sowie aus harmonischen Verzerrungen, die die Obertonstruktur des Originalstons verstärken. Das alles verstärkt den charakteristischen Klang der Instrumente und ermöglicht eine bessere Unterscheidung der Ortbarkeit.

Das Hilfssignal wird, wie bereits erwähnt, dem Originalsignal zugemischt. Aus diesem Grunde sollte der Exciter das Gesamtsignal bearbeiten und deshalb bei den Mischpultausgängen in den Signalweg eingeschleift werden. Oft sind Exciter auch in der Monitoranlage im Einsatz, um so die Wiedergabe für die Musiker selbst zu verbessern. Dabei macht sich die subjektiv höher empfundene Lautstärke besonders positiv bemerkbar; es verringert gleichzeitig das Rückkopplungsrisiko.

Der Exciter hat nur wenige Regelmöglichkeiten, wie es die wenigen Bedienungselemente in Bild 2.41 schon vermuten lassen. Die Bedienung des Gerätes ist dadurch natürlich recht einfach. Es sind pro Kanal drei Regler mit den Bezeichnungen »Drive«, »Tune« und »Mix«. Der Drive-Regler stellt den Pegel ein, bei dem die Exciter-Funktion einsetzen soll. Eine LED-Anzeige erleichtert die Einstellung des richtigen Pegels. Der Tune-Regler bestimmt die Tonhöhe, bei die der Exciter

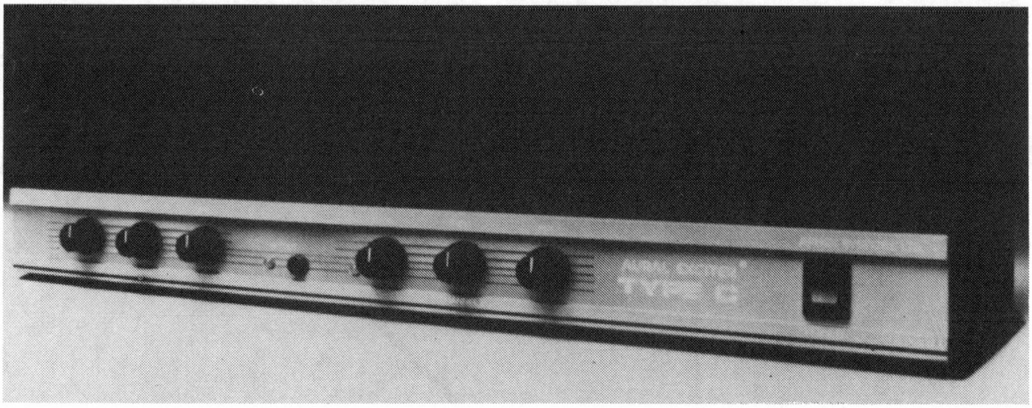

Bild 2.41 Exiter-Gerät »Aural Exiter Type C« von Aphex/AKG.

einsetzt. Das Mischungsverhältnis zwischen Original- und Hilfssignal wird durch den Mix-Regler bestimmt. Schließlich hat man mit dem In/Out-Schalter die Möglichkeit, den Effekt schnell abzuschalten, um beispielsweise das Originalsignal mit dem beeinflußten Signal zu vergleichen.

Trotz der geringen Regelmöglichkeiten muß man auch bei diesem Gerät die Einstellung suchen, die den Vorstellungen entspricht bzw. das optimalste Resultat liefert. Mit den genannten Klangverbesserungen stellt der Exciter eine sinnvolle Ergänzung und Verbesserung eines PA-Systems oder einer Monitoranlage dar.

Regelverstärker

Regelverstärker sind Geräte, die automatisch die Originaldynamik eines Signals verändern. Sie greifen aktiv in die Verstärkung ein und können die Intensität eines Pegels steigern oder verringern. Die Änderung der Originaldynamik ist in einigen Fällen notwendig und erwünscht; damit kann man Übersteuerungen verhindern, Störgeräusche unterdrücken oder das Klangbild subjektiv verdichten. Die wesentlichsten Steuerungsmöglichkeiten, über die die meisten Regelverstärker verfügen, sind:

— Attack: bezeichnet die Ansprechzeit des Regelverstärkers in Millisekunden (ms);
— Release: bezeichnet die Ausklingzeit des Regelverstärkers in Sekunden (s);
— Threshold: bezeichnet die Pegelstärke, bei der der Regelverstärker seine Funktion aufnimmt (Angabe in dB).

Die Regelverstärker sollen »unhörbar« arbeiten, d.h., ihre Funktion soll das Gehör nicht wahrnehmen. Dabei ist die eingestellte Ansprech- und Ausklingzeit von entscheidender Bedeutung. Die Ansprechzeit darf nicht zu lang sein, damit das Gerät schnell genug auf Impulse reagieren kann. Die Ausklingzeit darf hingegen nicht zu kurz sein, damit beim Ausklang der Töne das Signal nicht abgeschnitten wird. Außerdem soll der Einsatzpegel des Gerätes nicht zu tief liegen, um eine übermäßige Dynamikeinschränkung zu vermeiden.

Expander

Der Expander verstärkt und erhöht den Pegel des Eingangssignals (Bild 2.42). Bis zu einem einstellbaren Schwellenwert (Threshold) werden alle Signale, die unter diesem Wert liegen, in einem einstellbaren Verhältnis verstärkt. Durch diese Anhebung des Signalpegels soll ein größerer Abstand zu etwaigen Störgeräuschen erreicht werden. Der Expander wird in Kombination mit Kompressoren und Limitern eingesetzt.

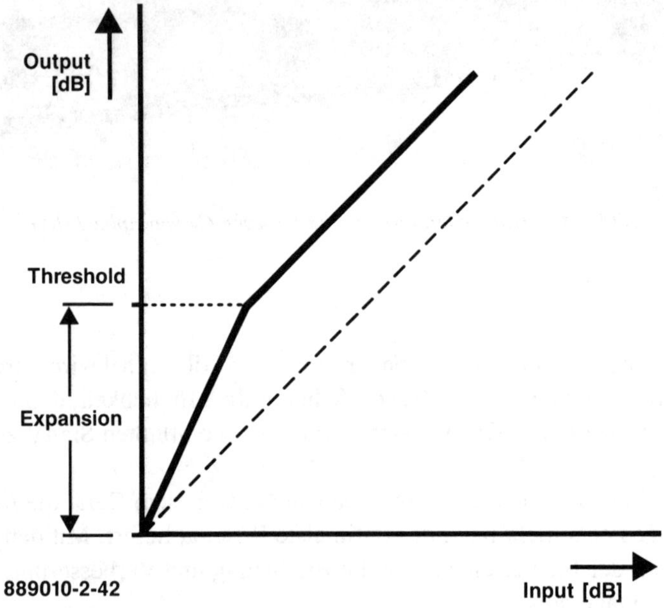

Bild 2.42 Kennlinie eines Expanders.

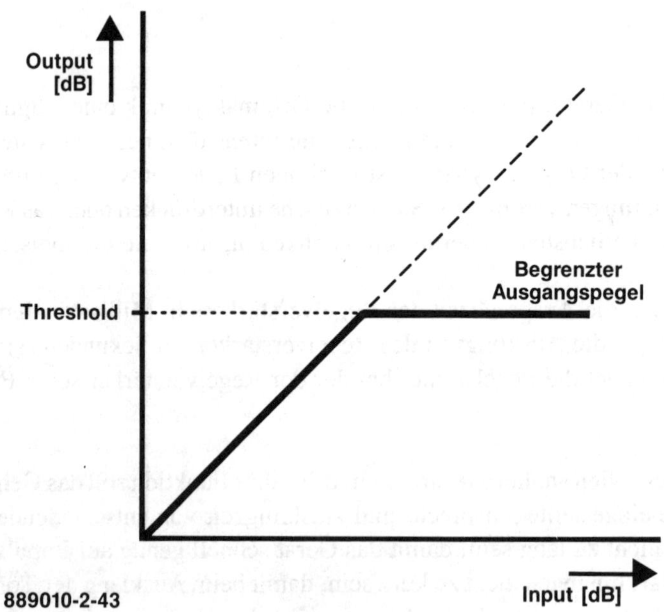

Bild 2.43 Kennlinie eines Begrenzers (Limiter).

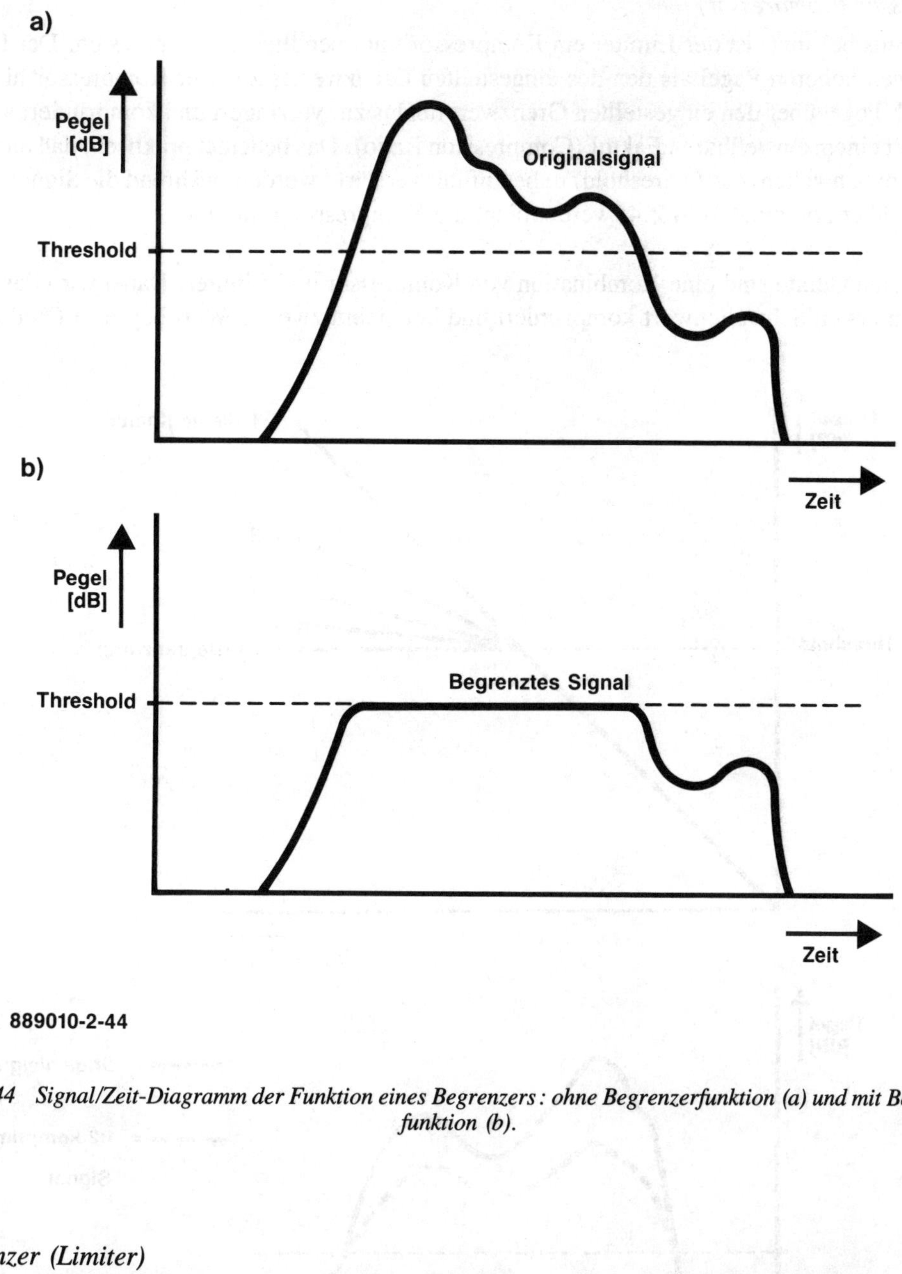

Bild 2.44 Signal/Zeit-Diagramm der Funktion eines Begrenzers: ohne Begrenzerfunktion (a) und mit Begrenzerfunktion (b).

Begrenzer (Limiter)

Der Limiter kann Pegelspitzen begrenzen; dazu kann man an dem Gerät eine Thresholdgrenze einstellen. Überschreitet der Signalpegel diese Grenze, reduziert der Limiter den Pegel unter den eingestellten Grenzwert. Die Thresholdgrenze darf nicht zu tief gewählt werden, weil das die Dynamik des Signals hörbar beeinflussen würde. Alle Pegel, die den eingestellten Grenzwert nicht erreichen, bleiben von der Limiterfunktion unbeeinflußt. Der Limiter ist im Prinzip ein Kompressor (siehe folgenden Abschnitt) mit unendlicher Kompression.

Die Grafiken in Bild 2.43 und 2.44 erklären die Funktion eines Limiters.

Kompressor (Compressor)

Wie bereits bekannt, ist der Limiter ein Kompressor mit unendlicher Kompression. Der Limiter läßt keinen höheren Pegel als den des eingestellten Grenzwertes zu. Der Kompressor hingegen läßt auch Pegel über den eingestellten Grenzwert hinaus zu, verringert und komprimiert aber die Pegel mit einem einstellbaren Faktor (Compression Ratio). Das bedeutet praktisch, daß alle Pegel unter dem Schwellenwert (Threshold) unbeeinflußt verstärkt werden, während die Signalverstärkung darüber abnimmt. Bild 2.45 verdeutlicht die Kompressor-Funktion.

Die meisten Geräte sind eine Kombination von Kompressor und Limiter. Dabei wird das Signal ab einem ersten Schwellenwert komprimiert und bei einem zweiten Wert begrenzt (Bild 2.46).

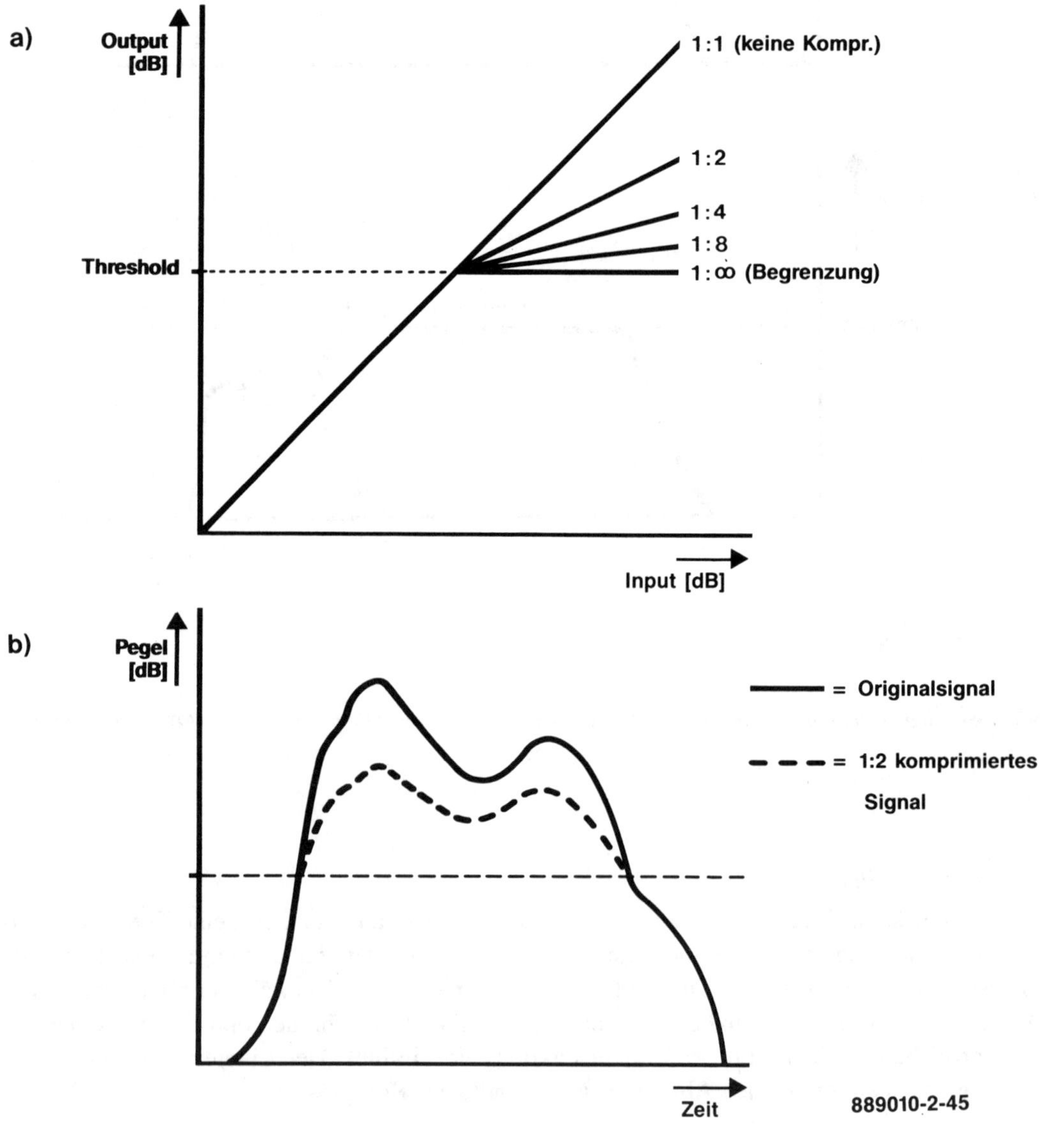

Bild 2.45 Kennlinie eines Kompressors (a) und Pegel/Zeit-Diagramm (b).

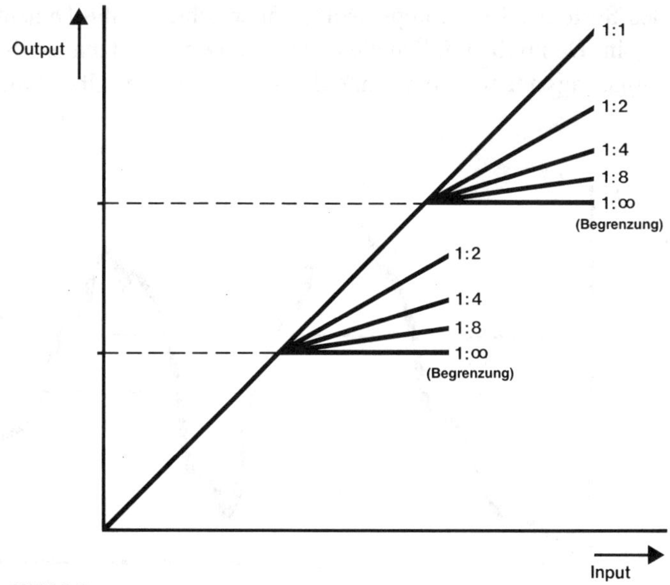

889010-2-46

Bild 2.46 Expander-Gate-Funktionsdiagramm des Kompressor/Limiters GC 2020 von Yamaha.

Die beiden Kanäle des Kompressors/Limiters (Bild 2.47) müssen im Stereobetrieb gekoppelt sein (linked), damit die Kompression/Begrenzung in beiden Kanälen gleich ist und keine Differenzen zwischen ihnen auftreten.

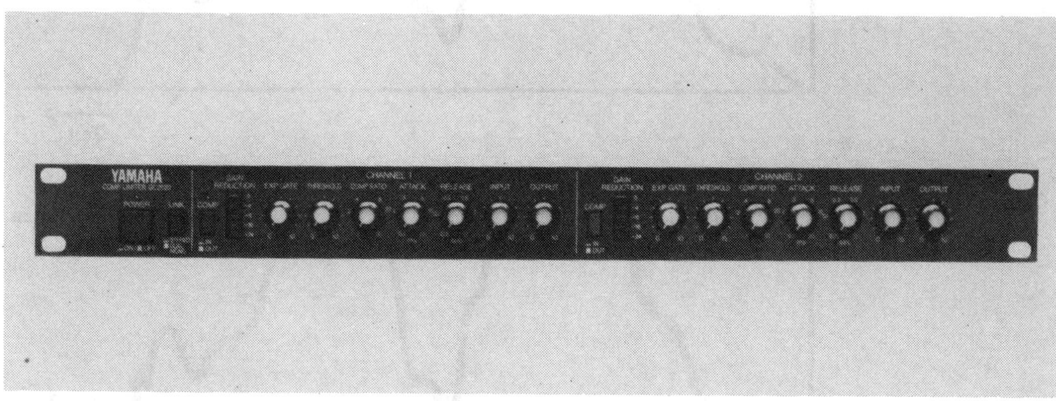

Bild 2.47 Gerätefoto des Kompressor/Limiters GC 2020 von Yamaha.

Aussteuerung der PA mit Kompressor/Limiter

Die Aussteuerung eines PA-Systems wird mit Hilfe eines Kompressor/Limiters erleichtert. Es besteht immer die Gefahr, ein PA-System durch Pegelspitzen in dem Musiksignal zu übersteuern. Aus diesem Grunde soll man ein PA-System nie voll aussteuern, sondern immer einen gewissen Spielraum bis zur Übersteuerungsgrenze freilassen; das vermeidet Übersteuerungen oder gar

Beschädigungen des Systems. Der Kompressor/Limiter schränkt die Dynamik des Signals und seiner Pegelspitzen ein. Dadurch entfallen die überhöhten Pegelspitzen, so daß man den Gesamtpegel des Signals höher aussteuern kann, ohne daß die Gefahr der Übersteuerung besteht.

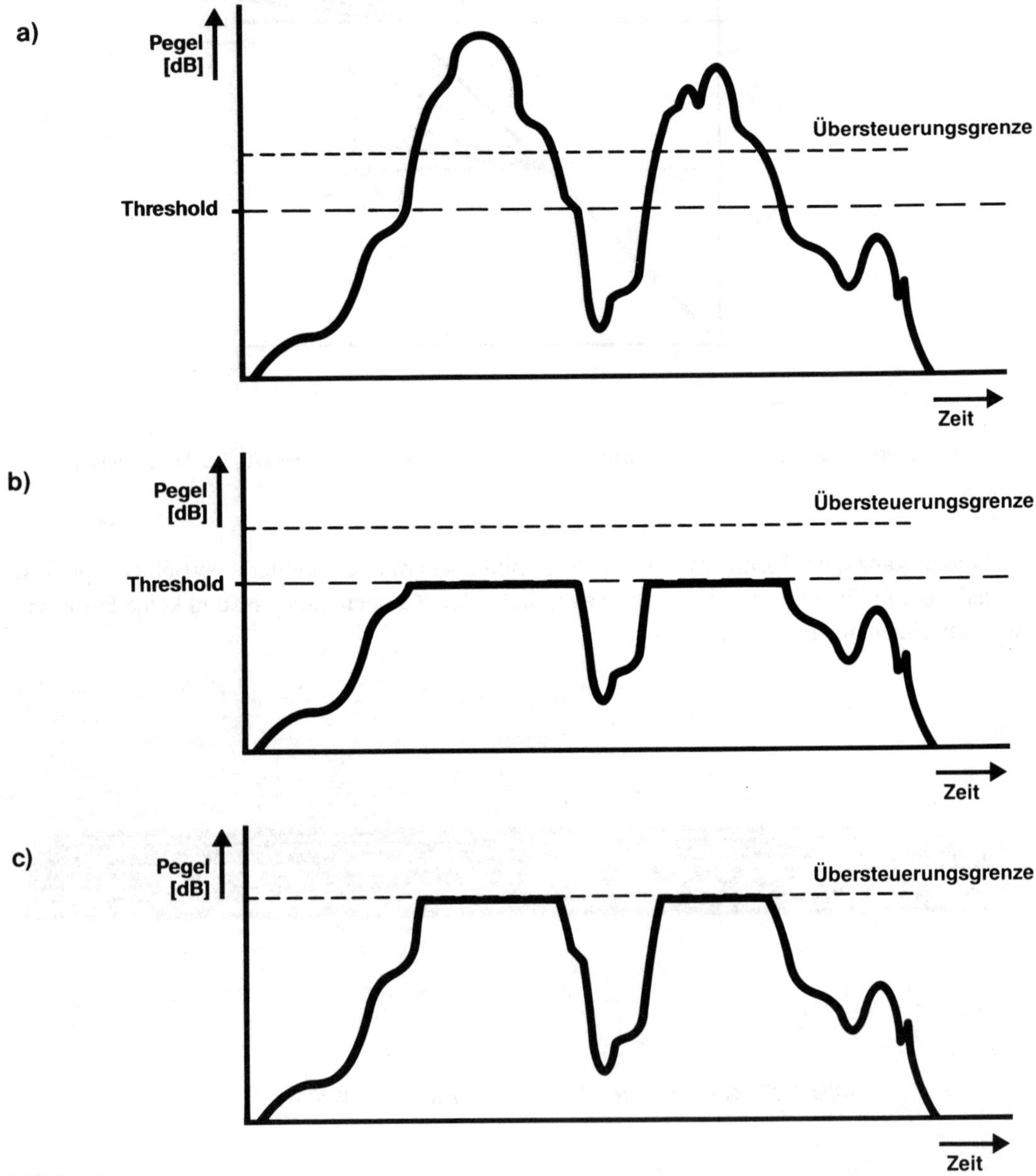

Bild 2.48 Mit einem Kompressor/Limiter kann man den Gesamtpegel eines PA-Systems anheben. In (a) ist noch die Originaldynamik vorhanden; dabei übersteigen die Signalspitzen die Übersteuerungsgrenze. In (b) ist die Originaldynamik bereits durch einen Limiter begrenzt. Auch in (c) ist die Dynamik begrenzt, der Signalpegel jedoch bis an die Übersteuerungsgrenze angehoben.

Wie mit einem Kompressor/Limiter der Gesamtpegel angehoben werden kann, zeigt Bild 2.48. Bild a zeigt das Originalsignal, dessen Spitzen die Übersteuerungsgrenze übersteigen. In Bild b sind die Spitzen des Signals durch die Limiterfunktion begrenzt. Der begrenzte Signalpegel ist in Bild c bis knapp unter die Übersteuerungsgrenze angehoben, so daß von der Dynamik letztendlich nicht viel verlorengeht.

Viele Kompressor/Limiter arbeiten im Bereich niedriger Eingangspegel als Expander, um schwache Signale anzuheben und den Abstand zu den Störgeräuschen zu erhöhen.

Die Rauschunterdrückungssysteme für Bandmaschinen bestehen ebenfalls aus einer Kombination von Kompressor und Expander. Die Kompander verdichten erst das Eingangssignal, um es dann am Ausgang wieder auseinander zu ziehen. Durch diese Methode vergrößert sich der Abstand zum Grundrauschen der Tonbänder.

Noise Gate

Das »Noise Gate« gehört ebenfalls in die Kategorie der Regelverstärker. Seine Aufgabe besteht darin, unerwünschte Störgeräusche aus der Signalwiedergabe fernzuhalten. In Bild 2.49a ist ein Störsignal (gepunktete Linie) und ein Nutzsignal (durchgezogene Linie) gezeichnet.

Wie auch bei den anderen Regelverstärkern wird beim Noise Gate ein Schwellenwert (Threshold) eingestellt, der den Einsatzpunkt der Funktion bestimmt. Alle Signale, die unter diesem Schwellenwert bleiben, öffnen das Noise Gate nicht. Es bleibt geschlossen und das Signal wird nicht wiedergegeben. Erst bei Signalen, die den Schwellenwert überschreiten, öffnet sich das Noise Gate. Es wird jetzt nur der Teil des Nutzsignals weitergegeben, der oberhalb des Schwellenwertes liegt (Bild 2.49b). Beim Einstellen des Noise Gates ist darauf zu achten, daß der Schwellenwert möglichst tief liegt, damit nicht zu viel vom An- und Ausklang der Signale, die wiedergegeben werden sollen, fehlt.

Um die Aufgabe eines Noise Gates zu verdeutlichen, folgt ein kurzes Anwendungsbeispiel. Bei der Aufnahme eines Schlagzeuges sind oft fünf bis zehn Mikrofone eingesetzt, die jede Trommel und jedes Becken einzeln aufnehmen. Der Schlagzeuger spielt aber immer die Grundrhythmen auf Bass Drum, Snar und Hi-Hat. Diese Schlagzeugteile werden von den dafür bestimmten Mikrofonen aufgenommen. Alle anderen Mikrofone, die für die Toms und Becken, arbeiten aber auch und nehmen, zwar mit erheblich geringerem Pegel, die gespielten Schlagzeugteile und u.U. andere Schallquellen, die sich in unmittelbarer Nähe befinden (z.B. Bass und Gitarren) mit auf. Durch diese Mehrfachaufnahme von Schallquellen kann es zu Phasenverschiebungen kommen, und das Klangbild wird undifferenziert und verwaschen. Mit einem Noise Gate können die Mikrofone, die nicht aufnehmen sollen, ausgeschaltet werden. Dabei ist der Schwellenwert so einzustellen, daß er dem Pegel der Signale entspricht, die zu unterdrücken sind. Das Noise Gate bleibt dann bei diesen Signalen geschlossen. Ist jedoch der Pegel der entsprechenden Schallquelle höher als der eingestellte Schwellenwert, z.B. ein angeschlagenes Tom, öffnet das Noise Gate und ermöglicht die Wiedergabe.

Desweiteren werden Noise Gates häufig im Studio eingesetzt, um alle Arten von Störgeräuschen zu unterbinden, damit eine hochwertige Aufnahme entstehen kann. In PA-Systemen ist dies nicht ganz so kritisch wie im Studio, allerdings finden sich in hochwertigen Anlagen auch Noise Gates, um das Klangbild noch zu verbessern.

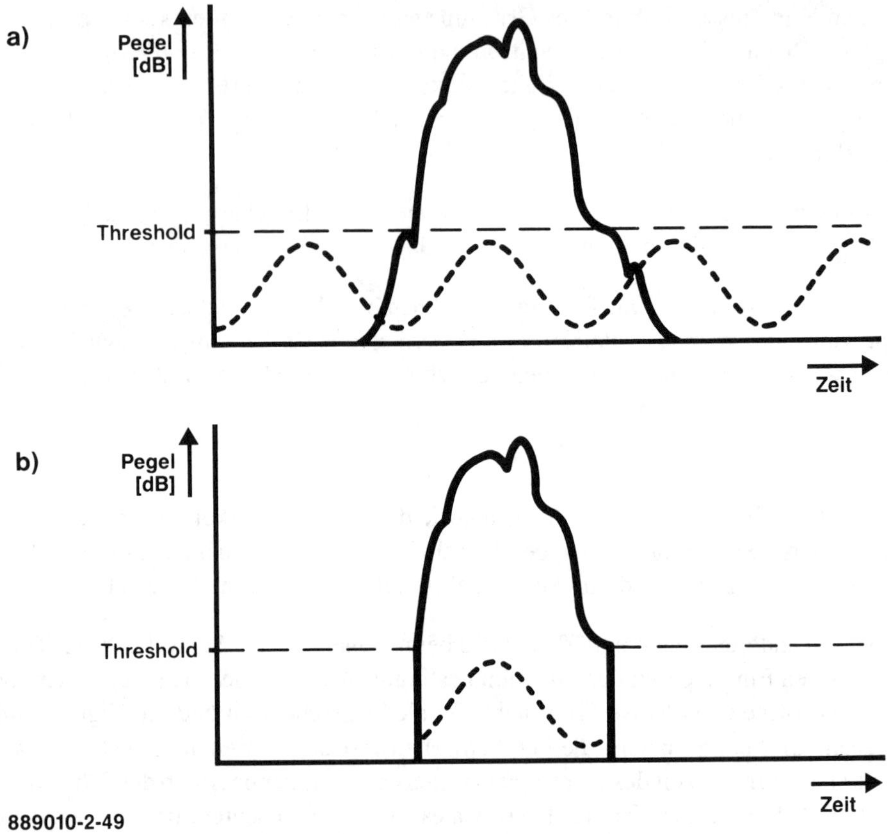

Bild 2.49 Bei dem Pegel/Zeit-Diagramm in (a) ist das Noise-Gate außer Betrieb, während es im Diagramm (b) eingeschaltet ist.

De-esser

Der De-esser ist ein Regelverstärker, der hauptsächlich Anwendung bei Gesangs- und Sprachaufnahmen im Studio findet. Dieses Gerät soll die Zischlaute (s, ss ß, z und tz) unterdrücken. Da alle Laute oberhalb von 6 kHz liegen, arbeitet das Gerät in diesem Bereich wie ein Limiter und begrenzt diesen Frequenzbereich; das Gerät beseitigt so das unangenehme Zischen der genannten Laute.

Hall und Echo

Bei den Raumeffekten unterscheidet man zwischen Hall und Echo. Dabei versteht man unter dem natürlichen Echo die ganz oder teilweise Wiederholung eines Signals in der Zeitdifferenz zum Originalsignal, allerdings mit geringerer Intensität.

Der natürliche Hall entsteht durch Raumreflexionen von Decken, Wänden und Gegenständen. Dabei weist jeder Raum durch unterschiedliche Größe und Beschaffenheit andere Halleigenschaften auf. Der Hall besteht aus den ersten Reflexionen (Early Reflections) und dem Nachhall (Reverb Time). Die Grundstruktur ist in Bild 2.50 skizziert.

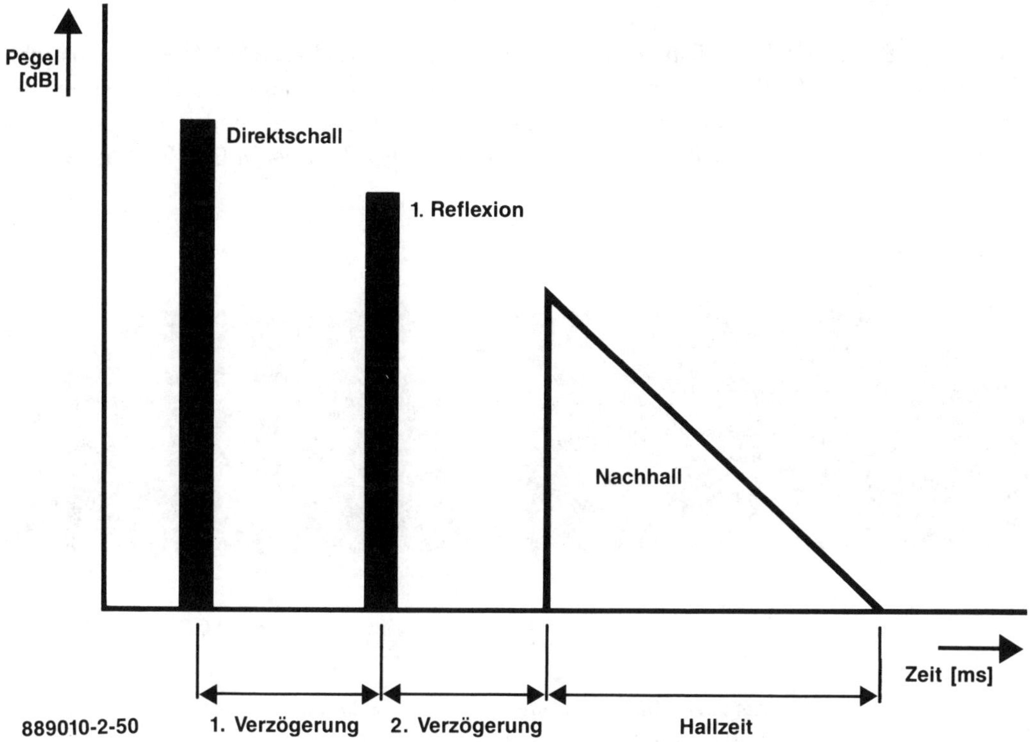

Bild 2.50 Grundstruktur eines künstlich erzeugten Hallsignals.

Die ersten Reflexionen nimmt das Gehör klar wahr und unterscheidet sie. Der Nachhall besteht aus einer Vielzahl von verschiedenen Reflexionen mit unterschiedlichen Intensitäten. Der Raumeindruck entsteht durch die besonderen Frequenzeigenschaften, die Zeitdauer zwischen Direktschall und den ersten Reflexionen (Pre Delay), den Intensitäten der ersten Reflexionen und der Verzögerung zum Nachhall (Delay) und die Intensität sowie die Dauer des Nachhalls (Reverb Time). Die Größe des Raumes wird durch die Verzögerungen zwischen Direktschall und den ersten Reflexionen sowie dem Nachhall bestimmt. Je größer der Raum, desto länger die Verzögerungen und der Nachhall. Die Nachhallzeit der meisten Räume liegt zwischen 1,5 und 2 Sekunden. Künstlicher Hall ist heute ein wichtiger Effekt in der Musik: er verleiht ihr Räumlichkeit, damit das Klangbild nicht so trocken und direkt klingt.

Hallgeräte (Reverberation Units)

Durch die Digitale Revolution Ende der siebizger, Anfang der achtziger Jahre sind digitale ICs, einschließlich der Mikroprozessoren, immer preiswerter geworden, so daß sie auch in der Musikelektronik eingesetzt werden. So sind auf dem Markt auch digitale Hallgeräte zu erschwinglichen Preisen erhältlich. Die digitalen Hallgeräte haben den Vorteil, daß sie das Signal ohne elektrische und mechanische Störungen sauber verarbeiten können. Die digitalen Geräte lassen außerdem die Hallnachbildung von jedem Raum zu.

Die günstigsten Geräte verfügen über eine Anzahl fester (unveränderliche) Hallprogramme (Presets) mit verschiedenen festgelegten Eigenschaften. Sehr aufwendige Geräte lassen die Veränderung aller Parameter der Hallstruktur zu, wodurch eine Vielzahl von Halleffekten realisierbar sind. Viele Geräte verfügen über Speicherplätze, in denen unveränderbare und selbst erstellte Programme festgehalten werden können und jederzeit wieder abrufbar sind. Die wesentlichen Hallparameter sind auf einem Display ersichtlich. Ein solches Gerät ist in Bild 2.51 abgebildet.

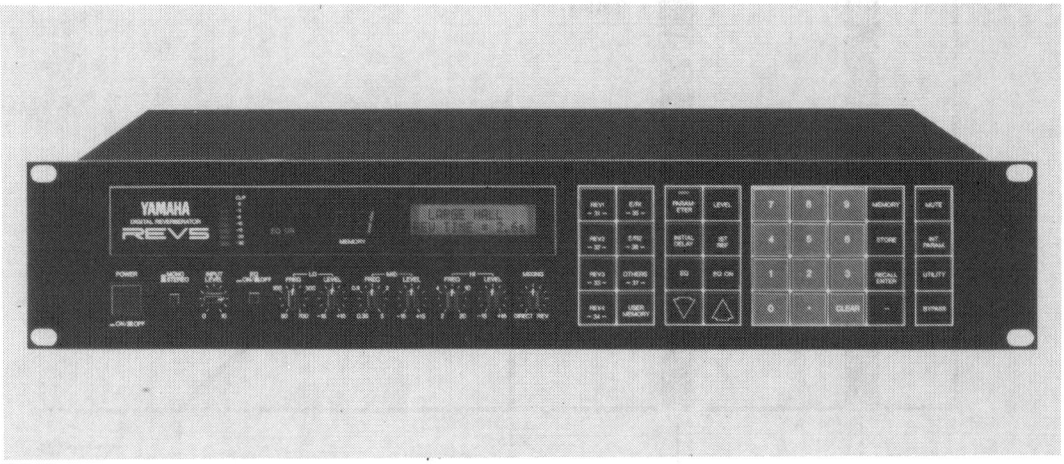

Bild 2.51 Digitales Hallgerät REV 5 von Yamaha.

Die wesentlichen Regelmöglichkeiten digitaler Hallgeräte sind die Vorverzögerung, die ersten Reflexionen und die Halldauer. In der Regel verfügen digitale Hallgeräte auch über einen Delay-Teil, mit dem sich auch typische Verzögerungseffekte wie z.B. Echo, Flanging und Chorus erzeugen lassen.

Neben den digitalen Hallgeräten sind auch noch preiswerte Federhallgeräte erhältlich. Sie bieten aber bei weitem nicht die Qualität der digitalen Geräte. Die Regelmöglichkeiten der Federhallgeräte sind gering. Die ersten Reflexionen fehlen und auch die Möglichkeit zur Erzeugung von Verzögerungseffekten. Außerdem sind diese Geräte anfällig gegen Erschütterungen. Sie verfälschen zudem das Klangbild, besonders stark bei Schlaginstrumenten, welches sich durch »schattern« bemerkbar macht. (»Schattern« sind unnatürliche Veränderungen und Abweichungen der Hallstruktur.) Federhallgeräte stellen eine preisgünstige Alternative für die Anwendung bei Gesang, Gitarre und Blasinstrumenten dar. Allerdings stellt sich die Frage, wie lange das noch der Fall ist, denn die immer kostengünstiger werdenden digitalen Geräte haben sie praktisch verdrängt.

Verzögerungsgeräte (Delay Units)

Verzögerungsgeräte, die heute fast ausschließlich nach dem Digitalprinzip arbeiten, erlauben eine Vielzahl von Effekten:

Echo	Das Signal wird nach einer einstellbaren Zeit wiederholt. Die Zeiten liegen zwischen 250 ms und 4000 ms.
Doubling	Durch Wiederholung des Signals nach sehr kurzer Zeit, zwischen 20 ms und 40 ms, erscheint eine Verdopplung des Signals.

Tripling — Wie Doubling, nur mit zwei Verzögerungen.

Infinity Repeat — Unendliche Wiederholung eines Signals.

Flanging Phasing — Durch Verzögerungen zwischen 1 ms und 16 ms (max. 30 m/sec) entstehen Phasenverschiebungen, die Auslöschungen von bestimmten Frequenzen zur Folge haben. Dieser Effekt wird auch »Jet-Effekt« genannt.

Chorus — Ein Zufallsgenerator ändert beim Choruseffekt die Verzögerungszeit ständig. So entsteht der Eindruck mehrerer geringfügig uneinheitlicher Signale.

Neben der Verzögerungszeit ist bei den Delays die Bandbreite von Bedeutung, damit alle Signale naturgetreu wiedergegeben werden können. Geräte, die im PA-Bereich eingesetzt und für alle Instrumente genutzt werden, sollten einen Frequenzgang von 15 kHz oder mehr aufweisen.

Die Verzögerungsgeräte verfügen über Regelmöglichkeiten für die Verzögerungszeit (Delay Time), die Modulation der Wellenform (Wave Form), der Geschwindigkeit (Speed) und Tiefe (Depth) sowie der Intensität. Eine Feedback-Möglichkeit erlaubt es, das verzögerte Signal wieder in den Signalweg des Delays zurückzuführen. Mit einem zweikanaligen Geräte lassen sich auch noch hallähnliche Effekte und Stereoeffekte erzeugen. Die meisten digitalen Relays besitzen Speicher mit festeingestellten und selbst einstellbaren Programmen. Viele Geräte zeigen die Delay-Parameter auf einem Display an. Ein digitales Verzögerungsgerät ist in Bild 2.52 zu sehen.

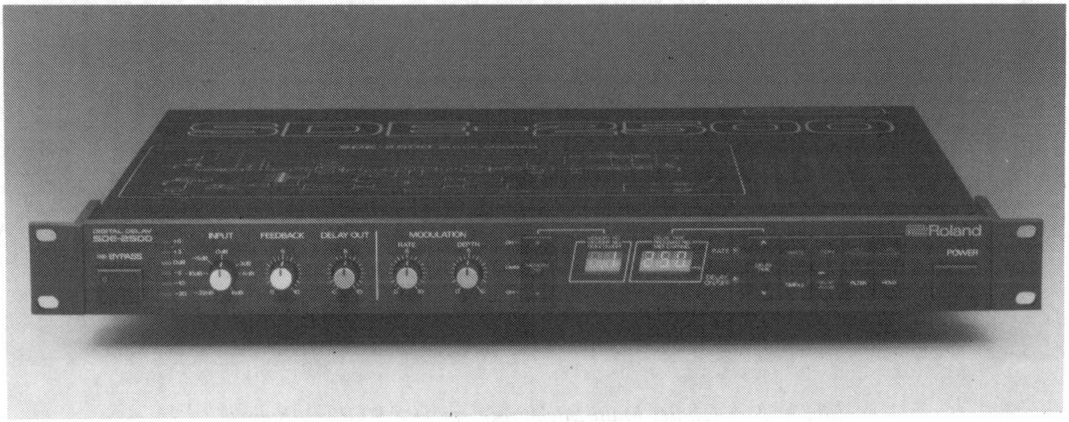

Bild 2.52 Digital Delay SDE 2500 von Roland.

Neben den digitalen Geräten sind auch noch Bandechogeräte erhältlich, die allerdings qualitativ nicht so gut sind. Viele Musiker schätzen sie jedoch wegen der Spezialeffekte, die sich nur mit diesen Geräten erreichen lassen. Bei den Bandechogeräten wird das Tonband am Löschkopf, am Aufnahmekopf und an mehreren Wiedergabeköpfen vorbeigeführt. Die Bandgeschwindigkeit bestimmt dabei die Verzögerungszeit, die Anzahl der Wiedergabeköpfe die Häufigkeit der Wiederholungen. Nachteilig bei den Bandechogeräten sind allerdings das Rauschen, die wenigen Möglichkeiten und die notwendige Wartung. So sind beispielsweise die Tonköpfe der Geräte regelmäßig zu säubern und das Band muß ebenfalls regelmäßig durch ein neues ersetzt werden. Da es im Handel schon gute digitale Delays gibt, die preisgünstiger als Bandgeräte sind, werden diese Geräte sicherlich in Zukunft immer mehr vom Markt verdrängt.

Multi-Effektprozessoren

Die Digitaltechnik hat bei den Effektgeräten ganz neue Möglichkeiten eröffnet. Neben der Verbesserung der Effekte auf digitalem Wege kommt noch die Möglichkeit hinzu, eine Fülle von Daten zu speichern und bereitzustellen. Dadurch ist eine neue Gruppe von Effektgeräten entstanden: Die Multi-Effektprozessoren (Bild 2.53). Diese Geräte besitzen Programme für Hall- und Echomöglichkeiten, die zwar nicht die hohe Qualität und Vielfalt von speziellen Hall- und Echogeräten besitzen, aber für den Amateur- und semiprofessionellen Bereich völlig ausreichend sind. Neben diesen Programmen verfügen diese Geräte über eine Reihe von weiteren Effekten:
— Auto Panning (das Signal wandert in einer einstellbaren Geschwindigkeit von einer Seite zur anderen)
— Tonhöhenänderung (hierzu mehr im folgenden Abschnitt)
— Phasing, Chorus und Flanging in Stereo
— Veränderte Hall- und Echogeräte (Rückwärtsecho, Stereoecho, abgeschnittener Hall (gated Reverb), Rückwärtshall (der Hall klingt nicht ab, sondern steigt an)
— Klangspeicherung
— Kompressor
— Parametrischer Equalizer

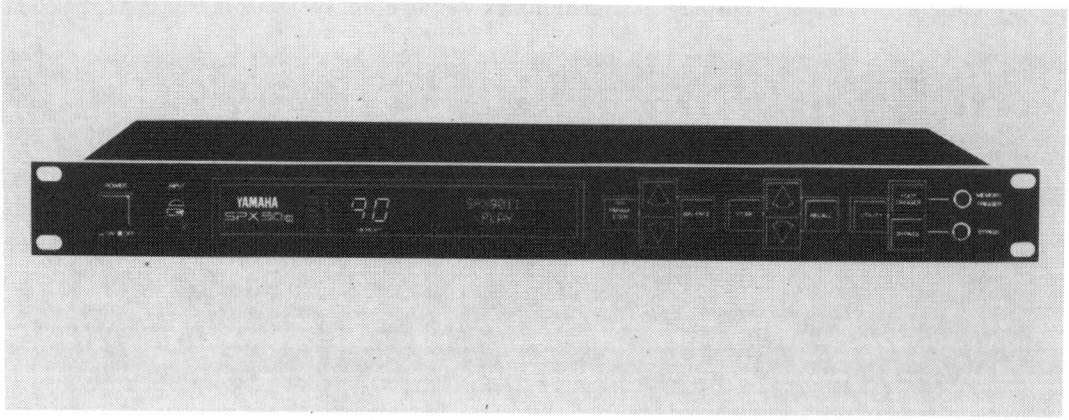

Bild 2.53 Digitaler Multi-Effektprozessor SPX 90 II von Roland.

Tonhöhenänderer (Harmonizer, Pitch-Transposer, Harmoniccomputer)

Tonhöhenänderer (Bild 2.54) zählen zu den Effektgeräten. Sie eröffnen die Möglichkeit, einen zusätzlichen Ton neben der Originaltonhöhe in einer höheren oder tieferen Tonhöhe wiedergeben. Die Tonhöhe kann an diesen Geräten stufenlos in einem Bereich von meist ± 1 Oktave geregelt werden. Diese Tonhöhenänderung entspricht der Frequenzverdopplung (+ 1 Oktave) bzw. der Frequenzhalbierung (— 1 Oktave). Die eingestellte Tonhöhenänderung ist auf einem Display ersichtlich und erlaubt so eine gute Kontrolle sowie ein leichtes Wiederauffinden von Einstellungen.

Neben der Tonhöhenänderung verfügen die Geräte über eine Verzögerungseinheit (Delay). Mit dem Delay läßt sich der transponierte Ton verzögert zum Originalton dazumischen. Dadurch erhalten Stimmen und Instrumente eine größere Fülle, und es entsteht der Eindruck der Mehr-

Bild 2.54 Eventide-Harmonizer Modell H 949.

stimmigkeit. Neben diesem Effekt, der in der heutigen Unterhaltungsmusik einen sehr großen Stellenwert hat, sind mit diesen Geräten auch noch andere Effekte möglich. So können Hall- und Echoeffekte, Flanging, Rückwärtswiedergabe und Endlosechos erzeugt werden.

Auswahl eines Zusatzgerätes

Vor der Anschaffung von Zusatzgeräten sollte man sich im Klaren darüber sein, daß es wesentlich sinnvoller ist, erst eine qualitativ hochwertige Übertragungskette aufzubauen und derartige Geräte erst als Ergänzung anzuschaffen. Dabei sind einige Zusatzgeräte als klangverbessernde Elemente anzusehen, während Effekte als Stilmittel eingesetzt werden.

Zu den Geräten, die der Klangverbesserung dienen, gehören Equalizer, Analysator, Kompressor/Limiter und Exciter. Damit können die Frequenzverläufe kontrolliert und ausgeglichen, die Aussteuerung des Systems erleichtert und der Klang subjektiv verbessert werden.

Ein anderer Effekt ist aus der heutigen POP-Musik nicht mehr wegzudenken: der Hall. Er verleiht der Musik mehr Räumlichkeit und Natürlichkeit. Neben den aufwendigen und sehr kostspieligen Geräten werden heute eine Vielzahl guter und preisgünstiger Digitalhallgeräte angeboten.

Die Spezialeffekte bestehen in der Hauptsache aus den vielfältigen Verzögerungseffekten (Delay) und der Tonhöhenänderung. Diese Effektgeräte sind zum Teil sehr kostspielig und die Musiker müssen entscheiden, wie wichtig diese Geräte für den Stil der Musik und für die Band sind.

Da nur selten genügend Mittel zur Verfügung stehen, um alle Zusatzgeräte anzuschaffen, muß die Auswahl genau überlegt sein. In jedem Fall sollten die entsprechenden Geräte vor der Anschaffung getestet werden, um so über Qualität und Effektivität entscheiden zu können.

2.5 Lautsprecher (Speaker)

Der Lautsprecher bildet das letzte Glied der Übertragungskette und ist, wie sein Gegenstück, das Mikrofon, ein Schallwandler. Seine Aufgabe ist es, elektrische Signale wieder in akustische Signale umzuwandeln und wiederzugeben; also hörbar zu machen. Die Wiedergabequalität eines PA-Systems hängt entscheidend von der Qualität der verwendeten Lautsprechersysteme ab, denn diese Schallwandler weisen in ihrer Technologie noch die größten Mängel auf. Lautsprecher erreichen bei weitem nicht die Qualität der elektronischen Geräte wie Mischpulte, Endstufen oder Zusatzgeräte und sind deshalb oft der Schwachpunkt des gesamten PA-Systems. So ist denn die Auswahl der Lautsprechersysteme besonders wichtig, um eine hohe Wiedergabequalität zu erreichen. Einige für den PA-Bereich geeignete Lautsprecher, Druckkammertreiber und Hörner, die ebenfalls zur Gruppe der Lautsprecher gehören, sind in Bild 2.55 abgebildet. Die für die Auswahl wichtigen Kriterien werden im folgenden aufgeführt und erläutert.

Die dynamischen Konuslautsprecher werden in der PA-Technik für den Tief- und Tiefmitteltonbereich eingesetzt. Im Mittelhochton- und Hochtonbereich verwendet man Druckkammer-Lautsprecher. Diese Lautsprecher bieten die günstigsten Eigenschaften für den PA-Bereich. Andere Konstruktionen wie elektrostatische Systeme, Kalotten- und Bändchenhochtöner eignen sich nicht für die starken Beanspruchungen in den PA-Beschallungsanlagen. Diese Systeme sind zu empfindlich und uneffektiv und gehören deshalb in den Hi-Fi-Bereich.

Die Belastbarkeit von Lautsprechern

Jedem Lautsprecher kann nur eine bestimmte Leistung zugeführt werden, ohne daß er übermäßige Verzerrungen erzeugt oder gar beschädigt wird. Die Belastbarkeit eines Lautsprechers hängt von seiner Konstruktion, den verwendeten Bauteilen und den physikalischen Gesetzmäßigkeiten ab. Die Leistung (die Belastbarkeit) von Lautsprechern, die maximal zugeführt werden kann, ist immer in Watt (W) angegeben.

Häufig geben die Hersteller mehrere Angaben an, denen verschiedene Meßmethoden zu Grunde liegen. Gebräuchlich sind die Angaben für die Sinus- und die Musikleistung.

Bei der Sinusleistung war das Meßsignal ein Sinussignal mit konstanter Frequenz und Amplitude (die Meßfrequenz beträgt in der Regel 1 kHz), welches dem Lautsprecher über eine bestimmte Zeit zugeführt wird. Bei der Musikbelastbarkeit gelangt zum Lautsprecher ein Frequenzgemisch, entsprechend einem Musiksignal.

Einige Hersteller geben zusätzlich einen Spitzenwert an, den der Lautsprecher kurzzeitig verkraften kann. Die Angaben der Hersteller lassen sich wegen der sehr unterschiedlichen Meßverfahren nur schlecht miteinander vergleichen. Eine definitive Aussage ist daher kaum möglich.

Auch die Messungen der Lautsprecherbelastbarkeiten führen die Hersteller nach verschiedenen Methoden durch; deshalb sind die Erläuterungen des Herstellers zu den Meßmethoden genau zu

EVX 150/EVX 180	DH 3	verschiedene Hörner

Bild 2.55 Geeignete Lautsprecher sind beispielsweise folgende Typen: die Konuslautsprecher EVX 150 und EVX 180, der Druckhammertreiber DH 3 und verschiedene Hörner von Electro Voice.

beachten. Diese Angaben werden von allen seriösen Herstellern gemacht, und man kann mit Hilfe der Meßdaten die Belastbarkeit mit Musiksignalen erkennen. Preisgünstige Lautsprecher aus »Bastelgeschäften« sind meist nur unter ganz bestimmten eingeschränkten Bedingungen so belastbar, wie der Hersteller es angibt.

Die Belastbarkeit von Konuslautsprechern für den PA-Bereich erstreckt sich von 75 W bis 600 W. Druckkammer-Lautsprecher weisen hingegen nur Belastbarkeiten von 5 W bis 120 W auf, wobei immer der Frequenzbereich, in dem sie eingesetzt werden sollen, zu beachten ist. Je höher die Einsatzfrequenz der Druckkammer-Lautsprecher liegt, desto geringer ist die Belastung, da die Schallenergie mit steigender Frequenz abnimmt.

Der Klirrfaktor

Der Klirrfaktor gibt an, um wieviel Prozent das Signal vom Lautsprecher verzerrt wiedergegeben wird. Ein Lautsprecher sollte ein Signal möglichst wenig verzerren, deshalb sollte die Prozentangabe des Klirrfaktors sehr gering sein.

Elektronische Geräte besitzen Klirrwerte unter einem Prozent; diese sind in der Regel nicht mehr hörbar und zu vernachlässigen. Lautsprecher erreichen solche guten Werte nicht; hier liegen die Verzerrungswerte zwischen 2 % und 6 %. Es kommt noch hinzu, daß die Verzerrungswerte der Lautsprecher mit steigender Belastung bzw. bei Überlastung sehr stark zunehmen. Auch deshalb sollte man es vermeiden, den Lautsprecher an seiner Leistungsgrenze oder gar darüber hinaus zu betreiben.

Der Wirkungsgrad

Der Wirkungsgrad gibt an, wieviel der ihm zugeführten elektrischen Energie er wieder in akustische Energie umwandelt. Die Angabe des Wirkungsgrades (X dB/1 W/1 m) ist das Ergebnis einer Schalldruckmessung, die mit einem Meßmikrofon in 1 m Abstand vor dem Lautsprecher durchgeführt wird, während die dem Lautsprecher zugeführte Leistung 1 W entspricht. Die Angabe des Schalldrucks erfolgt in dB (siehe Teil 1). Die Angabe 92 dB/1 W/1 m bezeichnet das Ergebnis der Schalldruckmessung (92 dB) und die Meßbedingung (1 W/1 m). Eine Umrechnung in Prozent ist möglich, aber unüblich.

Neben den Klangeigenschaften ist der Wirkungsgrad der wichtigste Punkt bei der Auswahl und Beurteilung eines Lautsprechers. Vom Wirkungsgrad hängt es ab, wie hoch die Leistung sein muß, wenn man eine bestimmte Lautstärke erzielen will. Ein relativ hoher Wirkungsgrad erlaubt es, mit relativ geringem Leistungsaufwand große Lautstärken zu erzielen. Dabei ist zu beachten, daß eine Verdopplung der Leistungszufuhr eine Steigerung des Lautstärkepegels um 3 dB bedeutet. Das menschliche Gehör empfindet aber erst eine Steigerung des Lautstärkepegels um 10 dB als Verdopplung der empfundenen Lautstärke.

Legt man Zahlenwerte zu Grunde und geht von einem Lautsprecher mit einem Wirkungsgrad von 100 dB bei einer Leistungszufuhr von 100 W aus, ergibt das folgende Aufstellung:

Leistungszufuhr (W)	Anzahl der Lautsprecher	Lautstärkepegel (dB)
100	1	100
200	2	103
400	4	106
800	8	109
1000	10	110

Aus dieser Aufstellung geht hervor, daß für eine Verdopplung der Lautstärke die zehnfache Leistung erforderlich ist. Die Lautstärke steigt also nicht adäquat zur Leistung, d.h., daß eine Verdopplung der Leistung keinesfalls eine Verdopplung der Lautstärke mit sich bringt.

Ferner macht die Aufstellung sehr deutlich, daß es weitaus günstiger ist, Lautsprecher mit hohem Wirkungsgrad einzusetzen und nicht die Lautstärke durch einen unverhältnismäßig hohen Leistungsaufwand zu erreichen. Das spart nicht nur Platz, sondern auch Geld. Die Anschaffung weniger effektiver Lautsprechersysteme ist nämlich kostengünstiger als die Anschaffung vieler uneffektiver Lautsprecher; hinzukommt hierbei noch die Anzahl der entsprechenden Endstufen.

Die Lautsprecherimpedanz

Ein Lautsprecher stellt gegenüber einer Endstufe einen Widerstand dar, der für die Leistungsabgabe der Endstufe bestimmend ist. Dieser Widerstand wird Impedanz genannt und in der Einheit »Ohm« angegeben.

Die Impedanz eines Lautsprechers ist bei verschiedenen Frequenzen unterschiedlich hoch. Diese Impedanzschwankungen wirken sich normalerweise nicht negativ auf die Eigenschaften des Lautsprechers aus, sollten aber auch nicht zu groß sein.

Die Hersteller geben immer den geringsten Impedanzwert an, den ein Lautsprecher erreicht. Dieser untere Wert ist auch der entscheidende für den Anschluß der Lautsprecher an eine Endstufe. Die üblichen Impedanzen sind 4 Ohm, 8 Ohm und 16 Ohm.

Bei der Auswahl von Endstufen und Lautsprechern ist zu beachten, ob die Endstufe die gewünschte Leistung mit der angeschlossenen Lautsprecherimpedanz auch bringen kann. Bei zu niedrigen Impedanzwerten besteht die Gefahr, daß die Endstufe zu viel Leistung abgeben muß und sie dadurch überlastet und evtl. beschädigt wird. Moderne Endstufen besitzen deshalb Sicherungen, die in einem solchen Fall abschalten und Beschädigungen verhindern.

Zusammenschluß von Lautsprechern

Häufig ist es notwendig, mehrere gleichartige Lautsprecher, die sich in einer oder auch in mehreren Boxen befinden, zusammenzuschließen und mit einer Endstufe zu verbinden. Der Zusammenschluß von mehreren Lautsprechern verändert die Gesamtimpedanz, also den Gesamtwiderstand. Wichtig ist dabei zu wissen, welche neue Impedanz sich einstellt und ob man sie an eine Endstufe anschließen kann.

Es gibt drei Möglichkeiten, Lautsprecher zusammenzuschließen. Sie sind in Bild 2.56 dargestellt: die Parallelschaltung (a), die Reihenschaltung (b) und die kombinierte Reihen/Parallelschaltung (c). In der Bildunterschrift sind die allgemein gültigen Formeln für die Berechnung angegeben.

Die Parallelschaltung führt immer zu einer Verringerung, die Reihenschaltung zu einer Erhöhung der Gesamtimpedanz. Bei dem in 2.56c gezeigten Beispiel der kombinierten Reihen/Parallelschaltung hat die Gesamtimpedanz den gleichen Wert wie jede Einzelimpedanz.

Von den drei verschiedenen Möglichkeiten, mehrere Lautsprecher zusammenzuschalten, sollte man sich immer für die Parallelschaltung entscheiden, denn nur bei dieser Schaltungsart ist das gleiche Schwingverhalten der Lautsprecher gewährleistet. Das heißt nichts anderes, als daß bei der Parallelschaltung alle angeschlossenen Lautsprecher gleichzeitig ein- bzw. ausschwingen. Bei den beiden anderen Möglichkeiten schwingen die Lautsprecher unterschiedlich; das kann zu Phasenauslöschungen führen. Das kann auch bei der Parallelschaltung der Fall sein, wenn die Lautsprecher untereinander verpolt angeschlossen sind. Die Polung ist an den Lautsprechern selbst sowie bei den Endstufenanschlüssen ersichtlich. Der Pluspol ist entweder mit einem »+«-Zeichen oder mit der Farbe rot gekennzeichnet.

Schaltet man mehrere Lautsprecher parallel zusammen, darf der Gesamtimpedanzwert nicht den für die Endstufe gültigen Wert unterschreiten. Die meisten Endstufen können bis 4 Ohm, einige bis 2 Ohm betrieben werden.

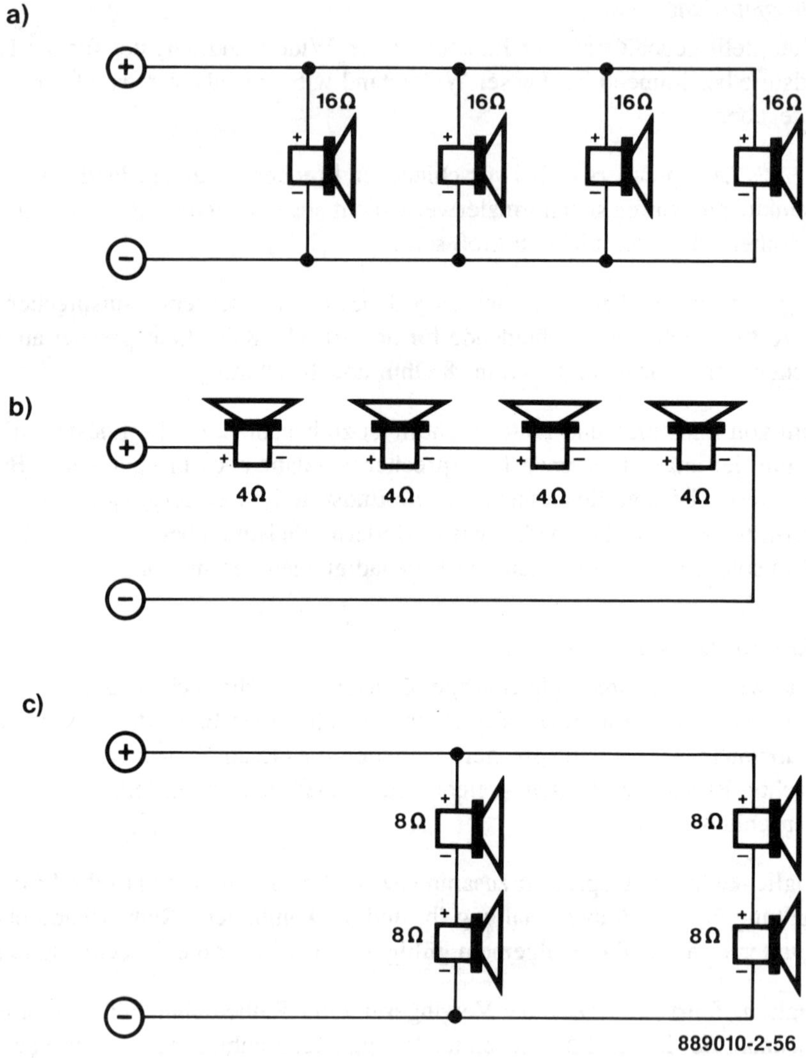

Bild 2.56 Verschiedene Möglichkeiten für die Zusammenschaltung von Lautsprechern: Parallelschaltung (a), Reihenschaltung (b) und kombinierte Reihen/Parallelschaltung (c).

Formel zu a: $\frac{1}{R_{ges}} = \frac{1}{R_1} + \frac{1}{R_2} + \frac{1}{R_3} + \frac{1}{R_4}$

Formel zu b: $Rges = R_1 + R_2 + R_3 + R_4$

Formel zu c: Zuerst die beiden Reihenschaltungen berechnen ($R_1 + R_2$ und $R_3 + R_4$), dann die Ergebnisse in die Formel für die Parallelschaltung einsetzen.

Dynamische Konuslautsprecher

Die wesentlichen Bestandteile eines dynamischen Konuslautsprechers (Bild 2.57) sind der Magnet, die Schwingspule und die Membran. Die Qualität eines solchen Lautsprechers hängt wesentlich, aber nicht ausschließlich von der Magnetstärke, dessen Größe sowie dem Bewegungsraum der Schwingspule ab.

Bild 2.57 10-, 12- und 15-Zoll Konsuslautsprecher der EVM Pro-Line-Serie von Electro Voice.

Die Funktion eines Lautsprechers ist relativ leicht zu verstehen. Der Schwingspule wird eine Wechselspannung (das Musiksignal) zugeführt. Im Zusammenspiel mit dem Magneten bewegt sie sich in einem Spalt innerhalb des Magneten hin und her. Die Bewegung wird auf die mit der Schwingspule verbundenen Membran übertragen. Die Membranbewegung versetzt nun die Umgebungsluft in Schwingungen und erzeugt so die Schallwellen. Soweit die Lautsprecherfunktion im Telegrammstil.

Wie ein dynamischer Konuslautsprecher im einzelnen aufgebaut ist, geht aus Bild 2.58 hervor.

Der Lautsprecherkorb sollte bei robusten PA-Lautsprechern aus massivem Stahlblech oder, wie in Bild 2.58 angegeben, aus Aluminium-Druckguß bestehen. Die Membranaufhängung ist bei allen PA-Lautsprechern hart. Die harte Aufhängung eignet sich besser für den Einbau in Boxen mit Schallöffnungen und bringt einen höheren Schalldruck als Lautsprecher mit weicher Membranaufhängung. Die Membran besteht aus speziellem Pappmaterial und muß so steif sein, daß sie sich nur als Ganzes bewegen läßt. Die Staubschutzkalotte (der Lautsprecherdom) soll eine bessere Wiedergabe hoher Frequenzanteile bewirken. Bei manchen Lautsprechern besteht diese Kalotte aus Aluminium. Bei Lautsprechern, die nur im Baßbereich arbeiten, ist diese Kalotte unwesentlich.

Beim Magneten ist nicht die Größe entscheidend, sondern seine Eigenschaften. Wichtig ist hier der Gesamtfluß, dessen Wert in der Regel in Weber oder Maxwell angegeben ist. Die Eigenschaften sowie das Magnetmaterial bestimmen den Preis: Keramikmagnete sind billiger als die hochwertigen Alnico-Typen (Aluminium-Nickel).

Die Schwingspule ist das empfindlichste Teil eines Lautsprechers. Sie kann nur eine bestimmte Reibungshitze vertragen und ist nur für einen bestimmten Auslenkungshub geeignet. Von der Schwingspule hängt u.a. die Belastbarkeit eines Lautsprechers ab. Wenn der Lautsprecher zu stark belastet wird, kann sich die Schwingspule zu stark erhitzen oder die Auslenkung geht über das zulässige Maß hinaus. Das zerstört die Schwingspule und der Lautsprecher ist defekt. Der Austausch einer Schwingspule ist eine kostenspielige Sache.

Größe von dynamischen Konuslautsprechern

Die Größe der PA-Lautsprecher ist genormt und wird in der Einheit Zoll oder Inch, die durch das Zeichen " ausgedrückt werden, angegeben. Die genormten Maße sind 8" = 20 cm, 10" = 25 cm, 12" = 30 cm, 15" = 38 cm und 18" = 46 cm.

Schnitt eines typischen JBL Tieftöners

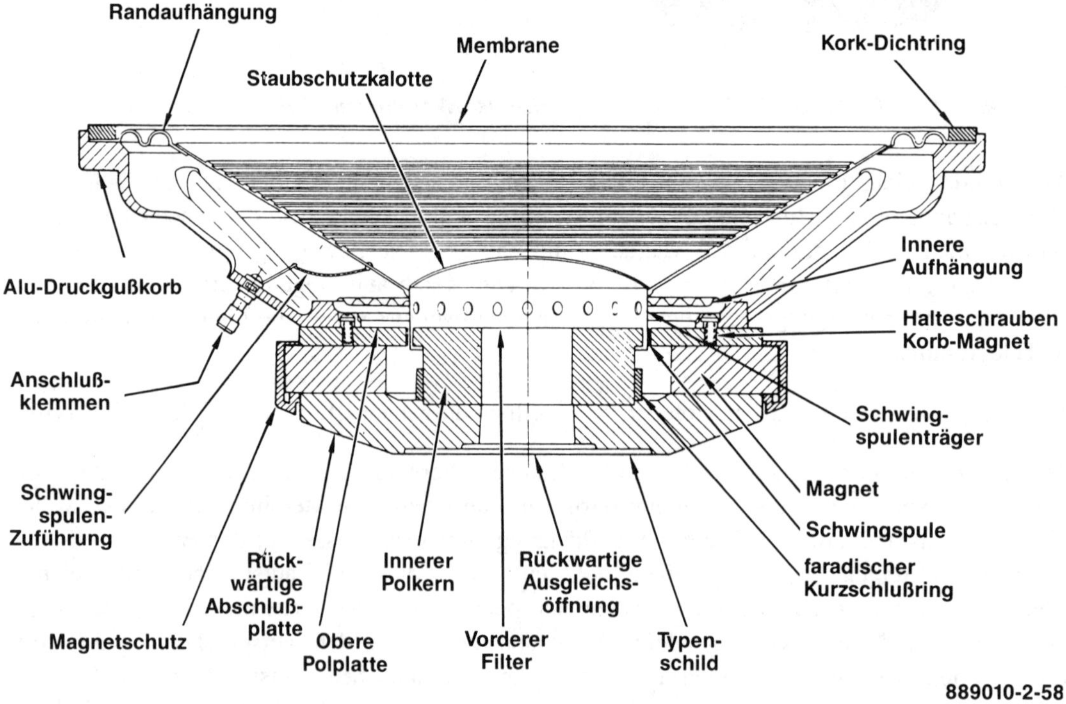

Bild 2.58 Querschnitt eines dynamischen Konuslautsprechers (JBL-Tieftöner).

Für die Mitteltonwiedergabe genügen in der Regel 10"- oder 12"-Lautsprecher; im Baßbereich sind es 15"- oder 18"-Modelle. Für die Tieftonwiedergabe eignen sich Membranen mit großer Fläche besser, weil große Luftmassen bewegt werden müssen. Die Trägheit der großen Membranen macht sich bei tiefen Frequenzen nicht bemerkbar, da die Membran keine schnelle Bewegung vollziehen muß. Mittlere Frequenzen verlangen von dem Lautsprecher schnellere Bewegungen und deshalb eine geringere Trägheit. Dafür sind dann aber auch nicht so große Luftmengen zu bewegen; die Membran hat deshalb eine kleinere Fläche.

Frequenzverläufe dynamischer Konuslautsprecher

Die Frequenzverläufe der Lautsprecher sind sehr uneben (Bild 2.59); sie weisen sehr viele Anhebungen und Einbrüche auf. Geringe Unebenheiten nimmt das Gehör nicht wahr; größere sind jedoch sehr wohl hörbar und prägen den Klangcharakter eines Lautsprechers.

Die Größe der Membran ist u.a. für die Übertragungseigenschaften eines Lautsprechers mitverantwortlich. Lautsprecher mit 10"- und 12"-Membrandurchmesser weisen Frequenzgänge bis maximal 8000 Hz auf. Bei 15" sind es noch 5000 Hz und bei 18"-Modelle gar nur noch Frequenzgänge bis 2000 Hz. Nach diesen Frequenzen fallen die Übertragungsverläufe sehr stark ab, und höhere Frequenzen werden erheblich leiser wiedergegeben. Bei allen Lautsprechertypen wird aber der obere Frequenzbereich fast nie ausgenutzt. Die Übertragungseigenschaften werden bereits vor Erreichen der oberen Frequenzgrenze schlecht, so daß sich deshalb und wegen der Eigenschaften der Boxen, in die die Lautsprecher eingebaut sind, eine Abtrennung schon bei tieferen Frequenzen empfiehlt.

Im Baßbereich reichen 10"- und 12"-Lautsprecher bis 200 Hz; darüber hinaus fallen die Frequenzkurven langsam aber stetig ab. Auch die Lautsprecher mit einer noch größeren Membranfläche fallen ebenfalls ab 200 Hz ab, allerdings nicht ganz so stark wie die kleineren Modelle. Der Schalldruck der größeren Modelle ist bei den ganz tiefen Frequenzen um ein Vielfaches höher.

Der Wirkungsgrad der dynamischen Konuslautsprecher liegt zwischen 93 dB und 103 dB. (Hier und auch im folgenden Text fehlt der Einfachheit halber die Meßbedingung beim Wirkungsgrad 1 W/1 m.) Ein Wirkungsgrad von 97 dB bis 100 dB ist als sehr gut zu bezeichnen. Bei diesen Lautsprechern handelt es sich Modelle mit harter Membranaufhängung und kräftigen Magneten. Die Belastbarkeit dieser Lautsprecher liegt zwischen 75 W und 600 W.

Druckkammertreiber (Driver)

Für die Wiedergabe der Mittel- und Hochtonfrequenzen werden in PA-Systemen Druckkammerlautsprecher eingesetzt (Bild 2.60). Sie arbeiten nach einem ähnlichen Prinzip wie die dynamischen Lautsprecher. Auch hierbei wird der Schwingspule eine Spannung zugeführt. In Wechselwirkung mit dem Magneten bewegt sich dann die Schwingspule in einem Magnetspalt hin und her. Die Bewegung wird auf eine relativ kleine Membran übertragen, die in einer abgeschlossenen Kammer eingebaut ist. Die von der Membran bewegte Luft kann nur durch kleine Öffnungskanäle nach außen gelangen. Auf diese Weise entsteht ein erhöhter Druck der Schallwellen, was den Wirkungsgrad des Lautsprechers erhöht.

In Kombination mit dem Druckkammertreiber (Bild 2.61) muß ein Trichter (Horn) verwendet werden, das vor der Austrittsöffnung des Treibers angebracht ist. Druckkammertreiber, die nur

EV 10

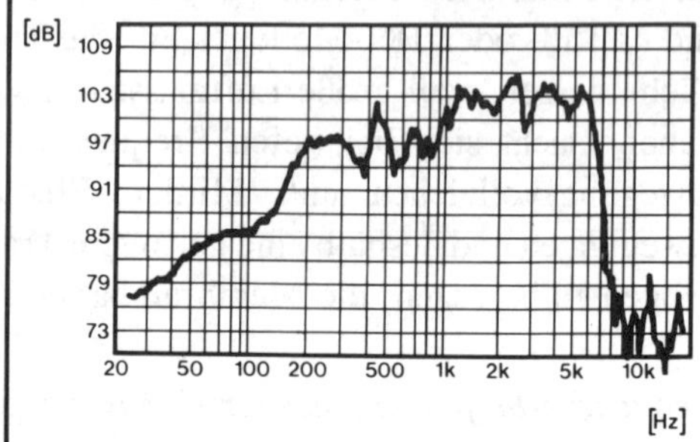

EV 12 L

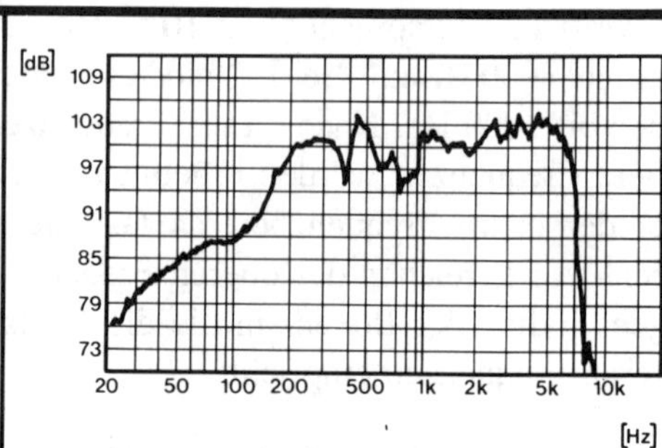

JBL E 130

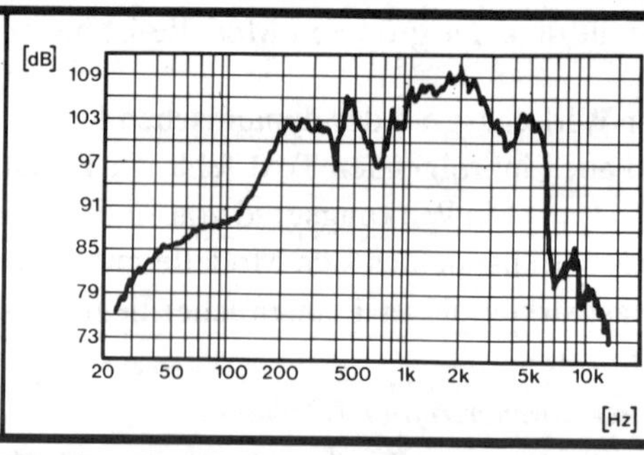

JBL 2240

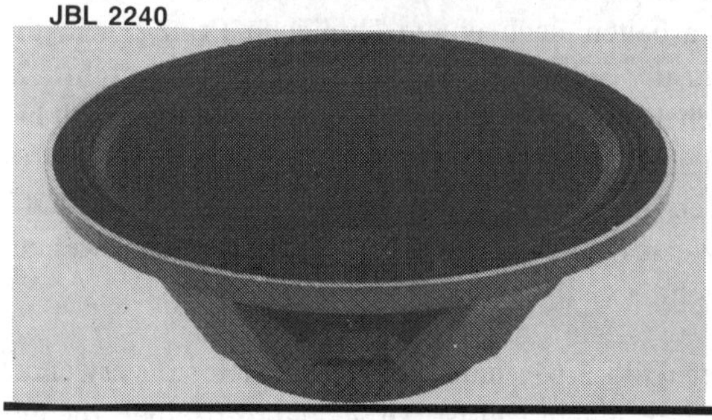

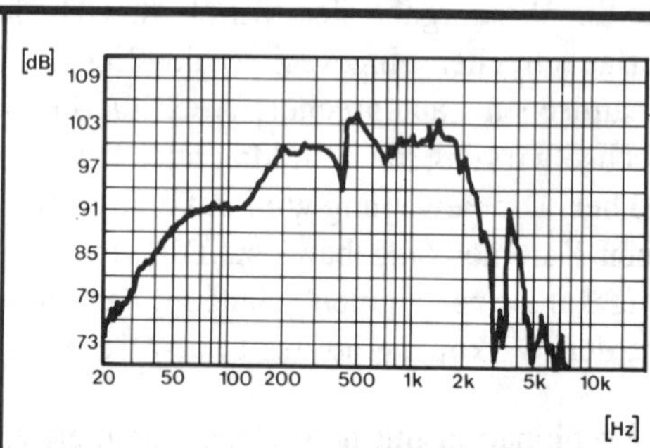

◀ *Bild 2.59 Frequenzverläufe verschiedener Konuslautsprecher mit unterschiedlichen Durchmessern:*
a) 10"-Lautsprecher EV 10 Force
b) 12"-Lautsprecher EV 12 L
c) 15"-Lautsprecher JBL E 130
d) 18"-Lautsprecher JBL 2240

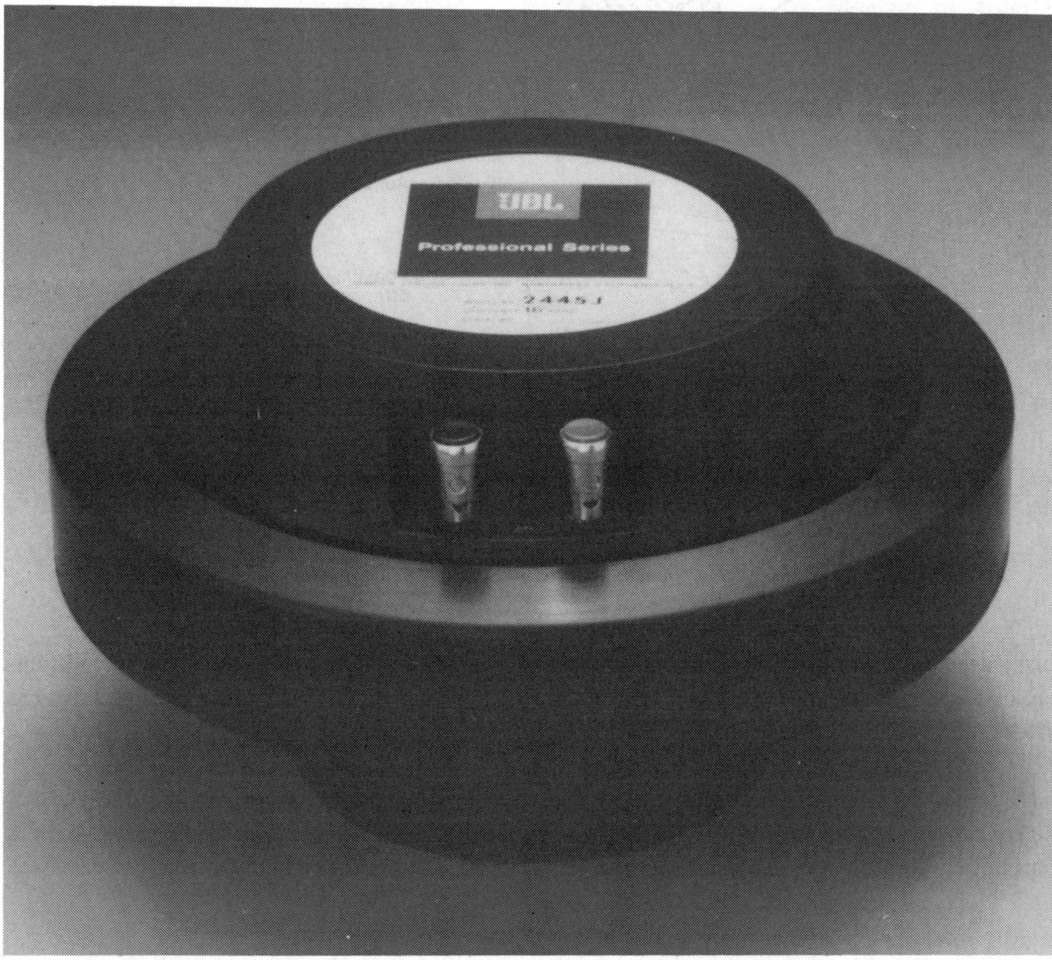

Bild 2.60 Druckkammertreiber JBL 2445 J.

die sehr hohen Frequenzen über 3 kHz wiedergeben sollen, benötigen, wegen der kurzen Wellenlängen der hohen Frequenzen, nur ein sehr kurzes Horn. Es lassen sich deshalb Treiber und Horn zusammen kombinieren. Bei diesen Kombinationen für den absoluten Hochtonbereich spricht man von Tweetern. Treiber, die auch die tieferen Mittenfrequenzen wiedergeben sollen, müssen mit größeren Hörnern ausgestattet sein. Diese Hörner werden in großer Zahl mit den unterschiedlichsten Eigenschaften angeboten und sind für die speziellen Anforderungen im Handel erhältlich.

Die Austrittsöffnungen der Treiber sind für die Auswahl eines passenden Hornes von Bedeutung. Drei Größen von Austrittsöffnungen sind auf dem Markt üblich: 3/4" (mit Schraubgewinde) = 1,8 cm, 1" = 2,4 cm und 2" = 4,8 cm. Bei 3/4"-Treibern mit Schraubgewinde handelt es sich

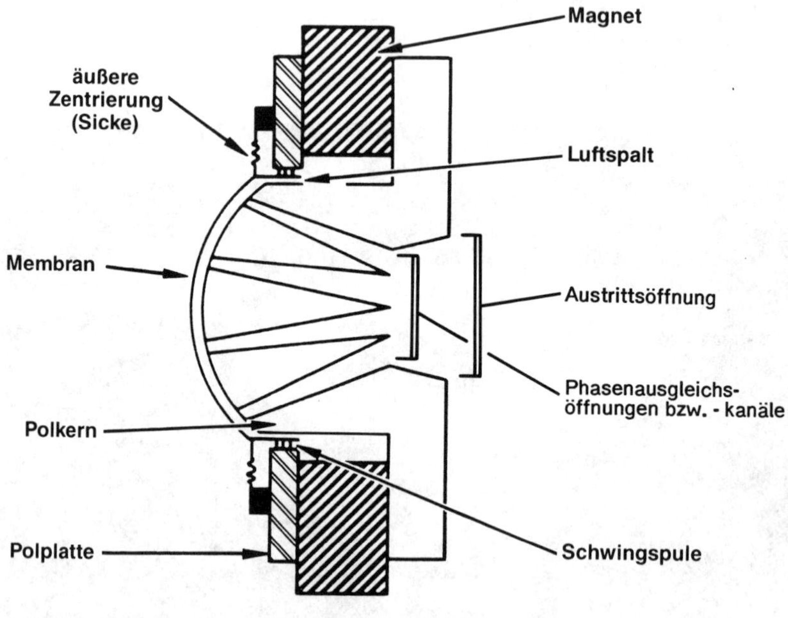

Bild 2.61 Querschnitt eines JBL-Druckkammertreibers.

normalerweise um preiswertere Modelle für die Wiedergabe der Frequenzen im oberen Mittenbereich mit geringer Belastung. Die 2"-Modelle sind erheblich belastbarer und eignen sich für die Wiedergabe von Frequenzen im unteren Mittenbereich bis hin zu sehr hohen Tönen.

Auch bei Druckkammertreibern hat der Magnet auf die Übertragungseigenschaften und auf den Wirkungsgrad großen Einfluß. Die Schwingspule ist bei Druckkammertreibern besonders empfindlich und muß vor Überhitzung und zu hoher Auslenkung geschützt werden.

Belastbarkeit der Druckkammertreiber

Die Belastbarkeit der Druckkammertreiber ist erheblich geringer als die dynamischer Konuslautsprecher. Die Belastbarkeit reicht bei den angebotenen Modellen von 5 W bis 120 W. Dies ist für die meisten Lautsprecherkombinationen ausreichend, da die Energie, die dem Treiber zugeführt wird, mit steigender Frequenz abnimmt. Außerdem besitzen die Treiber einen höheren Wirkungsgrad als die Konuslautsprecher, so daß eine geringere Leistungzufuhr ohne Nachteil bleibt. So muß z.B. bei einem Baßlautsprecher, der mit 100 W belastet wird, ein Mitteltontreiber bei 1 kHz nur noch 20 W verkraften können. Über 3 kHz ist in diesem Beispiel eine Belastung von nur 5 W ausreichend.

Gefährlich ist es schon, daß die Druckkammerlautsprecher nur so gering belastet werden dürfen, denn schon kurze Überlastungen von Spitzenimpulsen können sie zerstören. Solche kurzzeitigen Überlastungen können ihre Ursache in Einschaltgeräusche, Rückkopplungen oder auch durch zu hohe Spitzenpegel bei den Musiksignalen haben. Es ist deshalb bei der Ansteuerung der Treiber mit äußerster Vorsicht vorzugehen. Ein sicheres Zeichen für die Übersteuerung von Lautsprechern ist das Ansteigen der Verzerrungen. Wenn also übermäßige Verzerrungen auftreten, sollte in jedem Fall die Lautstärke reduziert werden, um so die Treiber vor Beschädigungen zu schützen. Kurzzeitige Übersteuerungen durch Pegelspitzen lassen sich mit dem Einsatz von Kompressor/Limitern stark vermindern. Ein andere Lösung bieten die Hochton-Schutzschaltungen, die aber nicht immer befriedigende Ergebnisse bringen.

Grundsätzlich sind die Treiber mit Vorsicht zu behandeln. Bei der Anschaffung sollte die Belastbarkeit nicht zu niedrig gewählt werden. Außerdem sind die Herstellerangaben genauestens zu beachten. Dort ist angegeben, ab welcher unteren Frequenz der Treiber eingesetzt werden darf. Diese Frequenz ist keinesfalls zu unterschreiten! Sie sollte eher höher als zu niedrig angesetzt werden, denn bei einer höheren Frequenz ist auch die Belastbarkeit des Treibers höher. Für den unteren Mitteltonbereich sind Treiber weniger geeignet, Konuslautsprecher weisen für diesen Bereich günstigere Eigenschaften auf. Sie sind nicht nur unempfindlicher, sondern auch noch kostengünstiger als Druckkammersysteme.

Wirkungsgrad von Druckkammertreibern

Der Wirkungsgrad von Druckkammertreibern ist erheblich höher als der von dynamischen Konuslautsprechern. Treiber erreichen einen Wirkungsgrad von 103 dB bis zu 118 dB. Auf Grund der Druckkammerkonstruktion sind die Treiber in der Lage, einen großen Teil der elektrischen Energie wieder in Schallenergie umzuwandeln und benötigen deshalb entsprechend weniger Leistung, um große Lautstärken zu realisieren.

Frequenzverläufe von Druckkammertreibern

Die Frequenzverläufe der Treiber sind sehr unterschiedlich (Bild 2.62) und bestimmen den Einsatzbereich. Die Höchsttöner (Tweeter) erlauben mit ihrem integrierten Horn eine Wiedergabe der Frequenzen in einem Bereich von 2,5 kHz bis 8 kHz (untere Grenzfrequenz) bis hinauf zu 16 kHz oder gar 20 kHz (obere Grenzfrequenz).

Die Treiber, die zusätzlich ein Horn benötigen, arbeiten in verschiedenen Bereichen zwischen 500 Hz und 20 kHz. Dabei ist die tiefste Frequenz, die das System wiedergeben kann, nicht nur von den Wiedergabeeigenschaften des Treibers abhängig, sondern auch von der Größe des dazu gehörenden Hornes.

Man unterscheidet zwischen Mittelton- und Mittelhochtontreibern. Der Frequenzverlauf der Mitteltontreiber fällt bei etwa 12 kHz stark ab. Es sind deshalb noch zusätzliche Tweeter für die hohen Frequenzen erforderlich. Mittelhochtontreiber haben hingegen einen Frequenzverlauf bis 20 kHz; das macht zusätzliche Höchsttöner überflüssig. Allerdings haben die Mittelhochtontreiber einen geringeren Wirkungsgrad als die Mitteltontreiber.

Die Preise für gute Treiber-Horn-Kombinationen sind sehr hoch. Bei diesen Komponenten eines PA-Systems sollte aber nicht gespart werden, weil sich schlechte Treiber durch ein auffällig schlechtes Klangbild und häufige Defekte bemerkbar machen. Allzu häufig ist es so, daß zunächst schlechte Treiber angeschafft werden und erst nach dem zweiten oder dritten Defekt, bzw. dann, wenn das Klangbild fast nicht mehr zu tragen ist, man sich für gute Treiber entscheidet. Diese unnötigen Kosten sollte man sich sparen und gleich gute Treiber anschaffen.

EV 1824

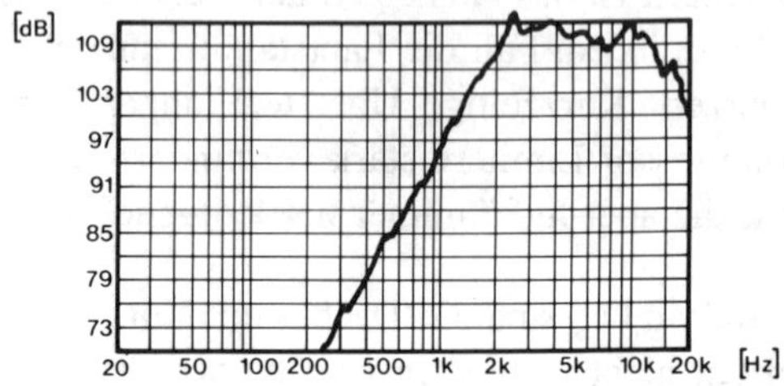

SSD 1400

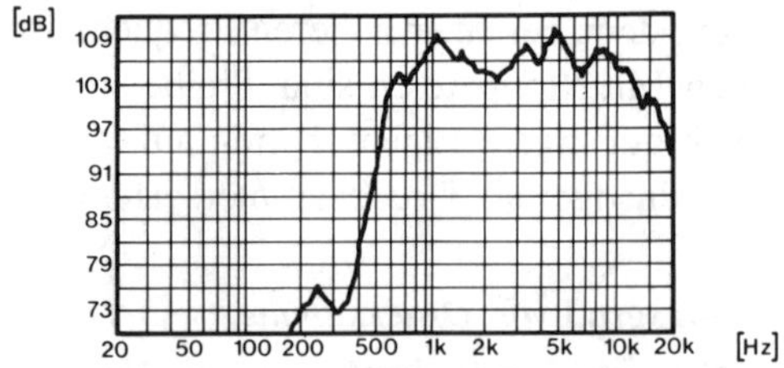

SSD 3300

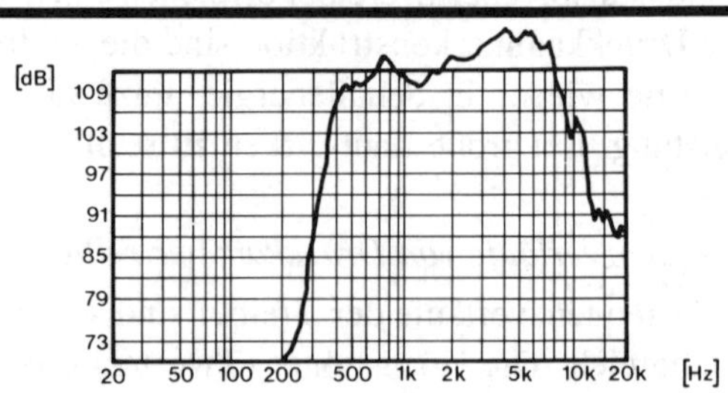

JBL 2445

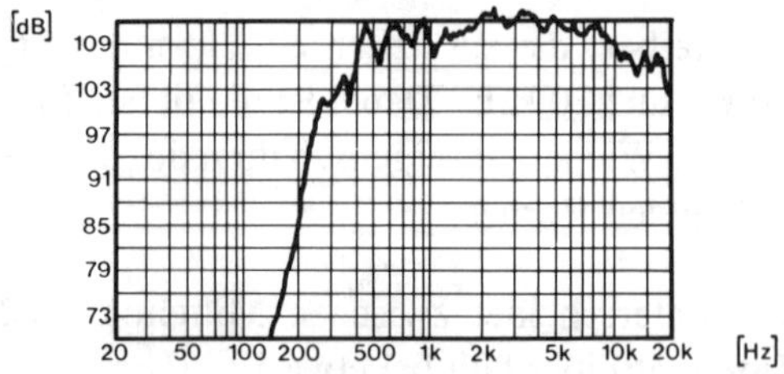

JBL 2402

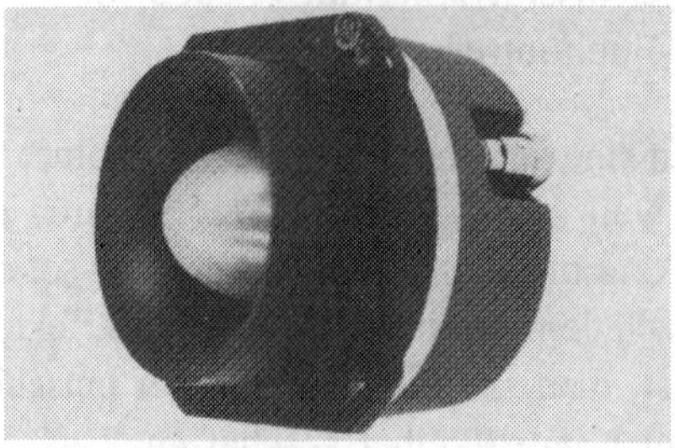

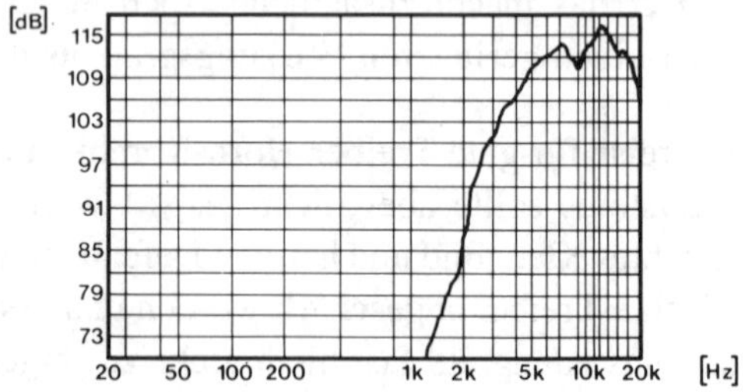

889010-2-62

◀ *Bild 2.62 Frequenzverläufe verschiedener Druckkammertreiber mit unterschiedlichen Größen und Eigenschaften:*
a) EV 1824
b) RH SSD 1400
c) RH SSD 3300
d) JBL 2445
e) JBL 2402

Horntrichter

Jeder Druckkammertreiber, mit Ausnahme der Tweeter, benötigt zur Schallwiedergabe einen Trichter (ein Horn), der vor die Austrittsöffnung angebracht wird. Für diesen Zweck sind Hörner mit unterschiedlichen Eigenschaften und für verschiedene Anwendungsbereiche erhältlich (Bild 2.63).

Bild 2.63 Verschiedene »constant directivity«-Hörner der HP-Transplanar-Serie von Electro Voice.

Untere Grenzfrequenz

In den technischen Angaben der Hörner ist immer eine untere Grenzfrequenz angegeben. Das ist die tiefe Frequenz, die das Horn wiedergeben kann. Die gebräuchlichsten Grenzfrequenzen der Hörner sind 500 Hz, 800 Hz und 1200 Hz. In der Praxis werden die unteren Grenzfrequenzen von Treibern und Hörnern nicht ausgenutzt. Der Einsatzpunkt von Mittel-Hochtonkombinationen liegt in PA-Systemen üblicherweise bei höheren Frequenzen. Will man die Horn-Treiber-Kombinationen jedoch bis zur unteren Grenzfrequenz oder in deren Nähe betreiben, muß man das Horn entsprechend der Grenzfrequenz des Treibers wählen.

Anschlußgrößen der Hörner

Die Eintrittsöffnungen der Hörner sind in ihren Größen den Austrittsöffnungen der Treiber angepaßt: 3/4", 1" und 2". Man hat so die Möglichkeit, das Horn mit der passenden Anschlußgröße direkt an den Treiber anzuschließen. Bei unterschiedlichen Größen hilft die Verwendung eines Adapters weiter; es gibt sie für alle Übergangsgrößen. Mit deren Hilfe kann z.B. ein Treiber mit einer 1"-Austrittsöffnung an ein Horn mit einer 2"-Eintrittsöffnung angeschlossen werden. Um die gewünschten Eigenschaften zu erreichen, kann man jeden Treiber mit jedem Horn kombinieren.

Abstrahlverhalten von Hörnern

Ein weiters Kriterium bei der Auswahl von Hörnern ist das Abstrahlverhalten. Der Neigung hoher Frequenzen zur Bündelung (Beaming) soll durch besondere Konstruktionen entgegengewirkt werden. Eine Streuung im Hochtonbereich ist beabsichtigt, damit hohe Frequenzanteile an jedem Hörplatz gleich gut ankommen.

Die Angaben über das Abstrahlverhalten der Hörner erfolgt in Winkelgrad und zwar für die horizontale und die vertikale Richtung. Von zentraler Bedeutung ist dabei die Abstrahlung in horizontaler Richtung; sie bestimmt die Ausbreitung der hohen Frequenzen in der Breite.

Bei den Hörnern ist zu unterscheiden zwischen Nahbereich-Modellen und solchen für weitere Distanzen. Die Hörner für den Nahbereich haben einen horizontalen Abstrahlwinkel von 90° (Bild 2.64). Der vertikale Abstrahlwinkel beträgt dabei etwa 40° bis 45° und ist völlig ausreichend. Die Nahbereichshörner streuen die mittleren und hohen Frequenzen, aber der Schalldruck läßt bei Distanzen über 20 m stark nach. Das ist jedoch für viele Räume ausreichend. In größeren Räumen, die über weitere Distanzen beschallt werden sollen, müssen die eingesetzten Hörner einen engeren Abstrahlwinkel besitzen. Es gibt deshalb Modelle mit einem horizontalen Abstrahlwinkel von 60° und 40°. Diese Hörner bündeln die hohen Frequenzen mehr und erreichen so einen höheren Schalldruck über große Entfernungen.

Durch die Kombination von Hörnern mit unterschiedlichem Abstrahlverhalten lassen sich große Flächen gleichmäßig beschallen. Für die meisten Anwendungen dürften aber Nahbereichshörner mit breitem Abstrahlwinkel günstiger und ausreichend sein.

Ein Problem beim Abstrahlverhalten von Hörnern ist, daß der Abstrahlwinkel nicht gleich bleibt. Während im Mitteltonbereich der Abstrahlwinkel konstant bleibt, findet zu höheren Frequenzen dennoch eine Bündelung statt. Ein 90°-Horn hält zwischen 2000 Hz und 5000 Hz den angegebenen Winkel ein. Zwischen 5000 Hz und 8000 Hz beträgt der tatsächliche Abstrahlwinkel jedoch nur noch 75° und über 8000 Hz nur noch 60°.

Inzwischen sind spezielle Konstruktionen auf dem Markt, mit denen dieses Problem nicht mehr auftritt. Diese Spezialkonstruktionen gewährleisten einen gleichbleibenden Abstrahlwinkel bei allen Frequenzen. Hörner dieser Art bieten die Hersteller mit unterschiedlichen Bezeichnungen an: »constant directivity«, »non beaming« oder »constant beamwidth« und »bi-radial«. Die Vorteile dieser Hörner lassen sich aber nur nutzen, wenn Mittel-Hochtontreiber eingesetzt werden, die über das Horn auch noch sehr hohe Frequenzen abstrahlen sollen. Bei einem Mitteltontreiber mit zusätzlichen Tweetern reichen normale Hörner mit ihren Eigenschaften aus.

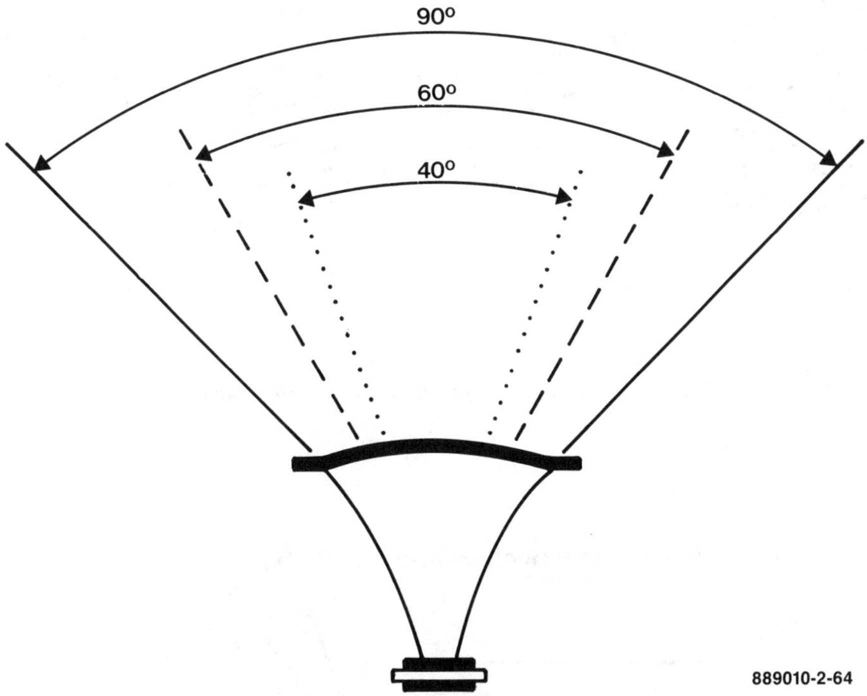

Bild 2.64 Die Hornabstrahlwinkel liegen bei 40°, 60° und 90°.

Linsen (Bild 2.65)

Eine besondere Variante in der Kategorie der Hochtonhörner stellen die Linsen dar. Sie sind für den Nahbereich bis 20 m konzipiert und erreichen in diesem Bereich einen noch höheren horizontalen Abstrahlwinkel. Mit ihrer Hilfe kann eine Breite von 100° bis 140° beschallt werden. Bei einer Entfernung von über 20 m läßt auch bei den Linsen der Schalldruck nach. Deshalb eignen sich Linsen auch nur für kleinere Räume oder in größeren PA-Systemen in Kombination mit eng abstrahlenden Hörnern.

Der breite horizontale Abstrahlwinkel der Linsen wird dadurch erreicht, daß man die Wellenfront der Frequenzen, die vom Treiber durch einen Trichter zur Linse gelangt, in ihrer Geschwindigkeit beeinflußt. Die Wellenfront erreicht die Linse mit einer bestimmten Geschwindigkeit. Die Wellenfront kann die Linse in ihrer Mitte ungehindert passieren. Zu den äußeren Enden der Linse müssen die Wellen einen längeren Weg zurücklegen. Auf diesem Wegen wird die Wellenfront durch sogenannte Umwegplatten verlangsamt. Diese Verlangsamung der Wellen zu beiden Seiten und die in der Mitte unveränderte höhere Geschwindigkeit sind die Ursachen für die breitere Streuung des Schalls. Die Linsen sind nur noch in älteren Systemen anzutreffen; sie werden kaum noch hergestellt. Stattdessen verwendet man Hörner mit konstantem, breitem Abstrahlverhalten.

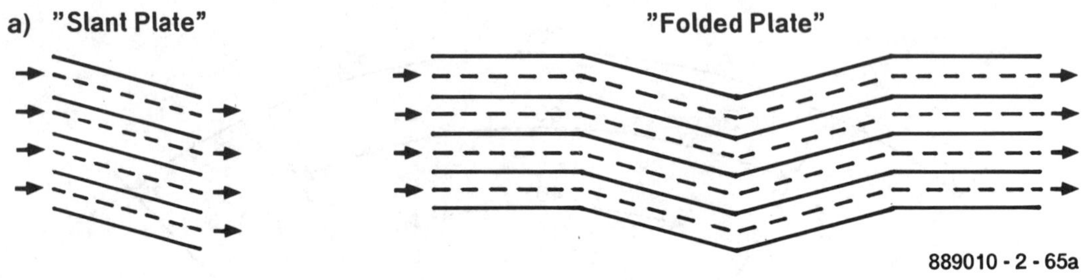

Bild 2.65a Verzögerung von Wellen durch Umwegplatten.

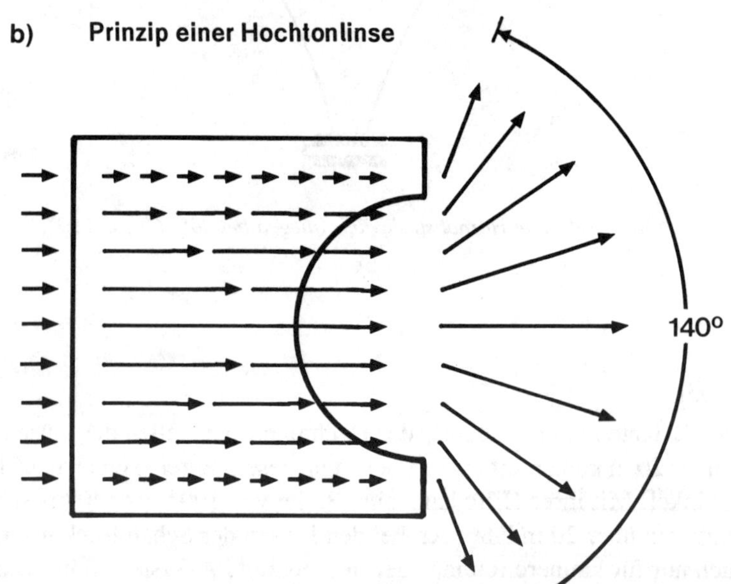

Bild 2.65b Prinzip einer Hochtonlinse.

Bild 2.66 Boxenkombination aus Hochtonteil TH 220 (Hochtonhorn), Mitteltonteil MH 600 (Front Loaded) und Baßteil UBS 215 (Rear Loaded) von Craaft/Solton. ▶

2.6 Lautsprecherboxen (Speaker enclosures)

Alle dynamischen Konuslautsprecher müssen in ein Gehäuse eingebaut werden. Das ist notwendig, weil Konuslautsprecher auch Schall nach hinten, durch den Lautsprecherkorb, abgeben. Trifft der rückwärtige Schall mit dem nach vorne abgegebenen Schall zusammen, löschen sich die Schallwellen gegenseitig aus. Dieser Effekt ist als akustischer Kurzschluß bekannt. Um das zu verhindern und um die Baßwiedergabe und den Wirkungsgrad zu verbessern, werden Konuslautsprecher in entsprechende Gehäuse eingebaut. Ein Beispiel für eine Boxenkombination zeigt Bild 2.66 auf Seite 121.

Das geschlossene Gehäuse ist die einfachste Form einer Lautsprecherbox. Dieser Boxentyp findet aber in der PA-Technik kaum Anwendung, weil diese Konstruktion die schlechtetesten Eigenschaften für die Baßwiedergabe besitzt und den geringsten Wirkungsgrad hat. Im PA-Bereich werden Baßreflexboxen oder Exponentialkonstruktionen eingesetzt, da diese Typen eine Erhöhung der Baßwiedergabe und eine Steigerung des Wirkungsgrades zuläßt.

Baßboxen (Bass-Bins)

Das Prinzip der Baßreflexbox bringt nur eine geringe Verbesserung der Baßwiedergabe und des Wirkungsgrades. Diese Konstruktion erlaubt dafür geringe Abmessungen und wird deshalb vorwiegend als Monitorbox oder Gesangsbox dort eingesetzt, wo der Tieftonbereich keine so wesentliche Rolle spielt.

Beim Prinzip der Baßreflexbox wird der rückwärtig abgestrahlte Schall vom Lautsprecher genutzt. Der Schall wird durch eine Öffnung (Tunnel) zusammen mit dem Direktschall des Lautsprechers nach vorne abgestrahlt (Bild 2.67). Diese Öffnung muß unbedingt richtig berechnet sein, damit die Baßwiedergabe und der Wirkungsgrad gesteigert werden und keine Phasenauslöschungen auftreten, die das Gegenteil bewirken.

Normalerweise werden im Baßbereich die wesentlich effektiveren Hornboxen eingesetzt. Sie sind in der Lage, die Baßwiedergabe und den Wirkungsgrad in diesem Bereich erheblich zu steigern. Das Prinzip der Hornbox ist, daß der nach vorne abgestrahlte Schall des Lautsprechers über einen Trichter (Horn) geleitet wird. Der Lautsprecher selbst ist in einem geschlossenen Gehäuse untergebracht. Der nach hinten abgestrahlte Schall bleibt ungenutzt, außer bei den Gehäusen, die über eine zusätzliche Baßreflex-Öffnung verfügen.

Die einfachste Form der Hornboxen sind die Front-loaded-Modelle (Bild 2.68). Bei diesen Modellen strahlt der Lautsprecher den Schall über ein relativ kurzes Horn direkt nach vorn ab.

Um die Baßwiedergabe und den Wirkungsgrad noch weiter zu steigern, sind Hornboxen notwendig, deren Trichter noch größer als bei den »Front-loaded«-Boxen ist. Diese Trichter sind dann alle nach Exponentialformeln berechnet, deshalb spricht man bei den Hornboxen auch oft von Exponentialboxen. Nach den Exponentialformeln muß die Länge des Trichters und die Größe der Austrittsöffnung zunehmen, je tiefer die Frequenz liegt, die das Horn noch wiedergeben soll. Ein Horn, das noch eine Frequenz von 50 Hz wiedergeben soll, muß nach diesen Formeln eine Länge von etwa 2 m haben. Der Durchmesser der Austrittsöffnung sollte ebenfalls 2 m betragen. Derartige Horngrößen lassen sich nur realisieren, wenn die Hörner innerhalb der Gehäuse gefaltet werden. Deshalb sind die Exponentialboxen auch als »Folded-Horn«-Boxen bekannt (Bild 2.69).

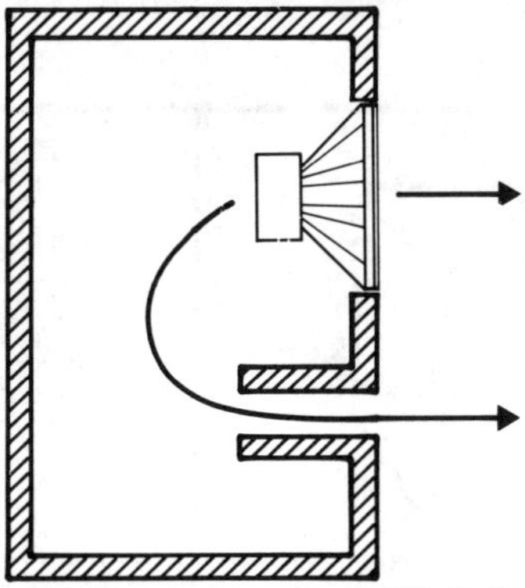

Bild 2.67 Prinzip einer Baßreflexbox.

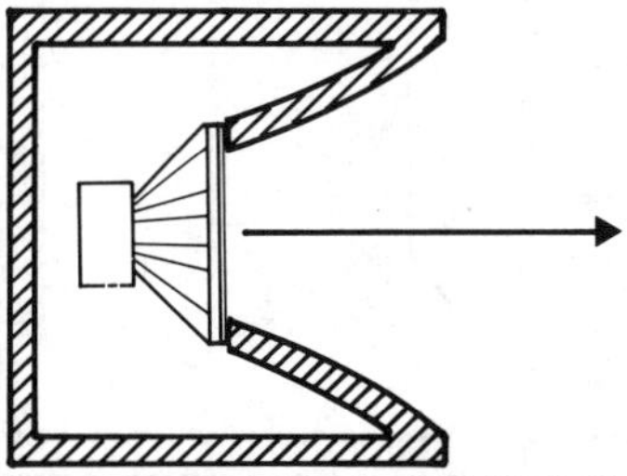

Bild 2.68 Prinzip einer Front-Loaded-Box.

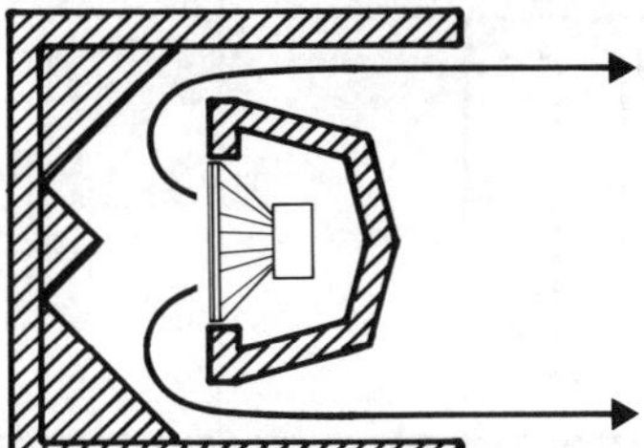

Bild 2.69 Prinzip einer Folded-Horn-Box.

Bild 2.70 Prinzip einer Rear-Loaded-Box.

Die »Folded-Horn«-Boxen haben sehr große Ausmaße, und die sehr komplizierten Konstruktionen sind recht kostspielig. Dieser Aufwand jedoch lohnt sich, da nur mit Hornboxen eine so gute Baßwiedergabe möglich ist. Außerdem benötigt man durch den hohen Wirkungsgrad dieser Gehäuse, im Gegensatz zu den Baßreflexboxen oder den »Front-loaded«-Modellen, nur geringe Leistungen, um große Lautstärken zu erzielen. Das reduziert den Aufwand an Lautsprechern und Endstufen.

Folded Horn 1×18''

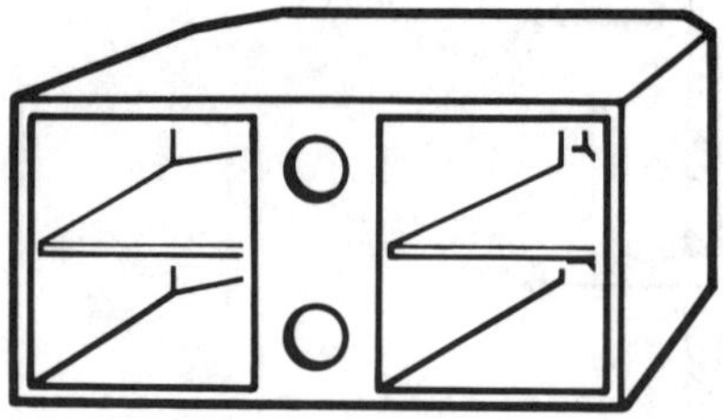

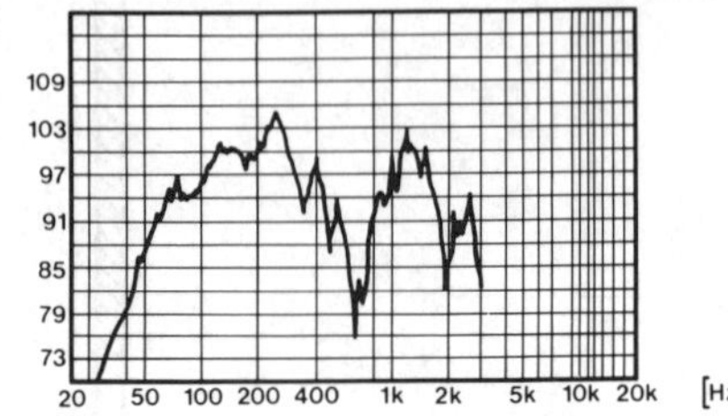

Folded Horn 2×15''

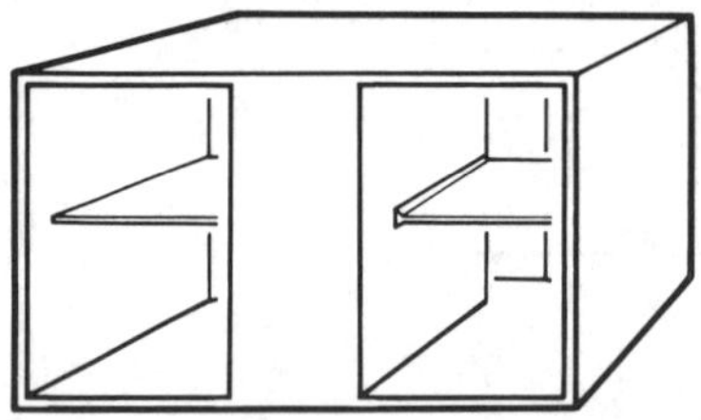

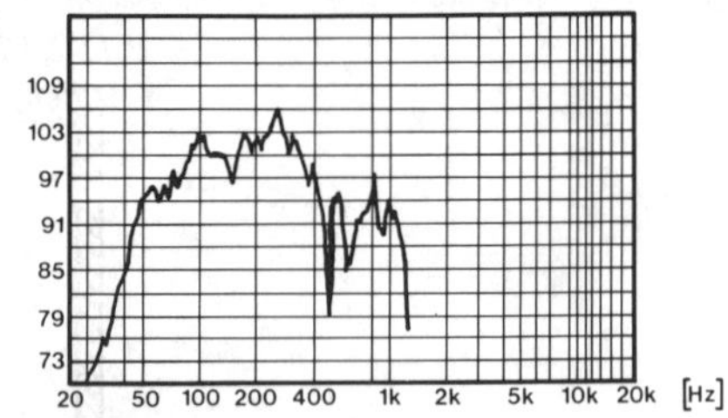

Front loaded 2×15''

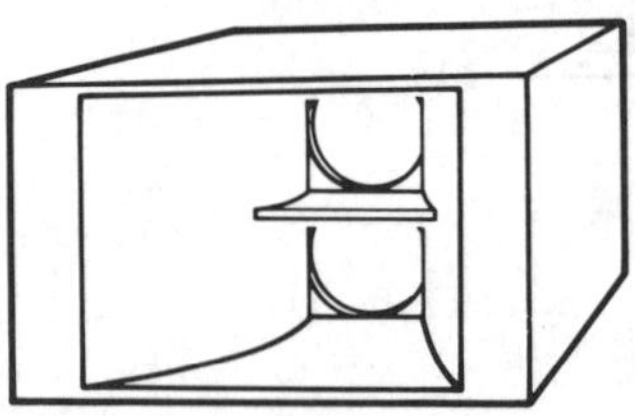

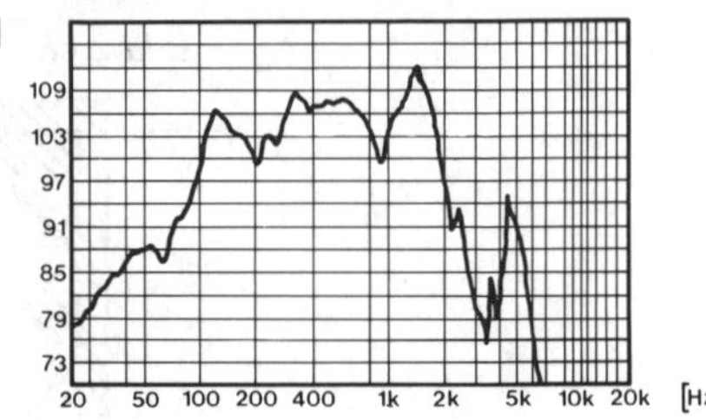

gemessen mit 2 JBL E-140

Rear loaded 2×15''

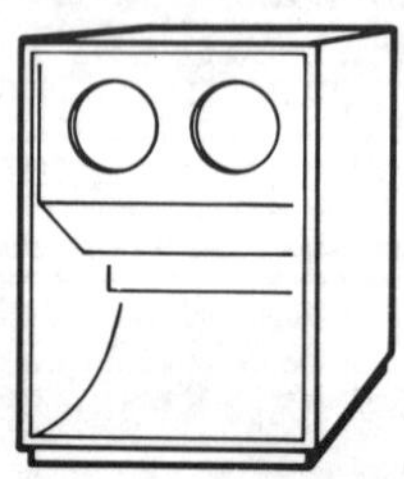

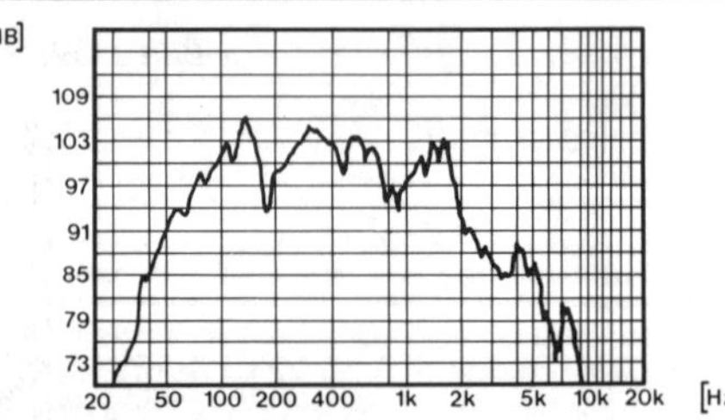

gemessen mit EV 15 B

Midrange Expo 2×12''

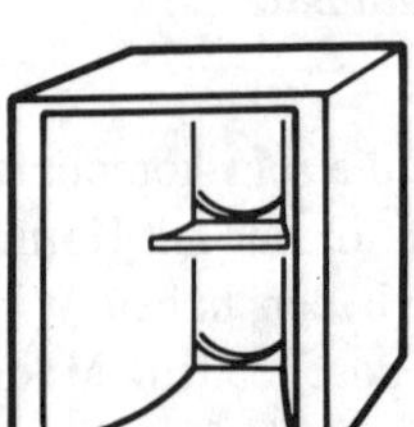

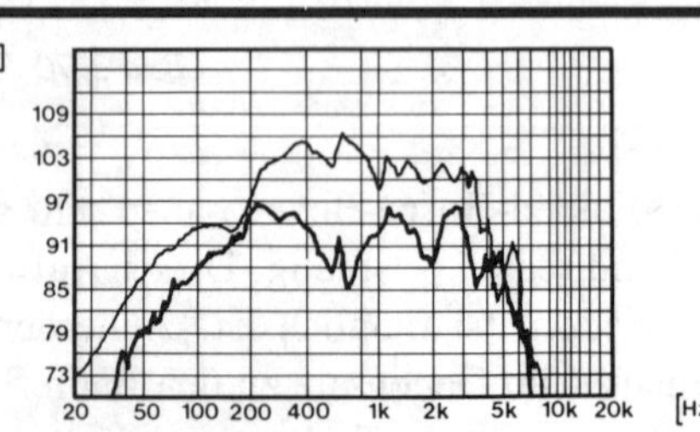

889010-2-71

◀ *Bild 2.71 Frequenzverläufe und Skizzen verschiedener Hornboxen-Modelle (in der Reihenfolge von oben nach unten):*
a) Folded-Horn 1 x 18"
b) Folded-Horn 2 x 15"
c) Front-Loded 2 x 15"
d) Rear-Loded 2 x 15"
e) Midrange-Expo 2 x 12"

Ein Sondermodell in der Reihe der Hornboxen stellen die »Rear-loaded«-Gehäuse dar. Bei diesen Modellen strahlt der Lautsprecher direkt nach vorne ab, und der vom Lautsprecher nach hinten abgestrahlte Schall wird über ein Horn geleitet (Bild 2.70, Seite 123).

Diese Konstruktion erhöht den Wirkungsgrad im Baßbereich, aber der Schalldruck läßt bei größeren Distanzen stark nach. Diese Box eignet sich deshalb mehr für den Nahbereich bis 20 m.

Die meisten Hornboxen sind für 15"-Lautsprecher konzipiert, einige Modelle auch für 18"- oder 12"-Lautsprecher.

Frequenzgänge von Hornboxen

Jede Lautsprecherbox verändert den Frequenzverlauf des Lautsprechers. Deshalb haben Lautsprechergehäuse-Kombinationen eigene Frequenzverläufe. Die Frequenzverläufe der Kombinationen bestimmen den Einsatzbereich. Entscheidend ist dabei der Wirkungsgrad im Baßbereich und die Frequenz, bei der der Wirkungsgrad stark abfällt. Bei dieser Frequenz sollte dann ein anderes Lautsprechersystem die Wiedergabe übernehmen. Die Frequenzverläufe von fünf verschiedenen Lautsprechergehäusen sind in Bild 2.71 abgebildet.

Die »Front-Loaded«-Boxen haben wegen des kurzen Horns eine nicht so ausgeprägte Baßwiedergabe wie Gehäuse mit größeren Hörnern. Dafür lassen sich diese Boxen, durch die direkte Abstrahlung des Lautsprechers, bis etwa 2 kHz einsetzen. Das ist natürlich abhängig vom eingebauten Lautsprechermodell.

»Folded-Horn«-Gehäuse erreichen den höchsten Wirkungsgrad im Baßbereich. Durch den indirekt abstrahlenden Lautsprecher werden die höheren Frequenzen stark gedämpft; der Frequenzverlauf fällt ab etwa 300 Hz ab. Deshalb sollten die »Folded-Horn«-Boxen nur bis zu dieser Frequenz eingesetzt werden.

Gehäuse nach dem »Rear-Loaded«-Prinzip sind durch die direkte Abstrahlung des Lautsprechers bis etwa 2 kHz verwendbar. Der Wirkungsgrad im Baßbereich ist dem der Front-Loaded-Boxen ähnlich. Allerdings ist der Wirkungsgrad über den gesamten Einsatzbereich am schwächsten von allen Gehäusetypen.

Die Frequenzverläufe der Lautsprechergehäuse-Kombinationen müssen bei der Zusammenstellung eines kompletten Lautsprechersystems und bei der Wahl der Übergangsfrequenzen zwischen den verschiedenen Systemen berücksichtigt werden, damit ein möglichst ausgeglichener Frequenzgang erreicht wird.

Übersicht über verschiedene Typen von Hornboxen

Bild 2.72 zeigt auf einen Blick die verschiedenen Hornboxentypen. Es sind fünf Front-Loded-Boxen (a bis e), fünf Folded-Horn-Boxen (f bis j) und zwei Rear-Loded-Boxen (k und l).

Front-Loaded-Boxen

a)

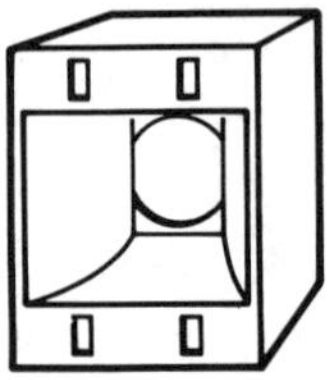

"4560"
(ein 15" Lautsprecher)

b)

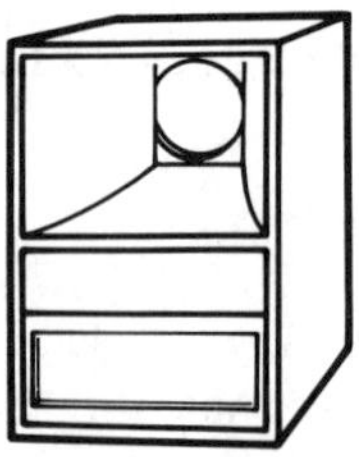

"Voice of the theatre"
(ein 15" Lautsprecher kombiniert mit Bass-Reflex-Öffnung)

c)

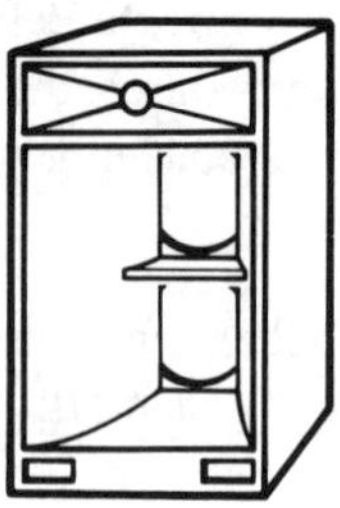

(zwei 15" Lautsprecher)

d)

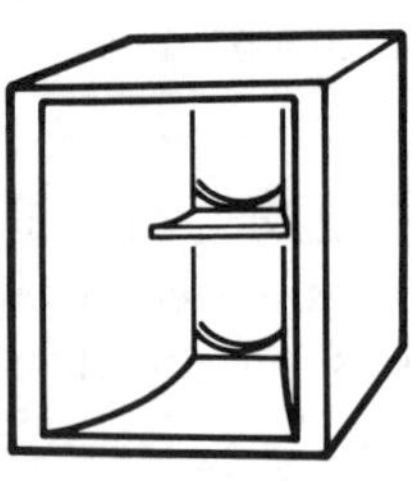

"Midrange"-Mitteltonbox
(zwei 12" Lautsprecher; auch für einen 12" erhältlich)

Folded-Horn-Boxen

f)

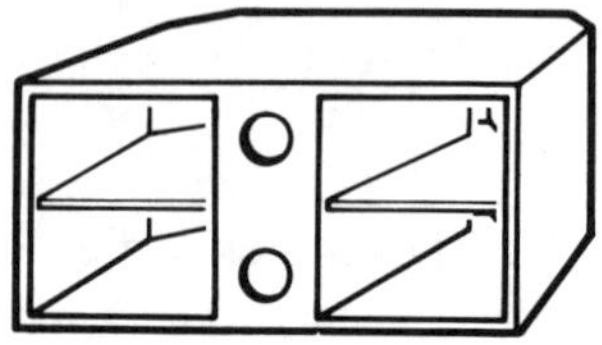

"W-Bin"
(ein 18" Lautsprecher)

g)

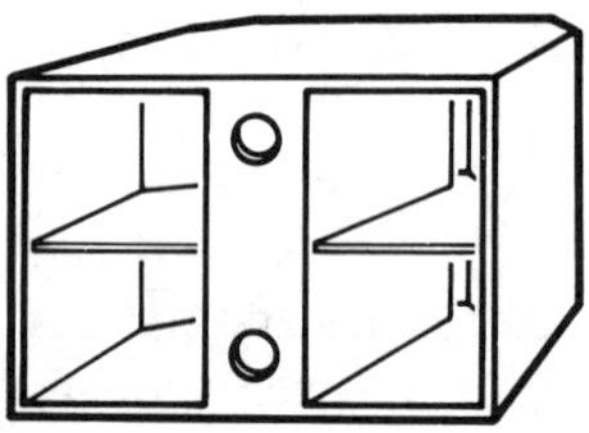

"W-Bin"
(zwei 15" Lautsprecher)

h)

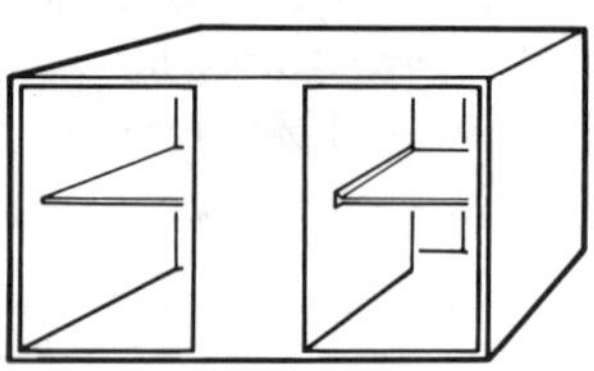

"Jumbo"
(zwei 15" Lautsprecher)

e)

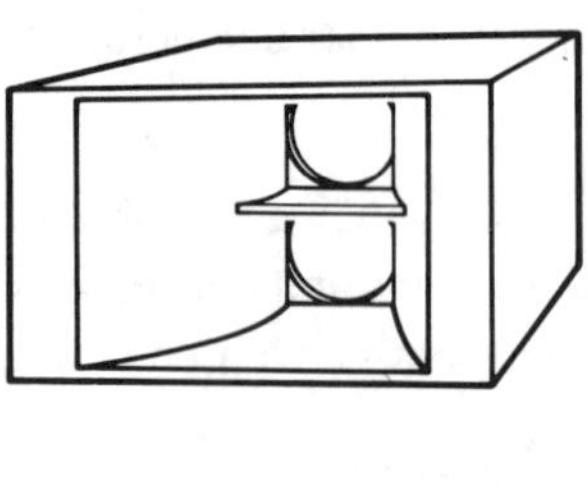

"Badewanne"
(zwei 15" Lautsprecher)

i)

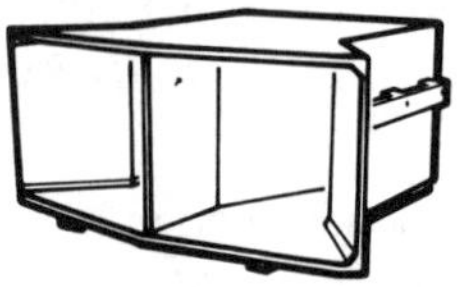

"Martin-Bin"
(ein 15" Lautsprecher)

j)

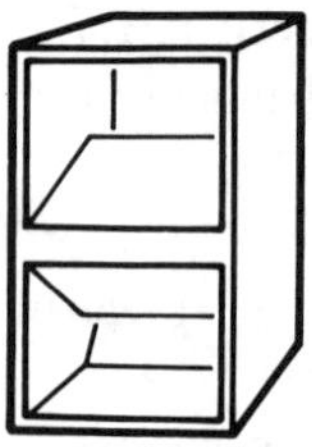

"Eliminator"
(ein 15" Lautsprecher)

Rear-Loaded-Boxen

k)

"Rutsche"
(ein 15" Lautsprecher)

l)

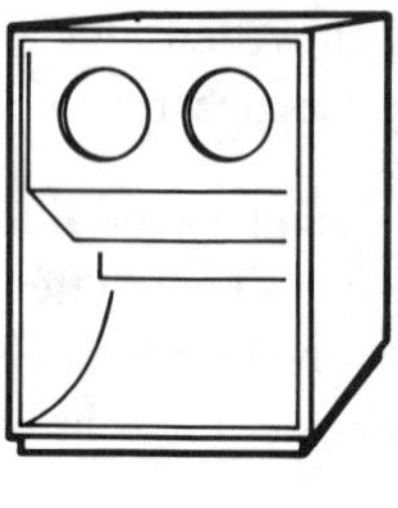

"Rutsche"
(zwei 15" Lautsprecher)

889010-2-72

◀ *Bild 2.72 Übersicht verschiedener Ausführungen von Hornboxen.*

Nachfolgend sind die einzelnen Typen aufgelistet:
a) ein »4560« mit 15"-Lautsprecher
b) »Voice of the Theatre«; ein 15"-Lautsprecher, kombiniert mit Baßreflexöffnung
c) zwei 15"-Lautsprecher
d) »Midrange«-Mitteltonbox mit zwei 12"-Lautsprechern (auch mit 15" erhältlich)
e) »Badewanne« mit zwei 15"-Lautsprechern
f) »W-Bin« mit einem 18"-Lautsprecher
g) »W-Bin« mit zwei 15"-Lautsprechern
h) »Jumbo« mit zwei 15"-Lautsprechern
i) »Martin-Bin« mit einem 15"-Lautsprecher
j) »Eliminator« mit einem 15"-Lautsprecher
k) »Rutsche« mit einem 15"-Lautsprecher
l) »Rutsche« mit zwei 15"-Lautsprechern

Kompaktboxen (Full-Range-Boxen)

Neben den Lautsprecherboxen, die speziell für einen bestimmten Frequenzbereich geeignet sind, gibt es auch Boxen mit mehreren verschiedenen Lautsprechern, die den gesamten Frequenzbereich wiedergeben können. Diese Boxen sind im Handel in unterschiedlicher Größe und mit verschiedenen Lautsprecherbestückungen erhältlich. Die meisten Kompaktboxen sind als Baßreflexboxen ausgeführt. Einige wenige Modelle besitzen auch »Front-Loded«- oder »Folded-Horn«-Gehäuse. Die Eigenschaften der Baßwiedergabe entsprechen den Gehäuseformen. Die Hornboxen erlauben eine sehr gute Baßwiedergabe, während der Frequenzverlauf der Baßreflexboxen unterhalb von 200 Hz sehr stark abfällt. Eine kräftige, voluminöse Baßwiedergabe, wie sie in der Rockmusik erwünscht ist, ist mit diesen Boxen nicht möglich. Daher eignen sich diese Kompaktboxen nur zur Beschallung von kleinen Räumen bei Liedermachern, Folkgruppen, Jazzbands und eventuell noch Tanzkapellen. Für die Beschallung von größeren Räumen sind mehrere Kompaktboxen erforderlich; das verbessert den Wirkungsgrad und die Baßwiedergabe. Bei Verwendung einer größeren Zahl von Kompaktboxen läßt sich das System auch für Rockmusik einsetzen. Es kann so allerdings nie die Leistung von großen PA-Systemen mit Hornboxen erreicht werden.

Die Lautsprecherbestückung von Kompaktboxen reicht im Tieftonbereich von 12"- bis 18"-Lautsprechern, wobei die Boxen mit 18"-Lautsprechern die beste Baßwiedergabe haben. Der Hochtonbereich wird bei allen Kompaktboxen von Hochtonhörnern wiedergegeben; sie verfügen über gute Klangeigenschaften und einen guten Wirkungsgrad.

Bei 3-Weg-Systemen (Bild 2.73) kann der Mitteltonbereich entweder über ein Horn oder über einen Konuslautsprecher wiedergegeben werden. Die Wiedergabe mit Hilfe eines Horns hat die gleichen guten Ergebnisse wie im Hochtonbereich. Die Modelle mit einem Konuslautsprecher für den Mitteltonbereich haben etwas weniger Wirkungsgrad und sind im Klang weicher. Dafür sind die Kompaktboxen mit Konuslautsprecher für den Mitteltonbereich preiswerter als die mit Hornbestückung. Die Boxen mit Baßreflexgehäuse, 15"-Baßlautsprecher, 10"-Konusmitteltonlautsprecher und Hochtonhorn sind am weitesten verbreitet.

JBL
JBL

◀ *Bild 2.73 3-Wege-Full-Range-Box JBL PA 25104.*

Die Vorteile der Kompaktboxen liegen in den einfachen Transporteigenschaften und in der unkomplizierten Handhabung. Weil alle Lautsprechersysteme und die Frequenzweiche in einem Gehäuse untergebracht sind, entfällt die Verkabelung, die beim Aufbau von getrennten Systemen notwendig ist. Die Wiedergabe hängt von der Qualität der Lautsprecher und der Frequenzweiche ab. Nur Komponenten von guter Qualität gewährleisten gute Wiedergabeeigenschaften.

Monitorboxen

Monitorboxen sind Kontroll- bzw. Abhörlautsprecher für die Musiker auf der Bühne. Man unterscheidet dabei zwischen Boxen die an den Bühnenseiten aufgestellt werden (Sidefills), am Schlagzeug (Drumfills) und zu den Füßen der Musiker (Floor Monitor, Wedges).

Bild 2.74 Fußmonitorbox (Wedge) S 2115 H von Yamaha.

Die Seitenmonitore sind in der Regel große 3-Wege-Kompaktboxen, bei sehr großen Anlagen auch Hornsysteme. Die Fußmonitore (Bild 2.74) dürfen hingegen nicht allzu groß sein. Daher verwendet man für diesen Zweck Kompaktboxen in Baßreflexgehäusen mit 2- oder 3-Wege-Bestückung. Eine Besonderheit der Fußmonitore ist die Gehäuseform. Das Gehäuse ist mehrfach abgeschrägt, wodurch es möglich ist, die Box in verschiedenen Winkeln auf das Hörfeld des Musikers auszurichten.

2.7 Frequenzweichen (Dividing Network, X-Over, Crossover)

Wie in dem Abschnitt 2.5 über Lautsprecher bereits erwähnt, ist jeder Lautsprecher nur für einen bestimmten Frequenzbereich, in dem das System optimal arbeitet, geeignet. Das Ausgangssignal des Mischpults enthält jedoch den gesamten Frequenzbereich. Es ist daher notwendig, diesen Frequenzbereich aufzuteilen, um dann die Teilbereiche den entsprechenden Lautsprechern zuzuführen. Diese Aufteilung des gesamten Frequenzbereiches übernehmen die Frequenzweichen. Man unterscheidet dabei zwischen aktiven und passiven Frequenzweichen. Die wesentlichen Merkmale einer Frequenzweiche sind die Trennfrequenz und die Flankensteilheit.

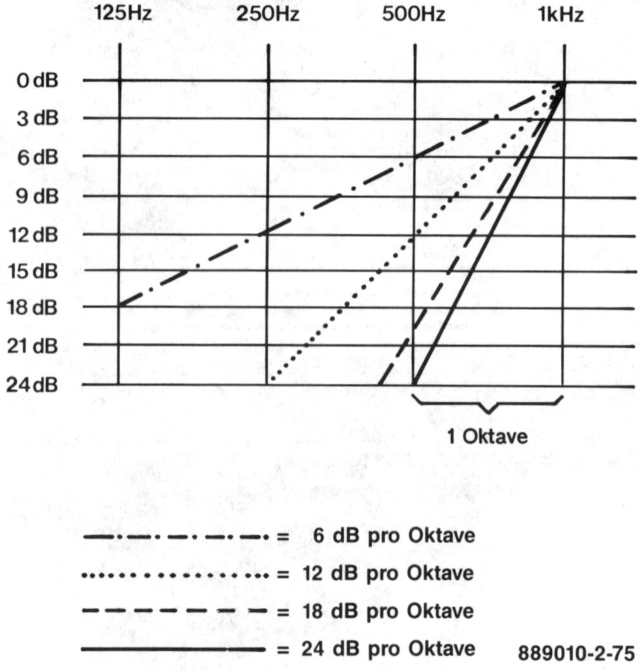

Bild 2.75 In dem Diagramm sind die verschiedenen Flankensteilheiten über drei Oktaven aufgetragen.

Die Trennfrequenz (Crossover frequenzy)

Die Trennfrequenz ist die Frequenz, bei der die Teilung des gesamten Frequenzspektrums in Einzelbereiche erfolgt. Die Teilung erfolgt nicht abrupt, sondern bei der Trennfrequenz, nimmt der Pegel, der dem Lautsprecher zugeführt wird, langsam ab bzw. zu. Wie stark der Pegelabfall ist, bestimmt die Flankensteilheit.

Die Flankensteilheit

Die Flankensteilheit bestimmt, wie stark die Abschwächung bzw. die Zunahme des Pegels bei der Trennfrequenz ist. Die Angabe erfolgt bei der Flankensteilheit in »dB pro Oktave«. Das bedeutet »Pegelabfall in dB bei einer Oktave Abstand«. Frequenzweichen gibt es mit 6, 12, 18 und 24 dB pro Oktave (Bild 2.75).

Damit ein Lautsprecher möglichst wenig aus anderen Frequenzbereichen übernimmt, wäre eine hohe Flankensteilheit wünschenswert. Frequenzweichen mit nur 6 dB Flankensteilheit pro Oktave sind deshalb völlig unzureichend. Die gängigen passiven Frequenzweichen werden mit 12 dB oder 18 dB pro Oktave angeboten. Allerdings sind passive Frequenzweichen mit hoher Flankensteilheit auch kostspieliger, weil der technische Aufwand höher ist. Mit den aktiven Frequenzweichen lassen sich wesentlich einfacher Flankensteilheiten von 12 dB, 18 dB oder 24 dB erreichen. Phasenprobleme, die bei der Trennung der Bereiche mit Frequenzweichen auftreten können, werden bei den aktiven Frequenzbereichen durch besondere Filterschaltungen gelöst (Butterworth, Bessel, Linkwitz-Riley).

Hoch-, Tief- und Bandpaß-Filter

Jede Frequenzweiche, die den Frequenzbereich für verschiedene Lautsprecher aufteilt, besteht aus Hoch-, Tief- und Bandpaß-Filter. Das Hochpaß-Filter verhindert, daß dem Lautsprecher zu viel tiefe Frequenzanteile zufließen. Das Tiefpaß-Filter hält die hohen Frequenzen vom Lautsprecher fern. In einer 3-Wege-Box beschneidet ein Bandpaß-Filter den Mitteltonbereich zu den hohen und tiefen Frequenzen hin. Der Bandpaß ist also eine Kombination aus Hoch- und Tiefpaß. Wie das mit den einzelnen Frequenzbereichen aussehen kann, zeigt das Diagramm in Bild 2.76.

Bei der Trennung mit Hoch- und Tiefpaß-Filter ist es wichtig, daß sich die beiden Flanken bei exakt -3 dB überschneiden. Nur dann ist ein sauberer Übergang von dem einem Lautsprechersystem zum anderen gewährleistet. Wird der -3-dB-Punkt über- oder unterschritten, kommt es zu Einbrüchen oder Anhebungen im Frequenzverlauf. Der -3-dB-Punkt stellt sicher, daß beim Übergang beide Systeme nur noch den halben Signalpegel erhalten. Die Addition der Pegel ergibt bei der Übergangsfrequenz einen nahtlosen und linearen Frequenzverlauf. Im Beispiel aus Bild 2.77 ist eine Trennung bei 1 kHz mit einer Flankensteilheit von 12 dB pro Oktave dargestellt. Der -3-dB-Punkt liegt bei 1 kHz.

Passive Frequenzweichen

Passive Frequenzweichen sind zwischen der Endstufe und den Lautsprechern geschaltet. Sie erhalten das Gesamtsignal mit der von der Endstufe erzeugten Leistung. Die Trennfrequenz liegt bei den passiven Frequenzweichen fest und muß bei der Anschaffung entsprechend dem Anwendungsbereich ausgewählt werden. Es gibt passive Modelle mit Trennfrequenzen für alle gängigen

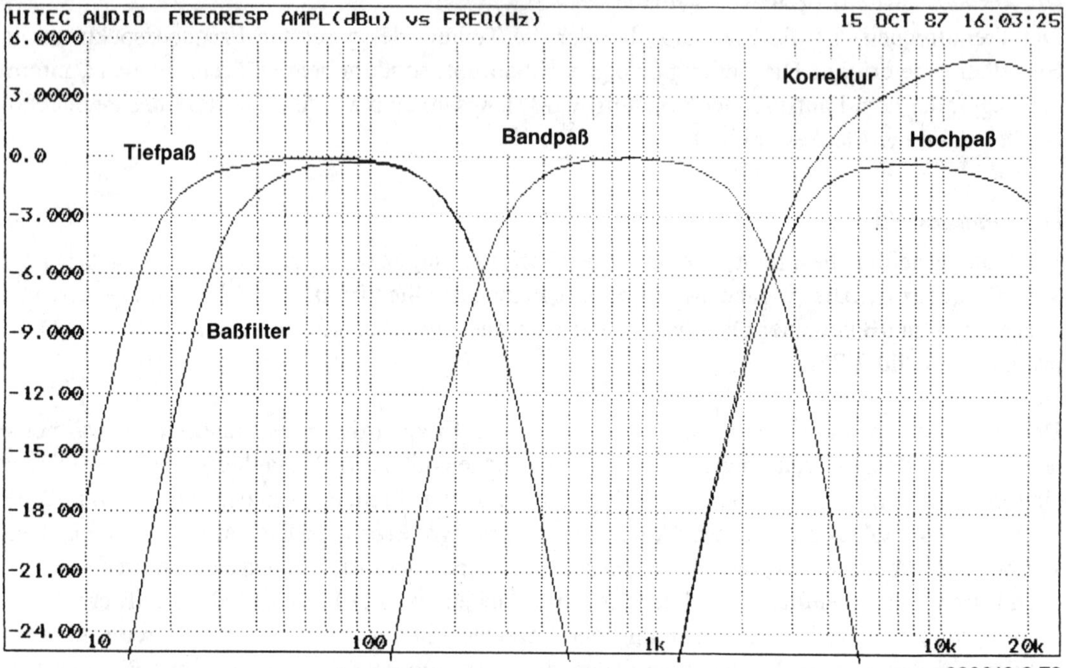

889010-2-76

Bild 2.76 Aus dem Diagramm geht hervor, wie sich der gesamte Frequenzbereich in drei Einzelbereiche aufteilt: Tief-, Band- und Hochpaß-Bereich. Außerdem enthält in dem gezeigten Beispiel die 3-Wege-Frequenzweiche noch ein zusätzliches Baßfilter und eine Höhenanhebung zur Horn-Correction von konstant abstrahlenden Hörnern, deren Schalldruck bei ganz hohen Frequenzen abfällt.

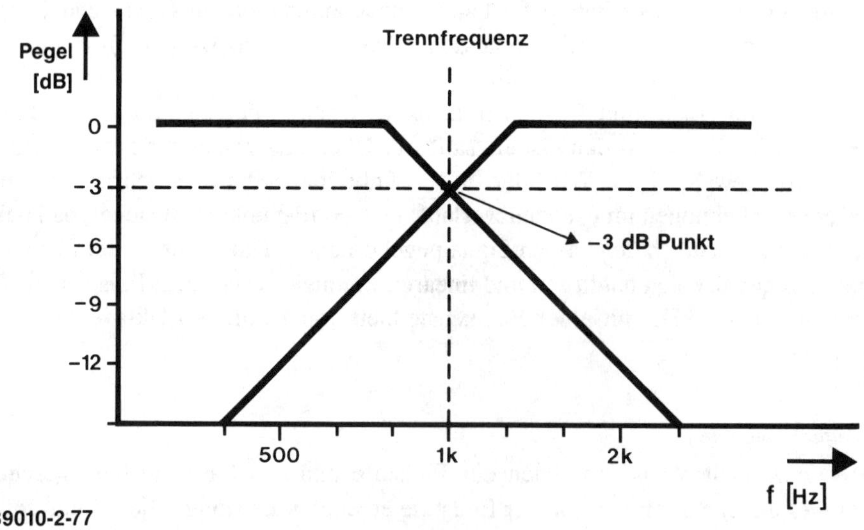

889010-2-77

Bild 2.77 Frequenzteilung bei 1 kHz, das ist der -3-dB-Punkt, mit 12 dB Flankensteilheit pro Oktave.

Einsatzbereiche. Die Flankensteilheit der passiven Frequenzweichen beträgt in der Regel 12 dB pro Oktave für den Mitteltonbereich und 18 dB/Oktave für den Hochtonbereich. Höhere Flankensteilheiten wären konstruktionsbedingt zu aufwendig und sehr kostspielig; außerdem würden sie zusätzliche Phasenprobleme verursachen.

Die passiven Frequenzweichen haben keine Regelmöglichkeiten. Lediglich eine Pegelanpassung des höheren Frequenzbereiches mit einem Regler ist bei einigen Modellen möglich.

Belastbarkeit von passiven Frequenzweichen
Passive Frequenzweichen bestehen aus Spulen und Kondensatoren. Diese Bauteile können nur bestimmte Spannungen verarbeiten, ohne daß sie beschädigt oder zerstört werden. Die Frequenzweichen werden von den Signalspannungen, die mehrere Volt betragen können, der Endstufe angesteuert. Die Bauteile müssen deshalb so beschaffen sein, daß sie diesen Belastungen standhalten. Zu beachten ist bei den passiven Frequenzweichen die vom Hersteller angegebene Höchstbelastung. Optimal ist, wenn die Belastbarkeit der Frequenzweiche mit der der angeschlossenen Lautsprechern übereinstimmt; dann ist das Ganze eine in sich geschlossene Einheit.

Impedanzanpassung von passiven Frequenzweichen
Ein anderer Faktor, der direkten Einfluß auf die passiven Frequenzweichen hat, sind die Widerstände (Impedanzen) der angeschlossenen Lautsprechersysteme. Jede passive Frequenzweiche ist nur für eine bestimmte Anpassungsimpedanz ausgelegt. Bei Nichtbeachtung dieser Tatsache kann es zu Verschiebungen bei der Trennfrequenz kommen. Durch die dann unsaubere Trennung zwischen den Lautsprechersystemen kann sich der Gesamtfrequenzgang des Systems verschlechtern. Daher sollten die Anpassungsimpedanzen der passiven Frequenzweichen immer mit denen der angeschlossenen Lautsprecher übereinstimmen.

Anschluß von passiven Frequenzweichen
Im Handel sind komplette 2- und 3-Wege-Frequenzweichen erhältlich. Es gibt sie mit den unterschiedlichsten Anpassungsimpedanzen und Belastbarkeiten. Es sind auch eine Fülle von Hoch- und Tiefpaß-Filter mit den unterschiedlichsten Eigenschaften erhältlich. Diese Hoch- und Tiefpaß-Filter können dann individuell zu Weichenkombinationen zusammengestellt werden, die den Erfordernissen der Systeme entsprechen.

Bei allen Frequenzweichen ist das phasenrichtige Anschließen der Lautsprecherpole wichtig; nur dann können keine Phasenverschiebungen auftreten. Bild 2.78 zeigt den Anschluß eines Baßlautsprechers mit 200 W Belastbarkeit und einer Impedanz von 8 Ohm sowie den Anschluß eines Hochtontreibers mit 50 W und 16 Ohm an eine 2-Wege-Frequenzweiche (Hoch- und Tiefpaß-Filter) mit einer Trennfrequenz von 1500 Hz.

Aus dem Bild ist zu erkennen, wie der Anschluß an eine komplette 2-Wege-Frequenzweiche erfolgen muß. Außerdem kann man deutlich sehen, wie sich aus einem Hoch- und Tiefpaß-Filter eine 2-Wege-Frequenzweiche aufbauen läßt.

Das Signal gelangt vom Mischpultausgang an den Eingang (Input) der Frequenzweiche. Ist die Weiche mit getrenntem Hoch- und Tiefpaß-Filter aufgebaut, wird das Signal beiden Filterein-

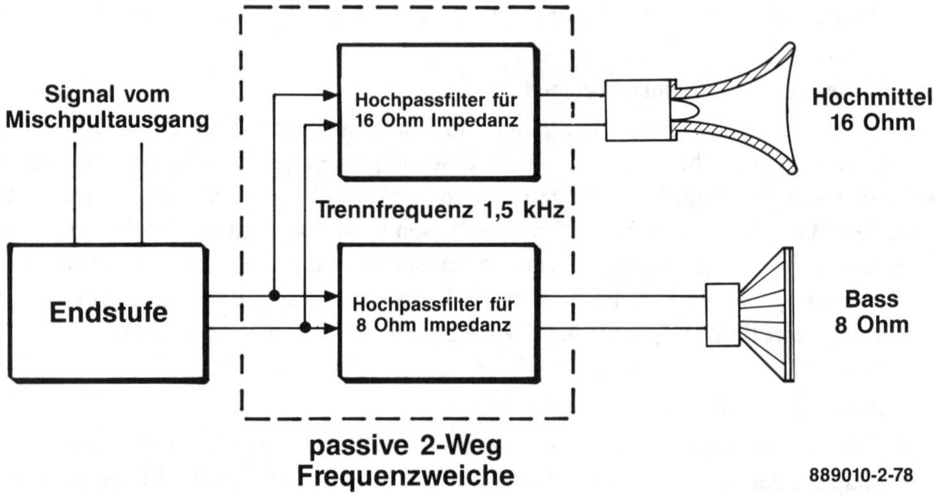

Bild 2.78 Kombination von Hoch- und Tiefpaß-Filter zu einer 2-Wege-Frequenzweiche.

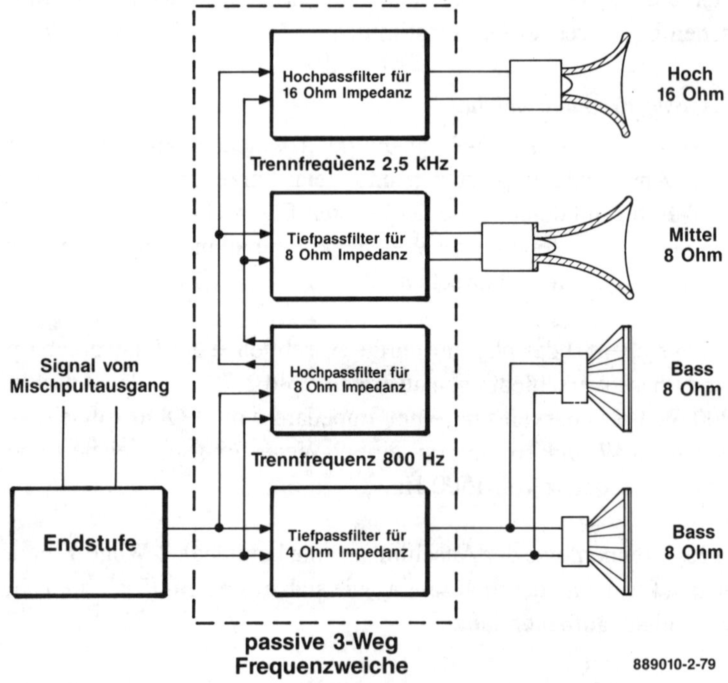

Bild 2.79 Kombination von Hoch- und Tiefpässen zu einer 3-Wege-Frequenzweiche.

gängen zugeführt. Die Lautsprecher sind an die beiden Ausgänge (High out/Low out) angeschlossen: der Baßlautsprecher an den Ausgang des Tiefpaß-Filters, und der Hochtonlautsprecher an den Ausgang des Hochpaß-Filters.

Bild 2.79 zeigt eine 3-Wege-Kombination: ein Hochtöner mit 16 Ohm, ein Mitteltöner mit 8 Ohm und zwei parallel geschaltete 8-Ohm-Baßlautsprecher, die zusammen 4 Ohm Impedanz haben. Aus dem Bild ist wiederum die Beschaltung der kompletten Weiche zu erkennen. Das Eingangssignal wird allen drei Filterstufen zugeführt und die Lautsprecher werden mit den entsprechenden Ausgängen verbunden: High-out, Mid-out und Low-out.

Bei getrennten Hoch- und Tiefpaß-Filtern wird das Gesamteingangssignal geteilt und an Hoch- und Tiefpaß gemeinsam angeschlossen. Beide bilden zusammen den Bandpaß für den Mitteltöner, der am Tiefpaß-Filterausgang angeschlossen ist. Der Hochtöner wird mit dem Ausgang des noch freien Hochpaß-Filters verbunden.

Die Zusammenstellung von passiven Frequenzweichen aus einzelnen Hoch- und Tiefpaß-Filtern ist deshalb von Vorteil, weil komplette Frequenzweichen selten die erforderlichen Impedanzeigenschaften bieten. Es sind selten die Impedanzeigenschaften erhältlich, die man für seine spezielle Lautsprecherkombination benötigt.

Aktive Frequenzweichen

Die aktiven Frequenzweichen, ein Beispiel sehen wir in Bild 2.80, werden im Gegensatz zu den passiven Modellen zwischen Mischpult und Endstufe geschaltet. Sie müssen deshalb nur die relativ schwachen Signalströme aus dem Mischpult verarbeiten. Das macht die Signalanpassung unproblematisch; deshalb fehlt bei den aktiven Weichen die Angabe der Belastbarkeit und der Impedanz.

Bild 2.80 Aktive Frequenzweiche Hitec Audio HR 23 mit eingebauten Limitern für jeden Weg.

Die Flankensteilheit der aktiven Frequenzweichen liegt bei 18 dB oder 24 dB pro Oktave. Durch besondere Filterschaltungen (Bessel, Butterworth oder Linkwitz-Riley) lassen sich diese hohen Flankensteilheiten ohne Phasenverschiebungen realisieren. Die Trennfrequenzen sind bei den aktiven Weichen in einem bestimmten Bereich frei wählbar. Dies ist bei Modellen mit Steckplatinen durch Austausch einer Platine gegen eine mit einer anderen Trennfrequenz problemlos möglich. Bei verschiedenen Modellen ist die Wahl der Trennfrequenz mit Hilfe von Reglern noch einfacher. Schließlich lassen sich für jeden Bereich auch noch die Pegel regeln.

Bei Verwendung aktiver Frequenzweichen muß für jeden Bereich eine getrennte Endstufe vorhanden sein, die die Verstärkung der Ausgangssignale übernimmt (Bild 2.81). Einige Modelle bieten über die Funktion der Frequenzteilung noch zusätzliche Sonderfunktionen. Dazu gehören Kompressor/Limiter für jeden Frequenzbereich, die einen zusätzlichen Schutz vor Übersteuerungen und Beschädigungen der Endstufen und Lautsprechersysteme bieten. Dabei ist es wichtig, wie bereits erwähnt, daß die eingebauten Regelverstärker unhörbar arbeiten. Diese Forderung erfüllen nicht alle Modelle; sie ist besonders dann schwierig, wenn sich nicht alle Parameter (Attack-, Releasezeit und Threshold) regeln lassen.

Um Phasendrehungen im Hochtonbereich zu verhindern, sind viele aktive Frequenzweichen mit einem Phasenumkehrschalter ausgestattet, der die Phase im Hochtonbereich um 180° drehen kann. Außerdem verfügen viele Modelle über einen Baßabschwächer (Bass/Low Cut), der tiefe Frequenzen unter 30 Hz im Störbereich ausfiltert. Soll die aktive Frequenzweiche mit erdfrei-symmetrischen Mischpultausgängen und Endstufeneingängen verwendet werden, muß auch sie über erdfrei-symmetrische Ein- und Ausgänge verfügen.

Vorteile aktiver Frequenzweichen

Die Trennung von Lautsprechern mit aktiven Frequenzweichen bietet folgende Vorteile:
1. angemessene Leistungszufuhr für jedes Lautsprechersystem;
2. Schutz der Hochton-Lautsprecher;
3. vorteilhafter Lautstärkeabgleich der verschiedenen Frequenzbereiche;
4. Kostenvorteil bei aufwendigen PA-Anlagen.

Da die Frequenzbereiche unterschiedliche Leistungen benötigen, kann mit Hilfe der aktiven Trennung jedem Bereich die notwendige und angemessene Leistung zugeführt werden. Dabei benötigt der Baßbereich etwa doppelt soviel Leistung wie der Mitteltonbereich und viermal soviel wie der Hochtonbereich.

Bei einer passiven Trennung zwischen den Frequenzbereichen wird die Leistung dem gesamten Lautsprechersystem zur Verfügung gestellt. Das heißt: Die gesamte Leistung gelangt zu dem System, das auch den entsprechenden Ton wiedergeben soll. Darin liegt eine Gefahr für die Hochtontreiber. Es kann passieren, daß ein Ton mit unzulässig hoher Leistung an den Treiber gelangt. Dabei kann dann leicht die Belastbarkeit des Treibers überschritten werden, und es besteht die Gefahr von Übersteuerung, Beschädigung oder Zerstörung.

Die aktive Trennung hingegen stellt jedem Bereich, bei richtiger Aussteuerung und korrekter Messung der Endstufenleistungen und der Lautsprecherbelastbarkeiten, die Leistung zur Verfügung, die die Systeme ohne Gefahr verkraften können. Das bedeutet eine günstigere Leistungsausnutzung und Schutz für die angeschlossenen Lautsprecher. Außerdem kann über die aktive Frequenzweiche eine Kontrolle und Regelung der Lautstärke der verschiedenen Frequenzbereiche stattfinden. Diese Lautstärkeregelung erlaubt es, ohne Einsatz von Klangregelungen,

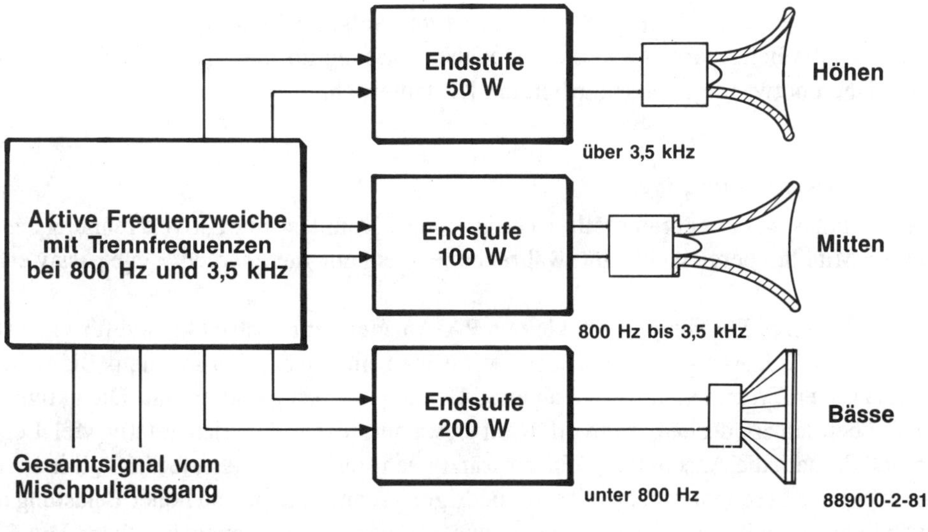

Bild 2.81 3-Wege-Anlage mit aktiver Trennung.

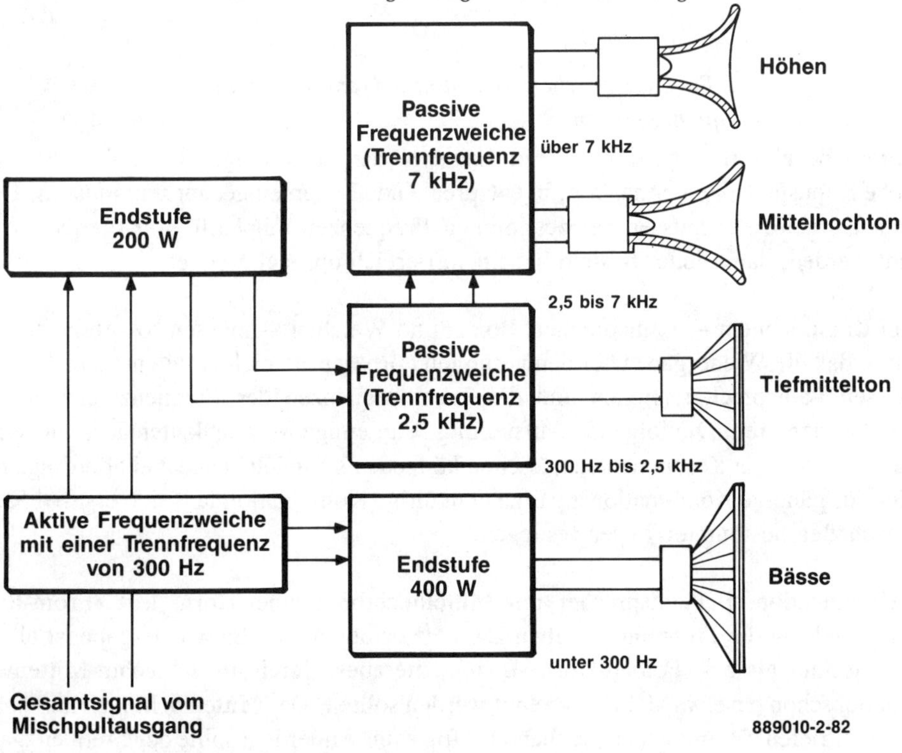

Bild 2.82 In dieser 4-Wege-Anlage ist der Baßweg aktiv getrennt (Biamping), die drei anderen Wege passiv.

die jeweiligen Frequenzbereiche anzuheben oder abzusenken. Dadurch kann der Frequenzverlauf der PA-Anlage grob skizziert werden. Die feinen Klangkorrekturen kann mann dann mit der Klangregelung vornehmen.

Der Kostenvorteil bei großen PA-Anlagen liegt in der einmaligen Anschaffung einer aktiven Frequenzweiche. Mit dieser aktiven Weiche kann dann das gesamte System, unabhängig von der Anzahl der Endstufen und Lautsprecher, gesteuert und aufgetrennt werden. Bei passiver Trennung sind durch die Belastbarkeit und die Impedanzanpassung für mehr Lautsprecher auch mehr Frequenzweichen notwendig, was natürlich die Kosten erhöht.

2-Weg-aktiv-Trennung (Biamping)

Ein Schlagwort, das immer häufiger fällt, ist »Biamping«. Damit ist eine aktive Trennung des Baßbereichs vom Mitteltonbereich gemeint, während die Trennung der anderen Wege passiv erfolgt.

Eine vollständig aktive Trennung ist bei kleinen PA-Anlagen sehr kostspielig und für viele Bands nicht zu realisieren. Kostengünstiger ist es, wenn man im Baßbereich mit dem Biamping die Vorteile der aktiven Trennung nutzt, die anderen Bereiche jedoch passiv trennt. Die aktive Trennung im Baßbereich ist deshalb sinnvoll, weil besonders dieser Bereich relativ viel Leistung erfordert und deshalb die Anschaffung einer zusätzlichen stärkeren Endstufe sinnvoll ist. Außerdem ist eine passive Frequenzweiche mit sehr niedriger Trennfrequenz und hoher Belastung durch die aufwendigen Bauteile fast genau so teuer wie 2-Wege-aktiv-Frequenzweichen. Die Blockschaltung für das Biamping zeigt Bild 2.82.

Kombinationsvorschläge für Lautsprecher, Boxen und Trennfrequenzen aktiver und passiver Frequenzweichen

Zur Wiedergabe elektrischer Signale sind Lautsprecher notwendig, die, sofern es sich um dynamische Konuslautsprecher handelt, in entsprechende Boxen eingebaut sein müssen. Die verschiedenen Lautsprecher müssen bei bestimmten Frequenzen mit Hilfe von Frequenzweichen abgetrennt werden, damit jedes System in seinem Bereich optimal arbeitet.

Diese drei Komponenten — Lautsprecher, Boxen und Weichen — müssen so aufeinander abgestimmt sein, daß die Wiedergabe über den gesamten hörbaren Bereich möglichst gleichmäßig ist. Dazu müssen Lautsprecher, Boxen und die Trennfrequenzen der Frequenzweichen optimal zusammen harmonieren. Die folgende Aufstellung zeigt einige Möglichkeiten auf, wie sinnvolle Kombinationen der drei Komponenten aussehen können. Es handelt sich dabei allerdings nur um Richtlinien für gängige Kombinationen. Eine endgültige Kombination läßt sich erst bei Kenntnis der Eigenschaften bestimmter Typen festlegen.

2-Wege-Kombination: Baßlautsprecher mit Mittelhochton-Treiber/Horn. Mit »Front-loaded«-Boxen kann die Trennung bei etwa 1500 Hz erfolgen. Die Baßwiedergabe ist allerdings schlechter als bei »Folded-Horn«-Boxen, die aber, durch die schlechte Mittenwiedergabe, schon bei etwa 400 Hz getrennt werden sollten. Der Mittelhochtontreiber sollte bei dieser tiefen Trennung entsprechend kräftig sein. Außerdem sollte der Frequenzgang des Treibers bis 15 kHz oder mehr reichen.

3-Wege-Kombination: Baßlautsprecher mit Mitteltontreiber/Horn und Hochtontweeter. Zur erstgenannten Kombinationsmöglichkeit gibt es nur einen Unterschied: Der Frequenzgang des Treibers reicht nicht so hoch, deshalb ist ab etwa 7 kHz ein zusätzlicher Hochtontweeter erforderlich.

3-Wege-Kombination: Baßlautsprecher, Mittelton-Konuslautsprecher und Mittelhochtontreiber. Bei dieser Kombination bietet es sich an, im Baßbereich bis 300 Hz »Folded-Horn«-Boxen einzusetzen. Der untere Mitteltonbereich wird von einem 10"- oder 12"-Konuslautsprecher in einer »Front-loaded«-Box abgedeckt. Ab etwa 2,5 kHz bis 15 kHz und darüberhinaus kommt ein Mittelhochtontreiber-Horn zum Einsatz.

4-Wege-Kombination: Baßlautsprecher, Mittelton-Konuslautsprecher, Mitteltontreiber/Horn und Hochtontweeter. Diese Kombination unterscheidet sich von der vorhergehenden nur durch den zusätzlichen Hochtontweeter ab 7 kHz.

Bei den verwendeten Baßlautsprechern handelt es sich immer um 15"- oder 18"-Modelle. Hochtontreiber, die über 10 kHz arbeiten, sollten mit gleichmäßig abstrahlenden Hörnern ausgestattet sein.

2.8 Endstufen (Power Amps)

Endstufen sind Leistungsverstärker, die die schwachen Ausgangssignale des Mischpultes auf die Leistung verstärken, die die Lautsprecher zum Erreichen einer bestimmten Lautstärke benötigen. Die Endstufen sind in der Reihe der PA-Übertragungskette vor den Lautsprechern geschaltet. Weil aber die Auswahl einer Endstufe von den Lautsprechern mit abhängig ist, folgt die Beschreibung erst an dieser Stelle, also hinter den Lautsprechern und den Frequenzweichen.

Leistung der Endstufen

In erster Linie steht bei der Auswahl einer Endstufe die gewünschte Leistung im Vordergrund. Die Leistung einer Endstufe ist abhängig vom angeschlossenen Lastwiderstand (der Impedanz), mit der der Verstärker durch den Lautsprecher belastet wird. Die Leistung einer Endstufe verringert sich dabei mit steigendem Impedanzwert. Das ist auch der Grund, warum die Hersteller die Leistung einer Endstufe für verschiedene Lastwiderstände angeben. In der folgenden Aufstellung ist das typische Leistungsverhalten einer Endstufe für verschiedene Lastwiderstandswerte aufgeführt.

Lastwiderstand	Leistung
16 Ohm	100 Watt pro Kanal
8 Ohm	200 Watt pro Kanal
4 Ohm	400 Watt pro Kanal
2 Ohm	800 Watt pro Kanal
8 Ohm Mono gebrückt)	1200 Watt

Die Leistung der Endstufe sollte der Belastbarkeit der Lautsprecher angepaßt sein. Dazu muß die Endstufenleistung der Lautsprecherbelastbarkeit entsprechen, besser noch etwas darüber liegen. Das klingt im ersten Moment etwas ungewöhnlich, hat aber einen einfachen Grund: Eine kurzzeitige Überlastung mit einem *sauberen* Signal zerstört oder beschädigt einen Lautsprecher in den seltesten Fällen. Viel gefährlicher ist eine Endstufe mit zu wenig Leistung, die dann häufig übersteuert ist. Das führt zu einem stark verzerrten Signal (Teil 3, Abschnitt 3.8 Übersteuerungen/Clipping). Dieses verzerrte und unsaubere Signal ist für die Lautsprecher sehr gefährlich.

Einschaltverzögerung

Jede Endstufe sollte über eine Einschaltverzögerung verfügen. Sie verhindert, daß die Einschaltgeräusche (Knacken) der Endstufe an die Lautsprecher gelangen. Anderenfalls ist es möglich, daß die Knackgeräusche die Hochtontreiber beschädigen. Die Einschaltverzögerung arbeitet mit einem Relais, das die Signalleitung zwischen Lautsprecher und Endstufe erst einige Sekunden nach dem Einschalten der Endstufe schließt. Die Gefahr einer Beschädigung ist dann vorüber.

Getrennter Aufbau von Endstufen

Bei einer Stereoendstufe sind beide Kanäle mit separaten Bauteilen aufgebaut. So können beide Kanäle unabhängig voneinander arbeiten. Das hat den Vorteil, daß Übersprechen (crosstalk) zwischen Kanälen relativ gering ist. Außerdem kann im Falle eines defekten Kanals der andere problemlos weiterarbeiten.

Sicherungen (Protections)

Jede Endstufe sollte im Fall von Störungen für jeden Kanal separat abgesichert sein. Außer den üblichen Sicherungen gegen Kurzschlüsse beim Netzanschluß sollte auch eine Sicherung gegen Kurzschlüsse an den Lautsprecherausgängen vorhanden sein. Bei Überhitzung der Endtransistoren durch Überlastung sollte eine thermische Sicherung vorhanden sein, die die Endstufe abschaltet, bevor die Transistoren den »Hitzetod sterben«. Bei Defekten innerhalb der Endstufe können sehr hohe Gleichströme entstehen, die die Lautsprecher beschädigen können, wenn sie an die Ausgänge gelangen. Auch hiergegen gibt es bei guten Endstufen eine Sicherung (DC-Protection), die dies verhindert.

Erdfrei-symmetrische Eingänge

Die Endstufe muß über erdfrei-symmetrische Eingänge verfügen, wenn das PA-System vollkommen erdfrei-symmetrisch aufgebaut werden soll. Nur dann lassen sich Störeinstrahlungen wirksam unterdrücken. Außerdem haben nur dann die erdfrei-symmetrischen Ein- und Ausgänge beim Mischpult und den Frequenzweichen einen Sinn.

Eingangsempfindlichkeit (Sensitivity)

Will man mehrere Endstufen verschiedener Hersteller verwenden, ist die Eingangsempfindlichkeit der Endstufen zu berücksichtigen. Die Eingangsempfindlichkeit ist die Spannung, die eine Endstufe zur Vollaussteuerung benötigt. Diese Spannung ist bei den verschiedenen Modellen und Fabrikaten unterschiedlich. Manche Endstufen benötigen für die Vollaussteuerung lediglich 0,775 Volt, während andere mehr als 2 Volt brauchen. Die Spannungen können von den Mischpulten problemlos geliefert werden. Allerdings besteht in der Praxis das Problem, daß die Endstufen auf die Spannungen unterschiedlich reagieren. Bei einem Mischpult-Ausgangssignal von 1,5 V ist die Endstufe, die nur 0,775 V zur Vollaussteuerung braucht, bereits übersteuert, während die Endstufe mit über 2 V Eingangsempfindlichkeit noch nicht einmal zur Hälfte ausgesteuert ist. Damit beide Endstufen gleich ausgesteuert werden, ist deshalb eine Anpassung der Eingangsempfindlichkeit notwendig.

Für diese Anpassung sind Regler vorgesehen, die eine Abschwächung der Eingangsempfindlichkeit erlauben. Diese Regler können die Bezeichnungen Sensitivity, Volume, Level oder Gain tragen. Außerdem können die Regler mit einer Einstellskala von 0...10 oder einer dB-Eichung versehen sein; manche haben überhaupt keine Skalenteilung. Die Reglerskala ist nämlich für die Einstellung und für die Anpassung der Endstufen ohne Bedeutung. Bei der Anpassung (ein Beispiel ist in Bild 2.83 gezeigt) geht man so vor, daß man sich an der Endstufe mit der geringsten Eingangsempfindlichkeit (siehe Herstellerangaben) orientiert. Das ist die Endstufe, die zur Vollaussteuerung die höchste Spannung benötigt. Für diese Endstufe soll das Mischpult die Spannung liefern, die zur Vollaussteuerung notwendig ist. Der Sensitivity-Regler dieser Endstufe ist voll aufgedreht. Die anderen Endstufen werden mit dem Sensitivity-Regler soweit ausgesteuert, daß die Übersteuerungsanzeige (Overload-LED) gerade noch nicht aufleuchtet. Damit ist die Anpassung der Eingangsempfindlichkeiten abgeschlossen und eine gleichmäßige Aussteuerung aller Endstufen gewährleistet.

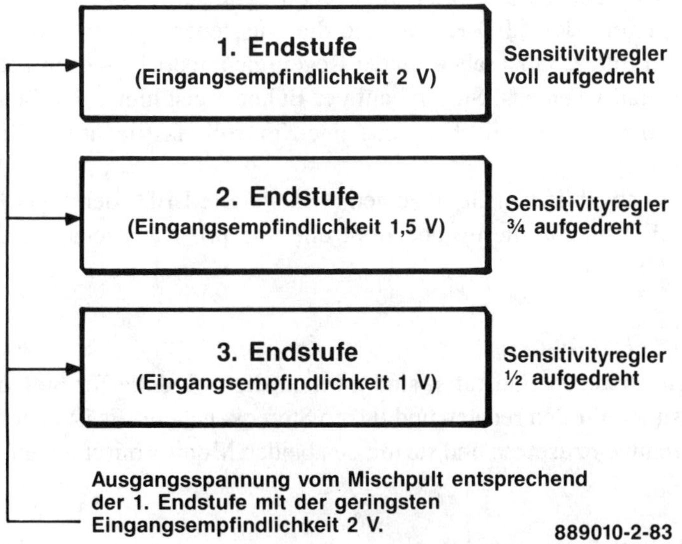

Bild 2.83 Anpassung von drei Endstufen mit unterschiedlichen Eingangsempfindlichkeiten. Die drei Endstufen erhalten vom Mischpult soviel Eingangssignal, daß die Endstufe A voll ausgesteuert ist. Der Sensitivity-Regler ist dabei voll aufgedreht. Bei Endstufe B genügen 1,5 V zur Vollaussteuerung; folglich ist der Sensitivity-Regler nur noch 3/4 aufgedreht. Endstufe C kommt mit 1 V für die Vollaussteuerung aus; der Sensitivity-Regler darf nur noch zur Hälfte aufgedreht sein.

Meßdaten von Endstufen und Auswahlkriterien

Die Endstufen erreichen heute Meßdaten, die genau so wie die von den Mischpulten und den Zusatzgeräten einen hohen Standard haben. Die Frequenzgänge sind sehr linear, die Verzerrungswerte niedrig und alle anderen Daten sind ebenfalls sehr gut. Dieses hohe Niveau erreichen auch die preiswerteren Modelle. Die Meßdaten sind für den PA-Betrieb in jedem Fall ausreichend und deshalb bei der Auswahl der Endstufen von geringerer Bedeutung.

Entscheidend für die Qualität einer Endstufe sind deren Verarbeitung und die Betriebssicherheit. Die Endstufe sollte in ein stabiles Stahlblechgehäuse verpackt sein und über solide Anschlüsse verfügen. Für die Baßwiedergabe und die Impulsfestigkeit der Endstufe ist es günstig, wenn sie ein getrenntes und ausreichend dimensioniertes Netzteil besitzt. Auch die Elkos (Elektrolytkondensatoren) und die Transistoren sollte großzügig ausgelegt sein. Die Betriebssicherheit hängt von den bereits erwähnten Sicherungen ab.

Anzeigeinstrumente von Endstufen

Viele Endstufen besitzen Anzeigeinstrumente, die die verschiedenen Betriebszustände optisch sichtbar machen. So besitzen die meisten Endstufen eine Leuchtdiode (LED), die eine eventuelle Übersteuerung der Endstufe anzeigt (Overload-LED). Diese LED sollte nach Möglichkeit immer dunkel bleiben bzw. man muß, falls sie aufleuchtet, dafür sorgen, daß sie schnellstens wieder erlischt. Nur dann sind Verzerrungen und Beschädigungen der Lautsprecher ausgeschlossen. Wichtig ist die Overload-LED bei der Anpassung von Endstufen mit verschiedenen Eingangsempfindlichkeiten.

Manche Endstufen verfügen anstelle einer Übersteuerungsanzeige bzw. in Kombination mit einer solchen über VU-Meter oder LED-Ketten, die die Aussteuerung der Endstufe anzeigen. Ein Beispiel hierfür ist in Bild 2.84 zu sehen. In der Regel reicht jedoch eine einfache Overload-LED zur Einstellung der Endstufen aus. Sie sind auf der Bühne meist hinter den Boxen aufgestellt, so daß während des Konzerts vom Mischpult aus eine Kontrolle fast nicht möglich ist.

Bei dem in Bild 2.84 abgebildeten Gerät zeigen noch weitere LEDs den Betrieb des Sicherungssystems an: eine LED für die thermische Kontrolle und pro Kanal eine LED für die normale Sicherung.

Stereo-Endstufen in Aktiv-Anlagen

Die meisten der angebotenen Endstufen sind zweikanalige Modelle für Stereo. Normalerweise setzt man die Endstufen für den rechten und linken Stereokanal ein. Es ist aber auch möglich, die beiden Kanäle getrennt einzusetzen und sie mit den beiden Monitormischungen eines Mischpultes anzusteuern.

Man kann die beiden Kanäle in einer 2-Wege-Aktiv-Anlage auch direkt mit dem Baß- und den Mittelhochtonbereich ansteuern. In diesem Fall lassen sich die Endstufen unmittelbar bei den Lautsprechern aufstellen, so daß die Kabelverbindungen sehr kurz gehalten werden können. Dabei sollte man aber beachten, daß der Leistungsbedarf für den Baß- und Mitteltonbereich unterschiedlich ist. Steht beispielsweise eine Endstufe mit 2 x 400 W zur Verfügung und ist die Lautsprecherleistung für den Baßbereich entsprechend ausgelegt, benötigt der Mittelhochtonbereich,

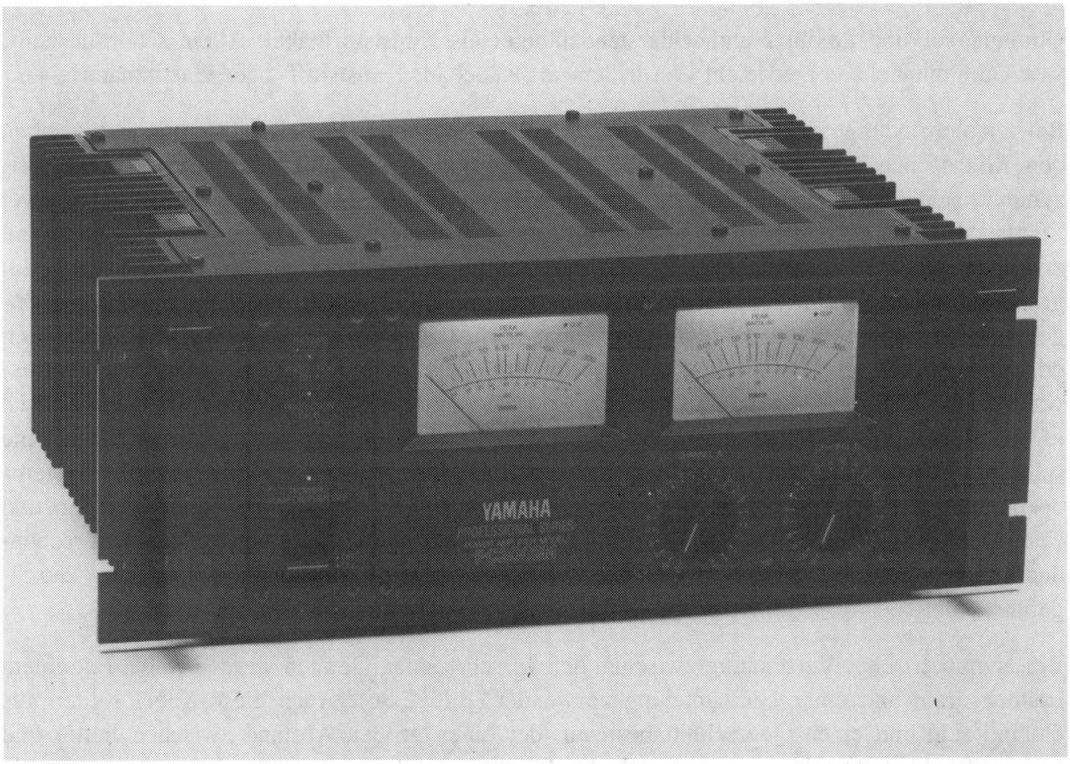

Bild 2.84 Professionelle Endstufe (Power Amp) PC 2002 M von Yamaha mit VU-Anzeigeinstrumenten und Reglern für die Eingangsempfindlichkeit.

abhängig von der Trennfrequenz, nur etwa 200 W Leistung. Schließt man nun beide Bereiche an die Endstufe an, kann es zur Überlastung des Mittelhochtonbereiches kommen. Um den Mittelhochton-Lautsprecher zu schützen, müßte die Leistungsabgabe des einen Kanals verringert werden. Dies erreicht man mit dem Level-Sensitivity-Regler. Es geht allerdings dadurch ein Teil der Endstufenleistung verloren. Es ist deshalb bei einem solchen System günstiger und auch kostensparender, diese Endstufe für die beiden Baßbereiche rechts und links einzusetzen und für den Mittelhochtonbereich beider Kanäle eine andere Endstufe mit entsprechender Leistung von 2 x 200 W zu wählen. Das gewährleistet eine vernünftige Leistungsverteilung zwischen den beiden Bereichen und schützt außerdem die Lautsprecher vor Überlastung.

2.9 Kabel und Stecker

Die einzelnen Komponenten eines PA-Systems müssen miteinander verbunden werden; dies geschieht mit Hilfe von Kabeln und Steckern. Für diese Verbindungen zwischen den Geräten stehen Kabel und Stecker mit unterschiedlichen Eigenschaften und Qualitäten zur Verfügung.

Kabel

Für die Verbindungen zwischen den Geräten sind Kabel mit unterschiedlichen Eigenschaften erforderlich. Die Qualität der Kabel spielt dabei eine wesentliche Rolle; sie müssen haltbar und widerstandsfähig sein. Um das Signal ohne Leistungs- und Klangverluste zu übertragen, sind noch gute Übertragungseigenschaften wichtig.

Gummikabel sind flexibler und widerstandsfähiger als Kunststoffkabel. Allein schon deshalb, weil Gummikabel weniger leicht »verdrillen« als Kabel aus Kunststoff- oder Plastikmaterialien.

Bei den Verbindungen zwischen Mikrofonen und der Stagebox (Verteilerkasten) bzw. zwischen den Mikrofonen und dem Mischpult werden in der PA-Technik normalerweise »erdfrei-symmetrische« Kabel benutzt (siehe Abschnitt 1.7 und Bild 2.85). Die Kabel besitzen zwei Leitungsdrähte und eine Ummantelung, die als Erdleitung dient. Dabei ist es wichtig, daß zwischen den Leitungsdrähten und der Ummantelung ein möglichst großer Abstand ist. Ein großer Abstand sorgt für die gleichmäßige Übertragung aller Frequenzen, während ein zu geringer Abstand die Kabelkapazität erhöht und einen Verlust der Höhen verursacht. Die Kabel sollten deshalb sehr dick sein, damit ein großer Abstand möglich ist. In jedem Fall sollten bei der Auswahl eines Kabel die Querschnitte verschiedener Modelle verglichen werden. In jedem Fall ist es günstiger, ein etwas teureres Kabel mit ausreichendem Querschnitt anzuschaffen als eine schlechte Ausführung, die durch den Höhenverlust die Qualität des gesamten PA-Systems beeinträchtigt. Die Verbindungen zwischen Mischpult, Effektgeräten, Frequenzweichen und Endstufen werden, bei erdfrei-symmetrischer Auslegung der Ein- und Ausgänge der entsprechenden Geräte, mit Kabeln gleicher Qualität und Eigenschaften, wie gerade beschrieben, durchgeführt.

Bei asymmetrischer Verbindung zwischen den verschiedenen Geräten werden Kabel mit einem Leitungsdraht und einer Ummantelung verwendet (Bild 2.86). Auch diese Kabel sollten aus Gummi sein und einen Querschnitt besitzen, der einen großen Abstand zwischen Leiter und Erdung/Rückleitung (Ummantelung) erlaubt.

Die Endstufen werden mit den Lautsprecherboxen durch Kabel mit zwei gleichstarken Leitern ohne Ummantelung verbunden. Für diese Kabel sind unterschiedliche Leitungsdurchmesser im Angebot: 2 x 0,75 mm, 2 x 1,5 mm, 2 x 2,5 mm und 2 x 4 mm. Welcher Leitungsdurchmesser in Frage kommt, hängt von der Impedanz der Lautsprecherbox und von der erforderlichen Kabellänge ab. Dabei gilt die Regel, daß mit sinkender Impedanz und zunehmender Kabellänge der Leitungsquerschnitt größer werden sollte. Da es sich meistens um Impedanzen von 4 Ohm oder 8 Ohm handelt und die Kabellängen um die 10 m betragen, empfiehlt sich ein Leitungsdurchmesser von 2 x 2,5 mm. Dieser Durchmesser bietet einen günstigen Kompromiß zwischen guten Übertragungswerten, geringen Klang- und Leistungsverlusten und vernünftigen Anschaffungskosten. Zu geringe Leitungsdurchmesser können zu erheblichen Leistungsverlusten, zwischen 10 % und 20 % sowie zu Höhenverlusten führen. Auch die Verbindungen zwischen den Endstufen und den Lautsprecherboxen sollten unbedingt aus widerstandsfähigem Gummikabel bestehen.

Das »Multicore-Kabel« (Mehrfachkabel)

Die Verbindungen von der Bühne (Mikrofone, DI-Boxen und Direktausgänge) zum Mischpult sowie die Rückverbindungen vom Mischpult zu den Endstufen werden nicht durch eine Vielzahl von einzelnen Kabeln hergestellt, sondern durch ein Mehrfachkabel. Dieses Mehrfachkabel (Multicore) beinhaltet alle Leitungen zum Mischpult (Sends) und alle Rückleitungen zur Bühne (Returns). Multicore-Kabel sind mit bis zu 54 Leitungsadern im Handel erhältlich; in Bild 2.87 ist als Beispiel ein 24-adriges Multicore-Kabel gezeichnet. Jedes Leitungspaar ist separat ummantelt. Die Ausführung mit 54 Leitungsadern entspricht 24 erdfrei-symmetrischen Send-Leitungen und drei ebenfalls erdfrei-symmetrischen Return-Leitungen für die Ausgänge Rechts/Links und Monitor.

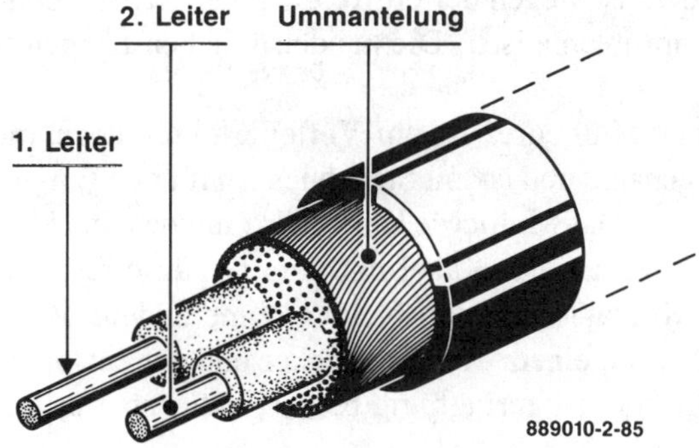

Bild 2.85 Zweiadriges (symmetrisches) Kabel mit zwei Leitern und einer Ummantelung. Mit diesem Kabel sind »erdfrei-symmetrische« Verbindungen möglich.

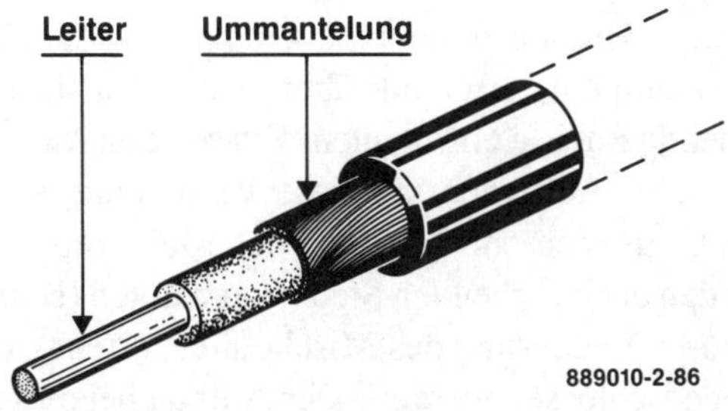

Bild 2.86 Einadriges asymmetrisches Kabel mit einem Leiter und einer Ummantelung.

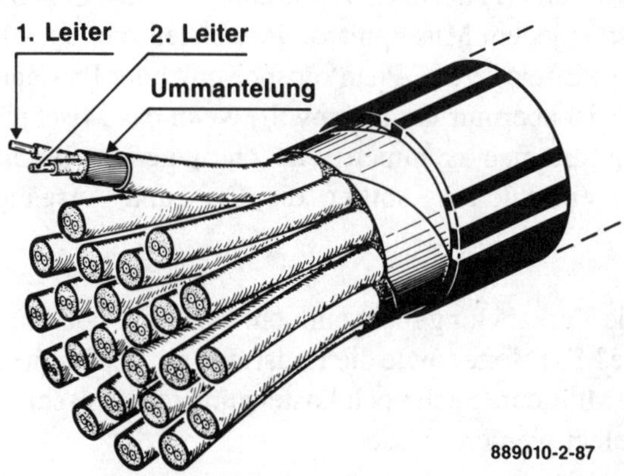

Bild 2.87 Das Multicore-Kabel enthält 24 Einzelkabel, die wiederum aus zwei Leitern und einer Ummantelung bestehen; maximal gibt es Multicore-Kabel mit 54 Leitungsadern.

Sind mehr als 54 Leitungsadern erforderlich, weil mehr Eingangsquellen angeschlossen werden sollen oder die PA-Anlage Mehrweg-Aktiv arbeiten soll, sind zwei Multicore-Kabel zu verwenden. In einer aktiv betriebenen Anlage, bei der die Frequenzweiche beim Mischpult aufgestellt ist, wird für die Rückleitungen (Returns) immer ein zweites Multicore-Kabel eingesetzt.

Die Länge des Multicores ist wegen der erdfrei-symmetrischen Send-Leitungen und hochpegeligen Returnleitungen unproblematisch. Die handelsüblichen Längen liegen bei 25 m oder 33 m.

An der Bühnenseite des Multicores ist ein Verteilerkasten angebracht. Dieser Verteilerkasten wird auch »Stagebox« genannt und ist mit Steckbuchsen für alle Ein- und Ausgänge des Multicores auf der Bühne ausgerüstet. Das Multicore kann direkt mit den Steckbuchsen der Stagebox verlötet sein. Dabei ist es wichtig, daß das Kabel mit dem Gehäuse fest verbunden ist, damit auch bei starker Belastung die Kontakte erhalten bleiben. Eine andere Möglichkeit ist die Verbindung zwischen Kabel und Box mit einem Mehrpolstecker und der entsprechenden Buchse am Gehäuse der Stagebox. Diese Lösung ist geringfügig besser, dafür aber erheblich teurer.

Bei der Stagebox ist zu beachten, daß sie aus Stahlblech besteht. Sie ist so nicht nur nach außen elektrisch abgeschirmt, sondern hat genügend Stabilität und Eigengewicht, daß eine Beschädigung und ein allzu leichtes Verrutschen oder Umstürzen durch Kabelzug auszuschließen ist.

Für die Verbindung mit dem Mischpult an der anderen Seite des Multicores bestehen ebenfalls zwei Möglichkeiten. So kann, wie auch bei der Stagebox, ein Mehrfachstecker am Multicore angebracht werden. Da aber kaum ein Mischpult über einen derartigen Anschluß verfügt, ist in das Mischpult eine entsprechende Buchse einzubauen. Ein solcher Anschluß mit Mehrfachstecker ist beim Aufbau sehr zeitsparend. Außerdem ist diese Verbindung sehr sicher und wenig störanfällig. Als andere Lösung bietet sich an, das Ende des Multicores aufzusplitten und an jedes Leitungspaar/Ummantelung den entsprechenden Stecker anzulöten (Bild 2.88). Bei dieser Lösung kann dann das Multicore, ohne Veränderung des Mischpultes, direkt an die eingebauten Ein- und Ausgänge des Mischpultes angeschlossen werden. Der Aufbau bei dieser Verbindung ist zeitaufwendiger als bei der Mehrfachsteckerversion. Alle Stecker müssen sorgfältig beschriftet sein, damit man sie der richtigen Buchse zuordnen kann. Die Vorteile bei dem aufgeplissten Multicore liegen auf der Hand: es ist an jedem Mischpult zu verwenden; bei einem Defekt sind Kanäle und Stecker leicht ausgetauscht; Effektgeräte, Phantomspeisung oder Phasenumkehr lassen sich leicht dazwischen schalten. Dies ist aber nur dann sinnvoll, wenn das Mischpult nicht über Insert-Ein- und -Ausgänge verfügt, in die man asymmetrische Zusatzgeräte einschleifen könnte. Will man zwischen dem Multicore einschleifen, sollten die Ein- und Ausgänge der Geräte »erdfrei-symmetrisch« sein.

Die Multicores machen die Verkabelung recht einfach. Das Multicore muß nur mit dem Mischpult verbunden werden und die Mikrofone sowie die Endstufen auf der Bühne mit der Stagebox. Neben der Vereinfachung ist ein Multicore auch noch kostengünstiger als sehr lange Mikrofonkabel, die durch den ganzen Saal gelegt werden müssen.

Multicore-Verkabelung in Aktivanlagen

Die Aufstellung der Geräte und deren Verkabelung ist jeweils so vorzunehmen, daß eine möglichst gute Kontrolle und günstige Verbindungen bestehen. Dabei unterscheidet man den Saalbereich mit dem Mischpult und den Zusatzgeräten sowie den Bühnenbereich mit den Mikrofonen, den Endstufen und den Lautsprecherboxen. Bei den einfachen Anlagen besteht die Verbindung zwischen den beiden Bereichen aus einem Multicore, das alle Sendleitungen von den Mikrofonen zum Mischpult führt und den Returnleitungen vom Mischpult zu den Endstufen der PA und des

Bild 2.88 Aufgesplisstes Multicore-Kabel mit Stagebox.

Monitors. Die Endstufen sollen immer möglichst nah bei den Lautsprechern stehen, damit die Leitungen kurz und die Leistungs- und Klangverluste gering bleiben.

Bei einer Anlage, die aktiv betrieben wird, kann man die Frequenzweiche entweder im Saalbereich am Mischpult oder im Bühnenbereich bei den Endstufen aufstellen. Die Plazierung bei den Endstufen (Bild 2.89) hat den Vorteil, daß sie kostengünstiger ist, weil die Verkabelung, wie bei einer einfachen Anlage, über die R/L-Returnleitungen erfolgen kann. Die Aufstellung der Frequenzweichen beim Mischpult (Bild 2.90) hat den Vorteil, daß der Mixer jederzeit die Einstellungen kontrollieren und korrigieren kann. Allerdings ist diese Aufstellung kostenintensiver. Die Verbindung kann dabei nämlich nicht mehr über das Multicore mit den Sendleitungen und den 3 oder 4 Returnleitungen vorgenommen werden, sondern über ein zusätzliches Return-Multicore mit 4...10 Leitungen — je nach Anzahl der aktiven Wege pro Kanal — plus der Monitorleitungen.

Die einfache, kostengünstige Verkabelung kann als Grundlage dienen, also die Aufstellung der Frequenzweichen bei den Endstufen. Dabei ist darauf zu achten, daß alle Einstellungen vor dem Auftritt korrekt vorgenommen werden, da eine Korrektur vom Mischpult aus nicht möglich ist. Die einfache Verkabelung kann dann zur getrennten Leitungsführung ausgebaut werden, wobei die Vorteile der Aussteuerung und Kontrolle der Frequenzbereiche und der Trennfrequenzen genutzt werden.

Stecker

Die Verbindungen an den Geräten erfolgt mit Hilfe von Steckern und Buchsen. Die Steckverbindungen müssen im wesentlichen drei Bedingungen erfüllen.

1. Sie müssen den Kontakt zuverlässig herstellen.
2. Sie müssen ein solides und stabiles Gehäuse besitzen sowie das Kabel sicher und knickfrei festhalten.
3. Sie müssen sich unproblematisch mit dem Kabel verlöten lassen.

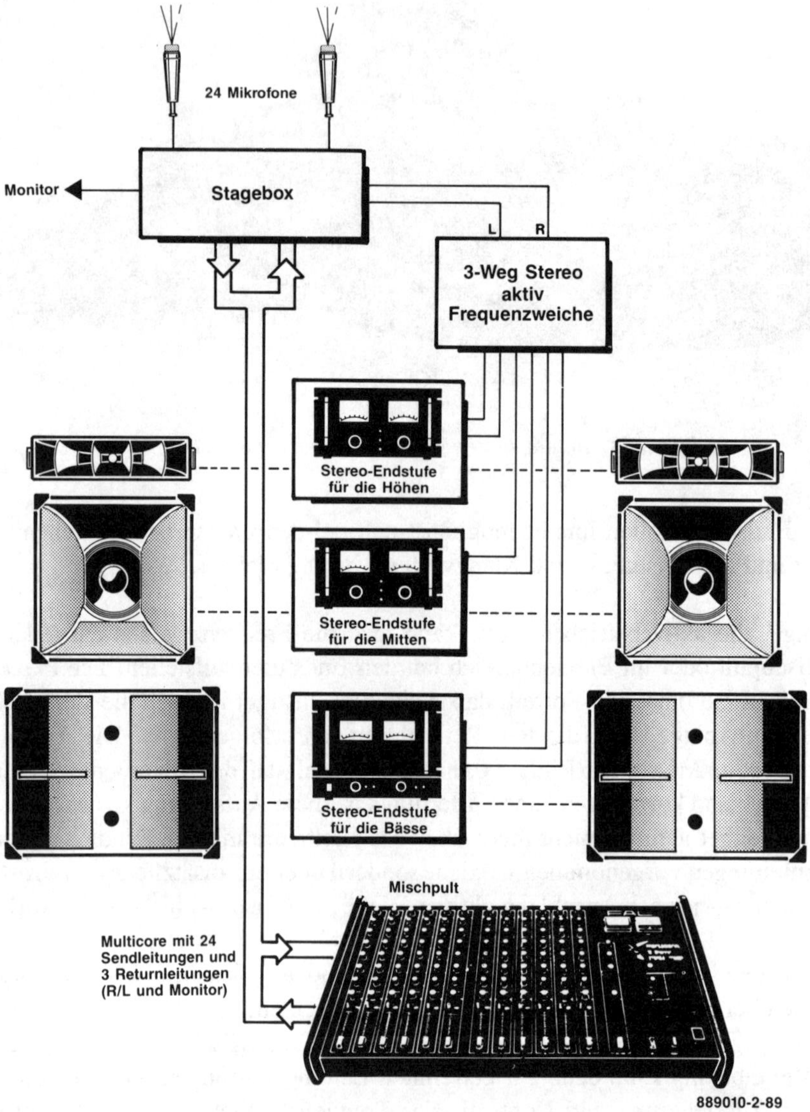

Bild 2.89 3-Weg-Aktiv-PA-System mit der Frequenzweiche auf der Bühne und einer Verbindung über ein kombiniertes Send/Return-Multicore.

Diese drei Bedingungen werden von den in der Hi-Fi-Technik üblichen »DIN«- oder »Dioden«-Steckern sowie den Cinch-Steckern nicht ausreichend erfüllt. Aus diesem Grund sind diese Steckverbindungen für den PA-Bereich völlig ungeeignet.

Für den PA-Bereich geeignet sind Klinkenstecker, die Bananenstecker, Jack-Stecker oder Phone-Plug genannt werden. Klinkenstecker sind recht kontaktsicher und lassen sich gut mit dem

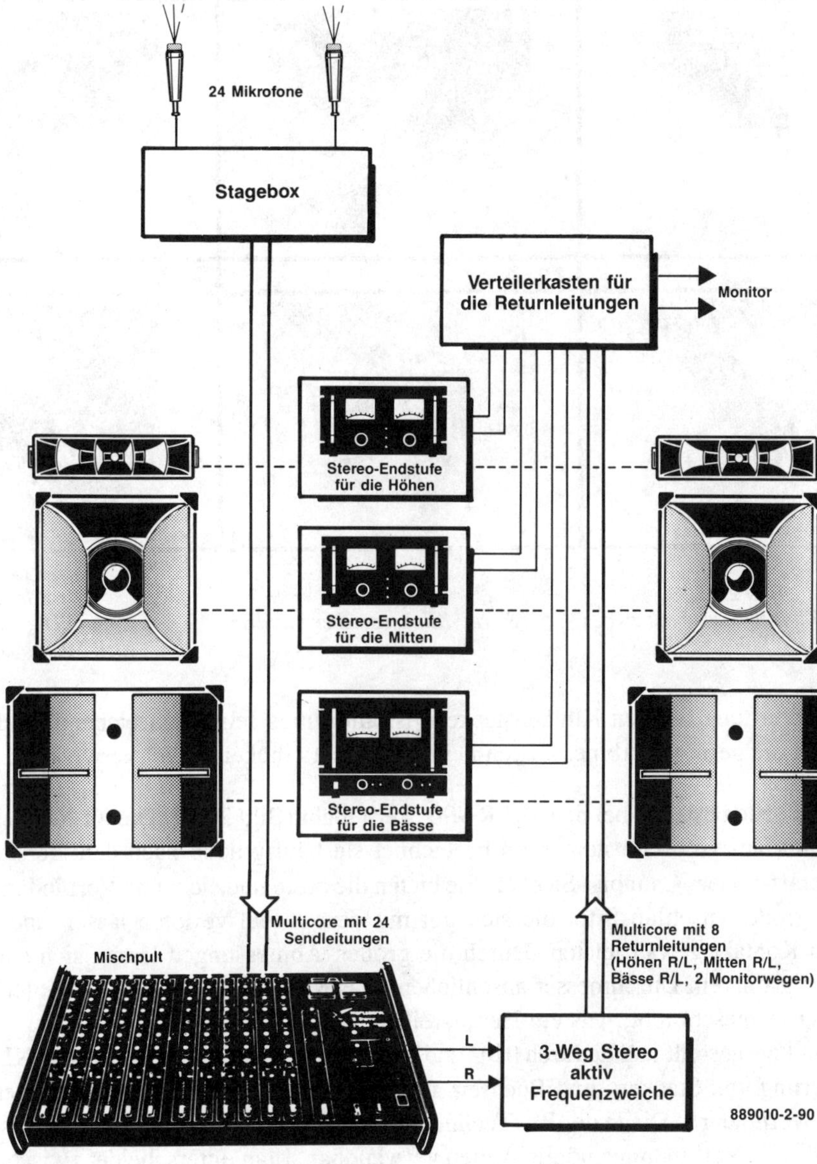

Bild 2.90 3-Weg-Aktiv-PA-System mit der Frequenzweiche am Mischpult und der Verbindung über getrennte Multicores für Send- und Return-Leitungen.

Kabel verlöten. In Betracht kommen allerdings nur hochwertige Ausführungen mit stabilem Metallgehäuse und Knickschutz. Billige Plastikausführungen sind ungeeignet, da sie leicht beschädigt werden. Die genannten Stecker sind mit zwei (Mono) und drei (Stereo) Polen erhältlich. Zweipolige Ausführungen eignen sich für asymmetrische Verbindungen und für Lautsprecherleitungen. Für erdfrei-symmetrische Leitungen müssen dreipolige Verbindungen eingesetzt werden.

2.91

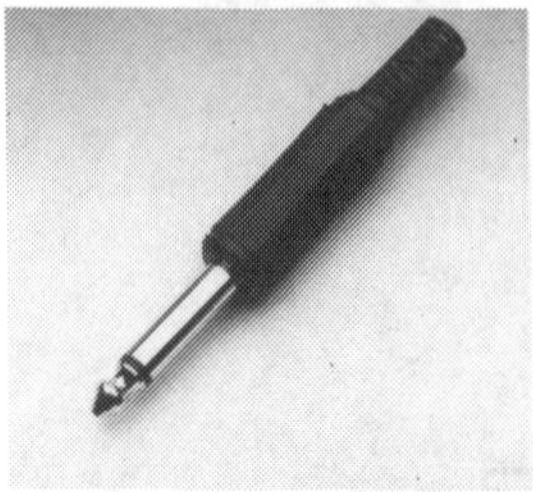

2.93 a

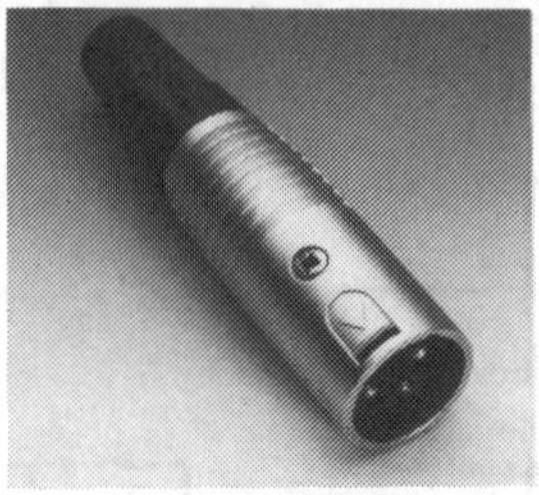

2.93 c

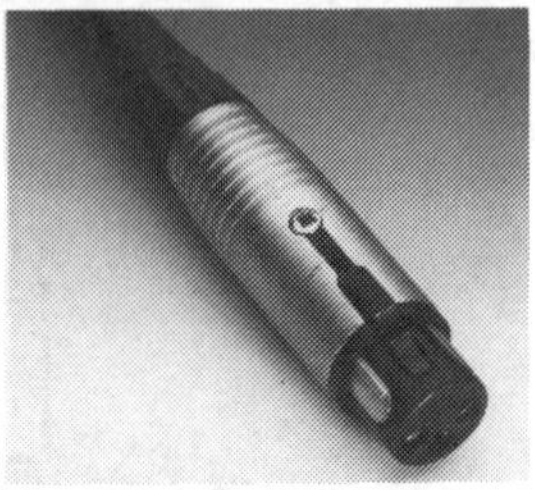

2.92

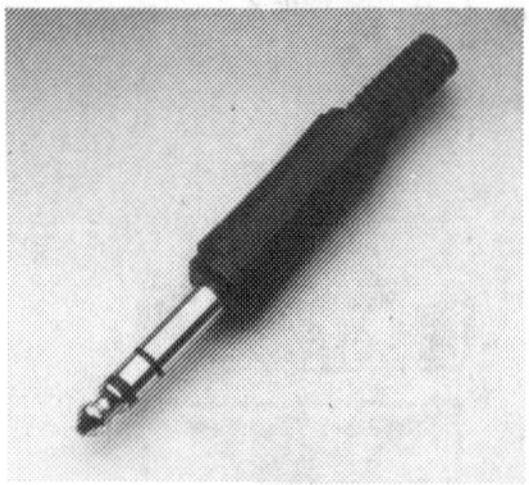

2.93 b

2.92 d

Bild 2.91
Mono-Klinkenstecker mit zwei Polen.

Bild 2.92
Stereo-Klinkenstecker mit drei Polen.

Bild 2.93
Männliche und weibliche XLR-Stecker und Buchsen.

Die Zugentlastung bei den Klinkensteckern ist allerdings sehr unzureichend. Außerdem lassen sich durch die geringen Abmessungen keine besonders dicken Kabel verwenden.

Diese Nachteile bestehen bei den »XLR«-Steckern nicht (Bild 2.93). Die XLR-Stecker sind in der PA-Technik am verbreitetsten. Man bezeichnet sie häufig auch nach den Herstellerfirmen als »Switchcraft«- oder »Cannon«-Stecker. Sie bieten die beste und sicherste Verbindung. Die Stecker besitzen große Anschlußstifte, die sich gut mit dem Kabel verlöten lassen und einen hervorragenden Kontakt gewährleisten. Durch die großen Abmessungen lassen sich auch problemlos Kabel mit größerem Durchmesser anschließen. Das Kabel wird bei den XLR-Steckern zur Zugentlastung festgeschraubt, was ein Herausreißen unmöglich macht. Die Stecker sind aus massivem Metall hergestellt und dadurch tritt- und bruchfest. Ein weiterer Vorteil der XLR-Modelle ist die Fixierung von Steckern und Buchsen durch Verschlüsse, die ein versehentliches Lösen der Kontakte verhindern. Die in der PA-Technik üblichen XLR-Stecker haben drei Anschlußpole und sind so für alle Verbindungsmöglichkeiten verwendbar. Man unterscheidet zwischen männlichen (male) und weiblichen (female) Steckern und Buchsen.

Die XLR-Stecker gehören bei guten Geräten zum Standard der PA-Technik. Sie sind zwar erheblich teurer als Klinkenstecker, aber dafür auch wesentlich sicherer und haltbarer.

Belegung der Anschlüsse

Bei allen Verbindungen und Kontakten innerhalb eines PA-Systems erfolgt die Belegung der Anschlüsse nach bestimmten Richtlinien. Sie werden von allen Herstellern eingehalten, damit sich alle Komponenten eines PA-Systems, auch wenn sie von unterschiedlichen Herstellern stammen, problemlos verbinden lassen.

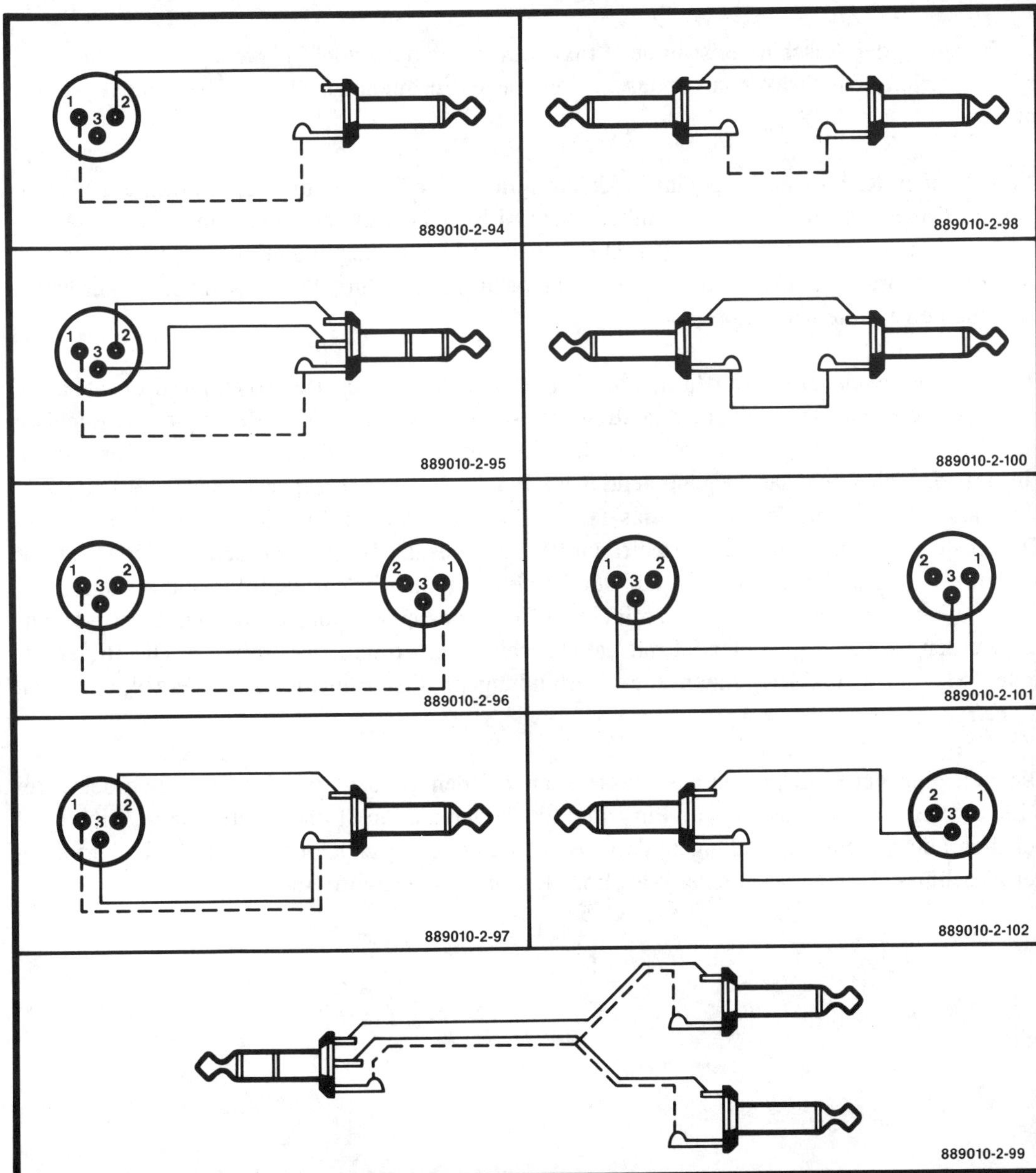

Bild 2.94 *Verbindung zwischen asymmetrischem Mischpultausgang mit XLR-Stecker und Endstufe bzw. Effektgerät mit asymmetrischem Eingang und Klinkenstecker.*

Bild 2.95 *Verbindung zwischen Mikrofon mit erdfrei-symmetrischem XLR-Stecker und Stagebox zum Mischpulteingang mit erdfrei-symmetrischem Stereo-Klinkenstecker.*

Bild 2.96 *Verbindung zwischen Geräten mit erdfrei-symmetrischem Ausgang und erdfrei-symmetrischem Eingang über XLR-Stecker.*

Bild 2.97 *Verbindung zwischen Geräten mit erdfrei-symmetrischem Ausgang über XLR-Stecker und asymmetrischem Eingang mit Mono-Klinkenstecker.*

Bild 2.98 *Verbindung zwischen Geräten mit asymmetrischem Ausgang über Klinkenstecker und asymmetrischem Eingang mit Klinkenstecker.*

Bild 2.99 *Y-Kabel.*

Bild 2.100 *Verbindung zwischen Endstufe und Lautsprecherbox mit Klinkensteckern an beiden Seiten des Kabels.*

Bild 2.101 *Verbindung zwischen Endstufe und Lautsprecherbox mit XLR-Steckern an beiden Seiten des Kabels.*

Bild 2.102 *Verbindung zwischen Endstufe und Lautsprecherbox mit Klinkenstecker an der einen und XLR-Stecker an der anderen Seite.*

Die Belegung der Anschlüsse ist in der Praxis besonders dann wichtig, wenn ein Verbindungskabel repariert, ein Stecker ausgetauscht oder neue Verbindungsleitungen hergestellt werden müssen.

Die folgenden Richtlinien beschränken sich auf die in der PA-Technik vorkommenden Verbindungen. Dabei handelt es sich um Klinken- oder XLR-Stecker mit erdfrei-symmetrischen, asymmetrischen und Lautsprecherleitungen. Die Pole der XLR-Stecker sind mit 1, 2 und 3 beschriftet. Mono-Klinkenstecker besitzen eine lange und eine kurze Lötfahne. Stereo-Klinkenstecker haben zusätzlich eine mittellange Lötfahne.

Die Leiter bei zweiadrigen Kabeln sind mit Farben gekennzeichnet. Das Potential (life) hat häufig die Farbe weiß und das Gegenpotential die Farbe schwarz oder rot. Die Belegung der Anschlüsse mit XLR-Steckern erfolgt immer mit der Abschirmung/Erdung an Pin 1, es folgt das Potential an Pin 3 und schließlich das Gegenpotential an Pin 2. Bei den Klinkensteckern wird die Abschirmung/Erdung mit der langen, das Potential mit der kurzen Lötfahne verbunden. Stereo-Klinkenstecker werden mit der Abschirmung/Erdung auf der langen, mit dem Potential auf der mittleren und dem Gegenpotential auf der kurzen Lötfahne belegt. Soll ein Gerät, das einen erdfrei-symmetrischen Ausgang hat, mit einem Gerät, dessen Eingang asymmetrisch ist, verbunden werden,ist das Gegenpotential mit der Abschirmung/Erdung zu verbinden. Die Bilder auf Seite 151 zeigen die Belegungen aller Verbindungen, die in einem PA-System vorkommen können.

Die Belegung der Lautsprecheranschlüsse kann bei den Herstellern unterschiedlich sein. Bei XLR-Steckern können anstelle von Pin 1 und Pin 2 auch die Pins 1 und 3 belegt sein. Wichtig ist bei allen Lautsprecherverbindungen, daß die Belegung immer gleich ist, damit durch Verpolung der Anschlüsse keine Phasenfehler oder Impedanzänderungen auftreten.

Fast kompletter Bühnenaufbau einer »Open-Air«-PA-Anlage. ▶

Teil 3

Die Praxis

3. Die Praxis

Im abschließenden dritten Teil dieses Buches geht es um praktische Tips für die richtige Handhabung von PA-Systemen. Mit den theoretischen Grundlagen aus den beiden ersten Teilen ist es nun relativ leicht, ein PA-System zusammenzustellen und dabei die bedeutenden Aspekte zu berücksichtigen. Es folgen Lösungsvorschläge für eventuelle Probleme der Auftrittsvorbereitungen sowie für die Verpackung der Anlage und deren Transport. Schließlich bietet dieser Abschnitt auch noch Hilfen zur Lösung von technischen und akustischen Problemen wie Rückkopplungen, Aufstellung von Mikrofonen und Lautsprechern, Einstellung der Anlage und Tips für die Wartung.

3.1 Verschiedene PA-Vorschläge

Wir beginnen mit einigen Vorschlägen für den Aufbau verschiedener PA-Systeme. Es handelt sich dabei lediglich um Möglichkeiten; unabhängig hiervon gibt es noch zahlreiche andere Variationen. Letztendlich muß jede Band selbst festlegen, welche Ansprüche sie an ein PA-System stellt, wie hoch der Aufwand sein soll und ob hierfür die finanziellen Voraussetzungen gegeben sind. Die hier gemachten Vorschläge sind nur Denkanstöße für die Planung der eigenen PA-Anlage und sollen dazu beitragen, Fehlinvestitionen zu vermeiden.

Die Leistungsangaben des entsprechenden Vorschlages lassen erkennen, für welche Saalgröße die Anlage geeignet ist. Dabei wird die Anlage nur soweit belastet, daß noch eine gute Klangwiedergabe gewährleistet ist. Der Einsatz effektiver Lautsprecherboxen wird dabei vorausgesetzt. Erhöht man die Leistungskapazitäten der einzelnen Vorschläge, ist natürlich die Beschallung größerer Säle möglich.

Die Erweiterungsvorschläge sind so gehalten, daß sie in einer vernünftigen Relation zur PA-Anlage stehen. Es ist selbstredend unsinnig, wenn eine Band mit einer kleinen Gesangsanlage die Anschaffung eines Effektgerätes plant, das nahezu genau so teuer wie die gesamte Anlage ist. Die Musiker entscheiden natürlich individuell, welche Erweiterungen für sie unbedingt notwendig sind.

In allen Fällen gilt: Eine größere PA-Anlage verursacht nicht nur höhere Kosten und einen aufwendigeren Transport, sondern macht auch die Bedienung schwieriger und erfordert eventuell zusätzliches Personal. In der Regel gehört zu jedem PA-System ein Mixer und häufig ein zusätzlicher Fahrer/Roadie, falls die Musiker diese Aufgaben nicht selbst ausführen.

PA-Vorschlag 1

Der erste Vorschlag (Bild 3.1) eignet sich für den Einsatz im Übungsraum sowie zur Beschallung kleinerer Räume für Liedermacher, Folk- und Jazzgruppen und eventuell noch für Tanzkapellen. Für Rockmusik ist die vorgeschlagene Anlage nicht ausreichend. Das Mischpult steht auf der Bühne und wird dort bedient, so daß ein zusätzlicher Mixer entfällt. Auch für den Transport sind wegen der relativ geringen Ausmaße keine zusätzlichen Hilfskräfte erforderlich und der Transport selbst ist unproblematisch.

Da der Ausbau dieses Vorschlags nur eingeschränkt möglich ist, sollten vor der Anschaffung drei Dinge feststehen:

1. welcher Aufwand soll betrieben werden;
2. welche Bedingungen sind zu erfüllen;
3. wie hoch ist der Leistungsbedarf.

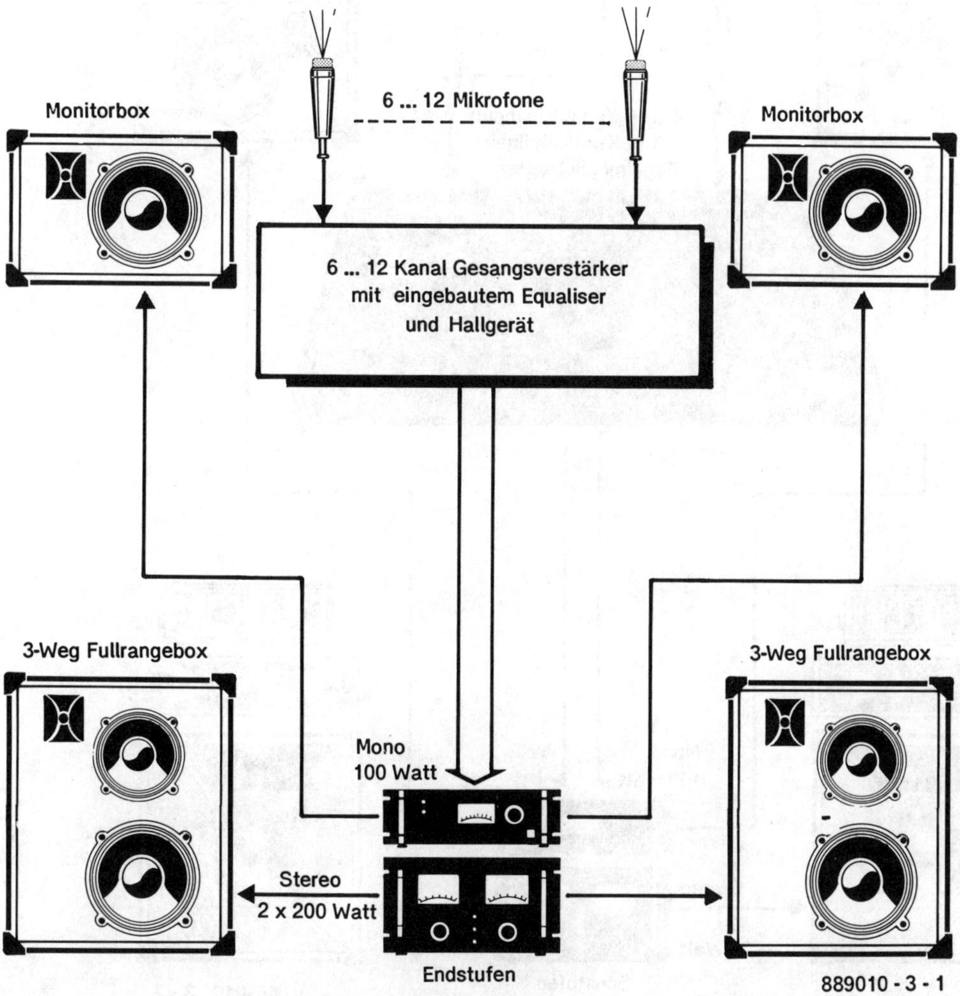

Bild 3.1 Die relativ kleine Anlage reicht nur für kleinere Räume.

Die relativ geringen Ausbaumöglichkeiten dieses Vorschlages sind auch gleichzeitig sein Nachteil. Die Vorteile sind die geringen Kosten, der unproblematische Transport und die einfachere Bedienung gegenüber einem vollwertigen PA-System.

Bei der in Bild 3.1 dargestellten Anlage handelt es sich um eine Ausführung mittlerer Größe, die sich für Räume bis zu 300 Personen eignet. Es sind jedoch auch kleinere und größere Ausführungen möglich. Soll beispielsweise nur der Gesang wiedergegeben werden, reichen 2-Weg-Gesangsboxen völlig aus. Ist daneben auch die Wiedergabe der Instrumente geplant, sollten es die 3-Weg-Fullrangeboxen sein.

PA-Vorschlag 2

Der zweite Vorschlag (Bild 3.2) zeigt die Grundausstattung eines PA-Systems. Dieser Vorschlag bietet (fast) alle Möglichkeiten einer PA-Anlage, die für Tanzkapellen und Rockbands geeignet

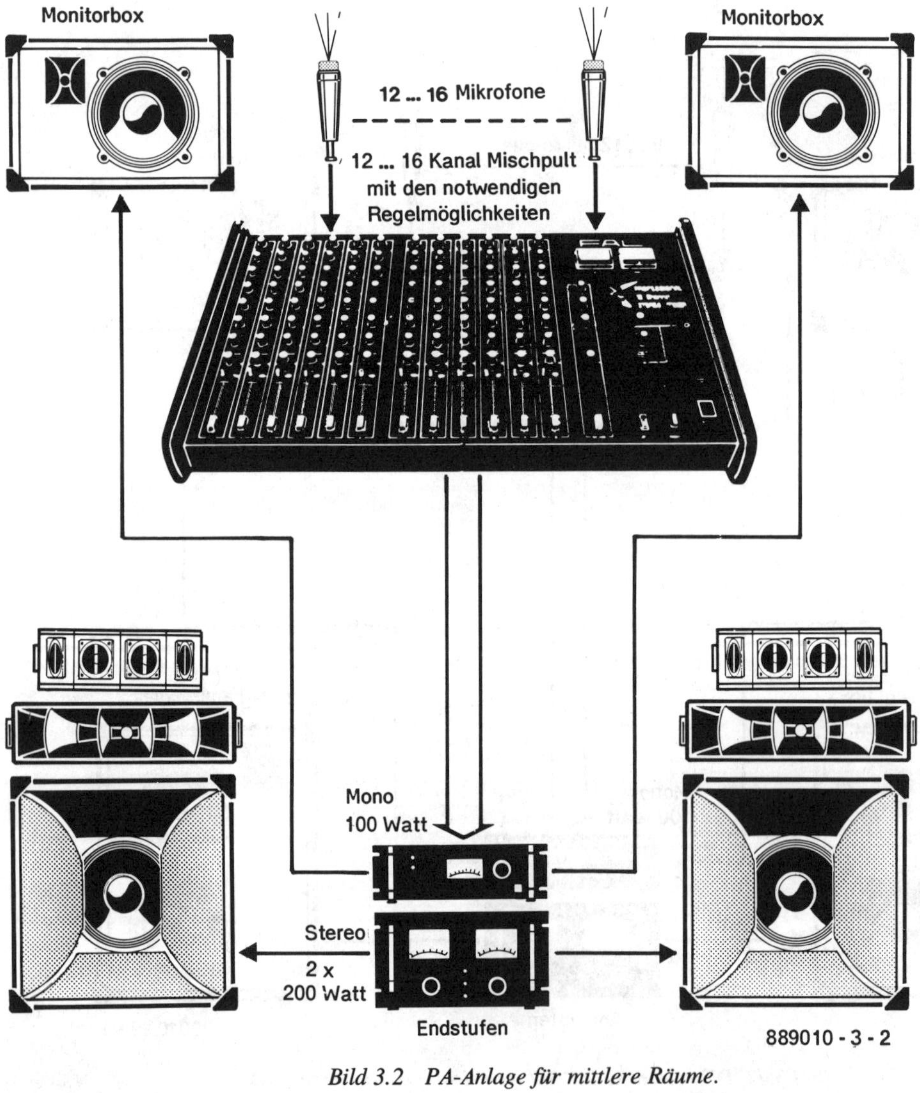

Bild 3.2 PA-Anlage für mittlere Räume.

ist. Das Mischpult sollte bei diesem Vorschlag im Saal stehen und vom einem zusätzlichen Mixer bedient werden. Die Aufstellung und die Bedienung dieser Anlage ist gegenüber dem ersten Vorschlag schon schwieriger und erfordert mehr Kenntnisse der PA-Technik.

Die vorgeschlagene Anlage läßt sich problemlos bis zu jeder gewünschten Größe ausbauen. Als Ergänzung bietet sich eine Equalizer/Analyzer-Kombination, ein Hallgerät, ein Delay oder ein Exiter an.

Die in Bild 3.2 dargestellte Anlage reicht mit der angegebenen Leistung für Räume bis zu 500 Personen aus. Die Baßwiedergabe ist bei der Verwendung von Front-Loaded-Boxen nicht so gut wie bei Folded-Horn-Modellen. Da es sich um eine komplette Hornanlage handelt, ist der Schalldruck über den gesamten Übertragungsbereich sehr hoch.

Der Nachteil dieses Vorschlags sind die relativ hohen Kosten, die schwierige Bedienung, der erforderliche zusätzliche Mixer sowie der größere Transportaufwand.

PA-Vorschlag 3

Der dritte Vorschlag (Bild 3.3, Seite 160) zeigt eine erweiterte PA-Anlage mit höherer Leistung und mehr Möglichkeiten. Die Anlage ist nach dem Prinzip des Biamping aufgebaut. Dabei wird der Baßbereich aktiv getrennt und mit einer separaten Endstufe betrieben, während die anderen Wege passiv getrennt und an einer gemeinsamen Endstufe angeschlossen sind. Durch diesen Aufbau und die damit verbundene höhere Leistung reicht die Anlage für Räume bis zu etwa 1000 Personen und für kleinere Freiluftveranstaltungen aus.Der hier gemachte Vorschlag eignet sich ganz hervorragend für Rock- und Popmusik sowie für Tanzkapellen.

Die Monitoranlage ist entsprechend des größeren Aufwandes und der höheren Leistung ebenfalls größer ausgelegt. Die Steuerung über zwei Monitorwege des Mischpultes mit insgesamt vier Monitorboxen müßte eine ausreichende Kontrolle für die Musiker zulassen und den meisten Ansprüchen genügen. Eine kleine Auswahl von Zusatzgeräten, die bei der Einstellung des Systems helfen, den Klang verbessern und eine Anzahl von Effekten erlauben, ist in dem Konzept der Anlage mit berücksichtigt.

Der Aufwand und die Kosten dieser Vorschlagsanlage sind schon relativ hoch und die Bedienung ist entsprechend der vielen Möglichkeiten schwierig. Es ist zusätzliches und fachkundiges Personal erforderlich. Den Transport machen die großen Hornboxen auch recht aufwendig; es ist ein entsprechend großes Transportfahrzeug erforderlich. Dafür bietet dann allerdings die Vorschlagsanlage umfangreiche Möglichkeiten und ein hervorragendes Klangbild.

Der Vorschlag aus Bild 3.3 dürfte als Ausbaustufe zum ersten Vorschlag (Bild 3.1) sicherlich für die Gruppen finanzierbar sein, die eine entsprechende Anzahl von Auftritten in großen Räumen absolvieren können.

PA-Vorschlag 4

Dieser Vorschlag ist ein Beispiel für eine absolut professionelle PA-Anlage, die ohne Kompromisse und ohne Rücksicht auf die Kosten aufgebaut ist (Bild 3.4, Seite 162). Dieser Vorschlag ist wohl für die wenigsten Bands noch zu finanzieren. Es ist aber eine typische Anlage, wie sie heute von PA-Verleihfirmen angeboten wird.

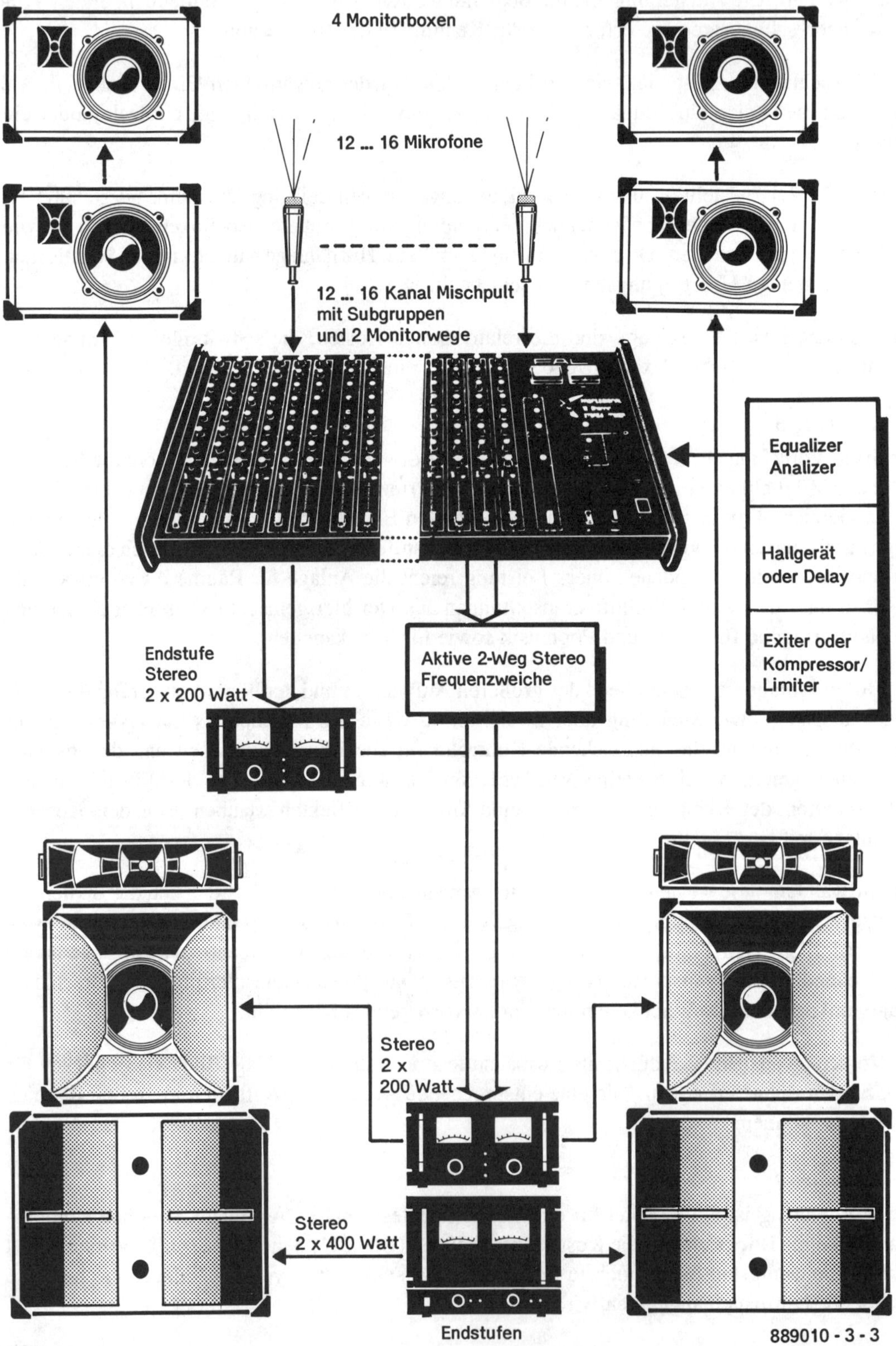

4 Monitorboxen
12 ... 16 Mikrofone
12 ... 16 Kanal Mischpult
mit Subgruppen
und 2 Monitorwege
Equalizer
Analizer
Hallgerät
oder Delay
Exiter oder
Kompressor/
Limiter
Endstufe
Stereo
2 x 200 Watt
Aktive 2-Weg Stereo
Frequenzweiche
Stereo
2 x
200 Watt
Stereo
2 x 400 Watt
Endstufen
889010 - 3 - 3

◀ *Bild 3.3 Diese Vorschlagsanlage ist bereits für Konzerte in größeren Räumen und kleinere Freiluftveranstaltungen geeignet.*

Die Anlage ist bis auf die Höchsttöner vollständig aktiv getrennt. Sie bietet eine hohe Leistung und eignet sich für Räume mit über 1000 Personen. Alle wesentlichen Zusatzgeräte stehen zur Verfügung, und die Monitoranlage ist ausreichend dimensioniert. Die Bedienung ist nur noch einem fachkundig geschulten Personal möglich. Für den Transport muß ein großer LKW zur Verfügung stehen.

Bei der vorgeschlagenen Anlage handelt es sich, wenn entsprechend hochwertige Komponenten verwendet werden, um ein Spitzensystem, das ein erstklassiges Klangbild liefert.

PA-Vorschlag 5

Der Vorschlag in Bild 3.5 (Seite 163) ist eine Alternativlösung für die Gruppen, die sich mangels regelmäßigen großen Auftritten keine umfangreiche PA-Anlage anschaffen können oder wollen, die aber für die Arbeit im Übungsraum und für eigene Aufnahmen (Homerecording) die Möglichkeiten einer hochwertigen Anlage nutzen möchten. Bei diesem Vorschlag fehlen die Wiedergabekomponenten des PA-Systems (Frequenzweiche, Endstufen und Lautsprecher), die im Übungsraum und für Aufnahmen nicht erforderlich sind. Diese Komponenten können entweder später angeschafft oder aber im Bedarfsfall dazu gemietet werden.

Für die Arbeit im Übungsraum, die mit der Monitoranlage erfolgen kann, sind alle notwendigen Komponenten vorhanden. Das Mischpult, mit der entsprechenden Ausstattung, und die Zusatzgeräte erlauben Aufnahmen mit allen Möglichkeiten. Für die Aufnahmen müssen selbstverständlich noch die entsprechende Mehrspur-Bandmaschine und eine 2-Kanal-Mastermaschine (Stereo) angeschafft werden.

Der Kostenaufwand ist bei dieser Ausstattung schon recht hoch, jedoch durch die vielfältigen Möglichkeiten des Systems für unterschiedliche Einsatzgebiete (Homerecording, Übungsraum und als Teil eines PA-Systems) durchaus gerechtfertigt.

Prozessorgesteuerte PA-Systeme

Unter dem Begriff »prozessorgesteuerte Anlagen« versteht man komplette Systeme, die sich mit Hilfe von Mikroprozessorschaltungen selbst kontrollieren und steuern. Die Anlagen bestehen aus den Lautsprechern für die verschiedenen Bereiche, den Endstufen und dem Prozessorteil (Bild 3.6, Seite 164). In diesem Prozessorteil sind die aktive Frequenzweiche, ein Equalizer, ein Kompressor, Phasenausgleichselemente oder ein Element zur Unterstützung des Baßbereiches integriert. Alle Komponenten sind von den Herstellern optimal aufeinander abgestimmt. Die Vorteile der prozessorgesteuerten Anlage liegen in den folgenden Punkten:

— äußerst ausgeglichener Frequenzverlauf;
— dem menschlichen Gehör angepaßter Frequenzverlauf;
— Übersteuerungen und Fehlbedienungen sind ausgeschlossen;
— keine Phasenverschiebungen zwischen den Systemen;
— einfache Bedienung des Systems;
— einfacher Aufbau der Anlage.

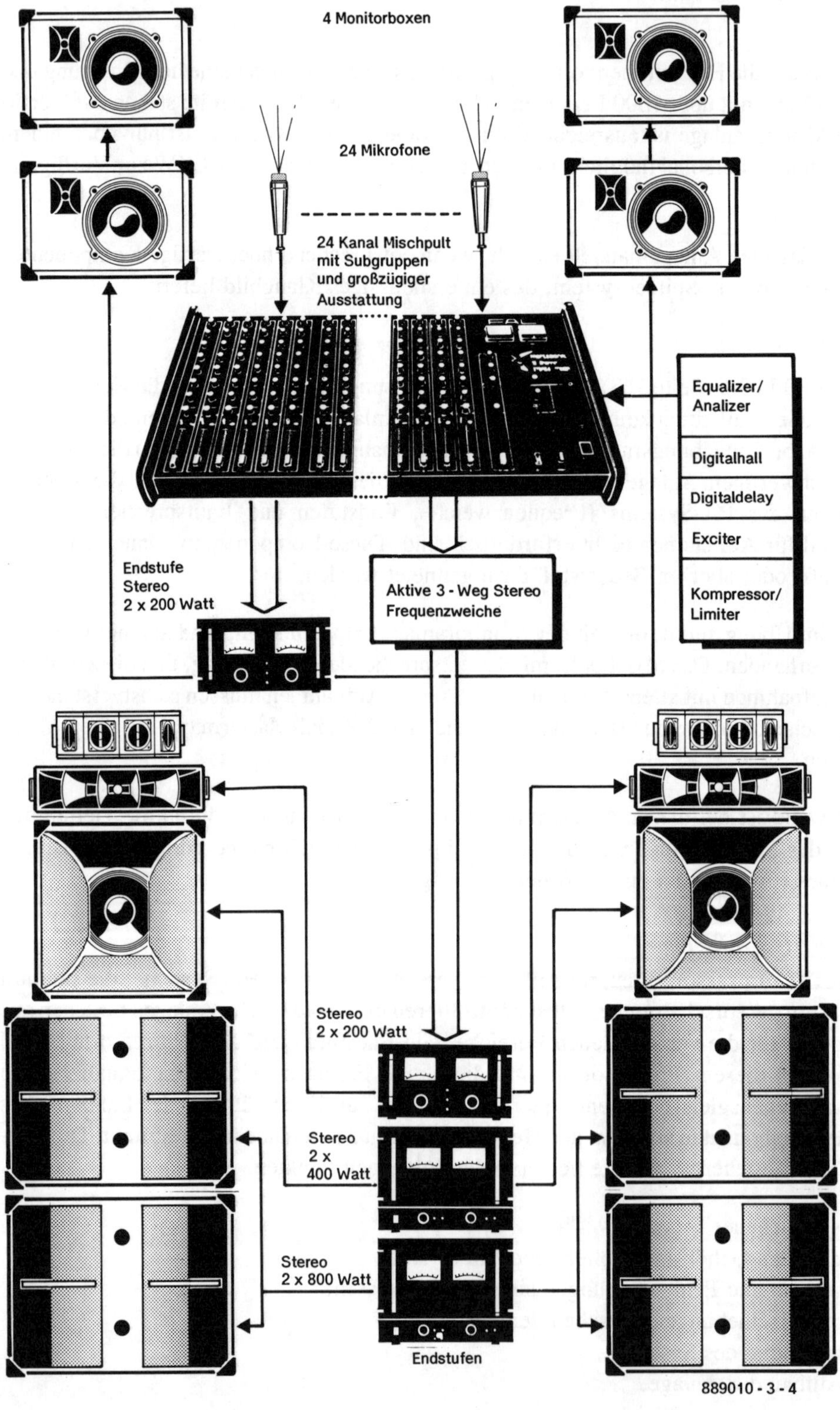
4 Monitorboxen
24 Mikrofone
24 Kanal Mischpult
mit Subgruppen
und großzügiger
Ausstattung
Equalizer/
Analizer
Digitalhall
Digitaldelay
Exciter
Kompressor/
Limiter
Endstufe
Stereo
2 x 200 Watt
Aktive 3 - Weg Stereo
Frequenzweiche
Stereo
2 x 200 Watt
Stereo
2 x
400 Watt
Stereo
2 x 800 Watt
Endstufen
889010 - 3 - 4

◀ *Bild 3.4 Professionelle Spitzenanlage für große Räume.*

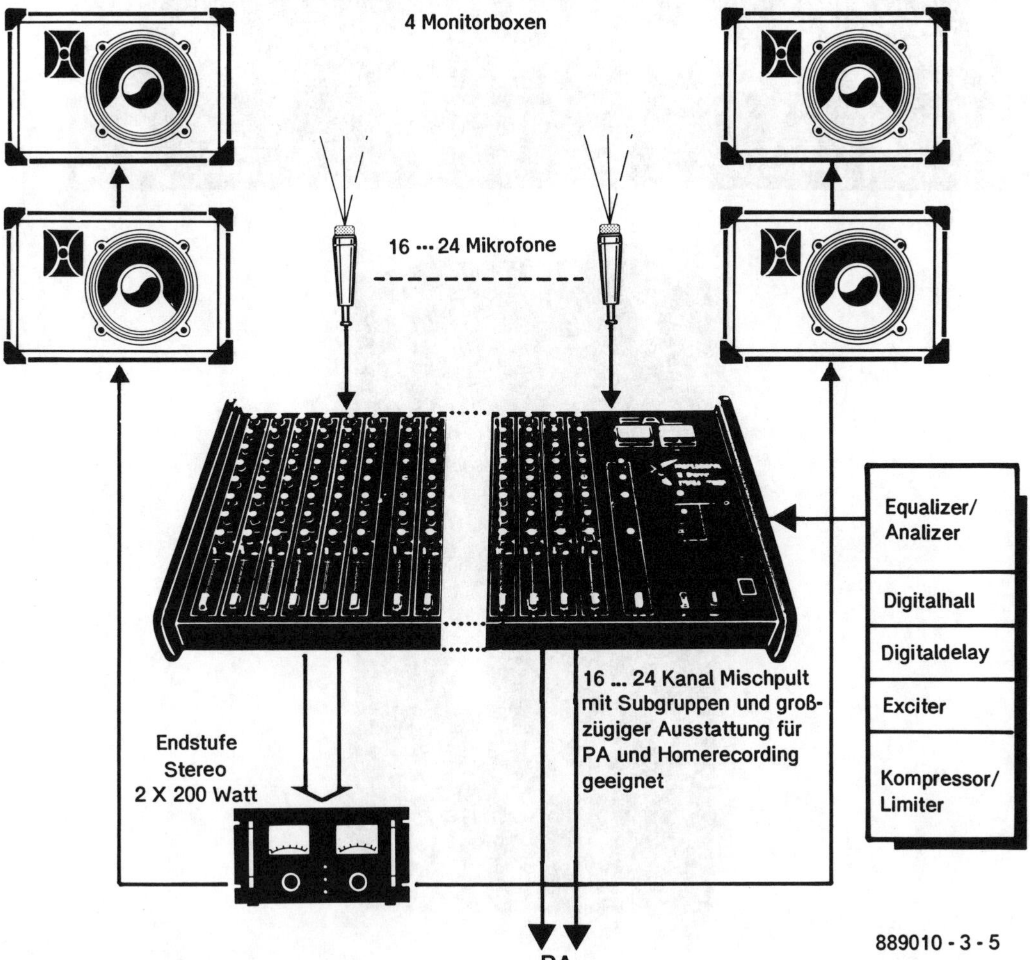

Bild 3.5 Kompromißvorschlag für eine hochwertige Anlage mit vielen Möglichkeiten.

Durch die Abstimmung aller Komponenten wird zusammen mit dem Equalizer und der Baßanhebung ein dem menschlichen Gehör angepaßter Frequenzgang erreicht. Eventuelle Phasenfehler/Laufzeitunterschiede zwischen den Lautsprechern gleichen entsprechende Verzögerungsglieder aus. Eine Übersteuerung des Systems verhindert die Prozessorschaltung, die alle Funktionen des Systems überwacht und bei Fehlfunktionen/Übersteuerungen selbsttätig korrigiert. Die Korrekturfunktion ist, wie auch der Aufbau der Prozessorsteuerung, bei den Anlagen von verschiedenen Herstellern unterschiedlich. Es gibt Systeme, die bei steigender Belastung (also bei Überlastungsgefahr) die Pegelkompression erhöhen und so die Leistung der Endstufen herabsetzen. Andere Systeme verschieben bei steigender Belastung die Trennfrequenzen der aktiven

Bild 3.6 Prozessorgesteuertes PA-System (Hitec) mit Sound-Prozessor Mark 1 und einer Box HA 215.

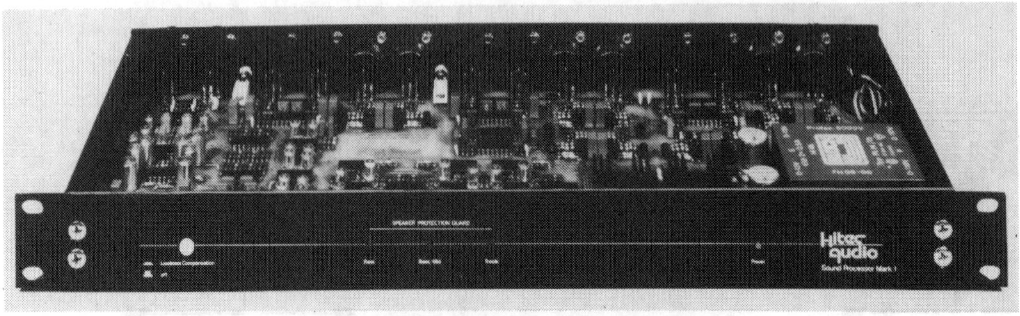

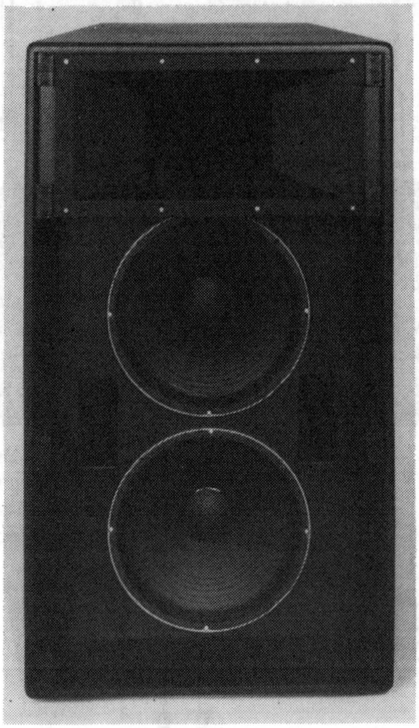

Frequenzweiche nach oben, um so die Mittel- und Hochtonlautsprecher vor Überlastung zu schützen. Die Prozessorsteuerung kontrolliert dabei die Aussteuerung des systems oder die Membranauslenkung und reagiert darauf mit den schützenden Maßnahmen.

Die Bedienung ist äußerst einfach, da sich die Anlage selbstregelt und steuert. Der Anlagenaufbau ist ebenfalls sehr einfach, da nur die Boxen mit dem Prozessor-Endstufenteil zu verbinden sind.

Der Nachteil dieser Anlagen liegt in den extrem hohen Anschaffungskosten; sie sind höher als bei einem System, das aus Einzelkomponenten besteht. Der Vorteil der einfachen Bedienung wird also bei den prozessorgesteuerten Anlagen sehr teuer erkauft. Wer mit einem System aus Einzelkomponenten vertraut ist und es richtig bedienen kann, der erreicht nahezu genau so hohe Wiedergabequalitäten, allerdings zu einem erheblich geringeren Preis.

3.2 Die Monitoranlage

Die Monitoranlage ist eine eigenständige Beschallungsanlage, die den Musikern zur eigenen Kontrolle dient und unabhängig von der Saalbeschallung ist. Die Monitoranlage ist für die Musiker sehr wichtig, da sie so nicht nur ihr eigenes, sondern auch die anderen Instrumente gut hören können. Das trägt wesentlich zum besseren Zusammenspiel aller Musiker auf der Bühne bei. Besonders der Sänger ist völlig auf die Monitoranlage angewiesen, da er sonst seinen eigenen Gesang bei der auf der Bühne herrschenden Lautstärke nicht wahrnehmen könnte.

Jeder Musiker wünscht sich natürlich eine optimale Monitoranlage; allerdings sind dem Aufwand meist finanzielle Grenzen gesetzt. Der Aufwand für die Monitoranlage muß dem des PA-Systems entsprechen. Bei einer kleinen Anlage genügen zwei Monitorboxen, über die hauptsächlich der Gesang wiedergegeben wird. Diese Möglichkeit bietet bei ausgewogener Lautstärke der Instrumente auf der Bühne befriedigende Ergebnisse.

Wesentlich besser und bei größeren Anlagen auch unbedingt erforderlich ist es, die Monitoranlage über zwei Monitorwege vom Mischpult aus zu steuern und jedem Musiker eine Monitorbox zur Verfügung zu stellen. Mit dieser Lösung lassen sich zwei unterschiedliche Monitormischungen für die verschiedenen Bedürfnisse der Musiker erstellen. Wenn jeder Musiker seine eigene Monitorbox hat, kann diese auch in unmittelbarer Nähe des entsprechenden Musikers aufgestellt werden; das verbessert die Leistungsausnutzung und verringert die Rückkopplungsgefahr. Nachteilig ist, daß vier bis sechs Monitorboxen und Endstufen mit entsprechender Leistung relativ teuer sind, doch bewegen sich die Kosten bei aufwendigen PA-Anlagen noch in vertretbaren und finanzierbaren Grenzen.

Die Monitorsignale kommen vom Saalmischpult. Es ist deshalb notwendig, die Einstellung der Monitoranlage beim Soundcheck sehr genau vorzunehmen. Während des Auftritts kann der Mixer im Saal nichts von der Monitoranlage hören und so auch keine Korrekturen vornehmen. Für die optimale Einstellung der Monitoranlage sind beim Soundcheck die Musiker selbst verantwortlich; der Mixer stellt den Monitor nach ihren Angaben ein.

Eine andere Möglichkeit, allerdings mehr aus dem professionellen Bereich, ist die Verwendung eines separaten Mischpultes. Diese Arbeitsweise ist aber so kostspielig, daß sie den Profi-Gruppen bzw. den PA-Verleihfirmen vorbehalten bleibt. Die Kosten eines solchen Monitorsystems entsprechen nämlich den eines mittleren PA-Systems; es soll trotzdem hier kurz beschrieben werden (Bild 3.7).

Auf der Bühne werden die Signale mit Hilfe der Splittbox geteilt und einerseits dem Saal-, andererseits dem Monitormischpult zugeführt. Die Teilung der Signale erfolgt mit Splitt-Transformatoren, wie bei einer DI-Box. Die Kosten für einen solchen Verteilerkasten mit Splitt-Transformatoren entspricht den Kosten einer einfachen DI-Box (pro Kanal !). Der Monitormischer steht direkt an der Bühnenseite, so daß der Mixer direkten Blick-und Hörkontakt zur Bühne hat. Außerdem hat der Mixer selbst auch einen Kontrollmonitor. Mit dem Monitormischpult können zwischen acht und zwölf verschiedene Monitormischungen erstellt werden. Dadurch ist es möglich, jedem Musiker über ein oder zwei Monitorboxen eine Mischung zu erstellen, die exakt seinen Wünschen entspricht. Außerdem sind mit den Monitormischungen noch andere Regelmöglichkeiten verbunden, die zusätzliche Korrekturen des Monitorsignals erlauben.

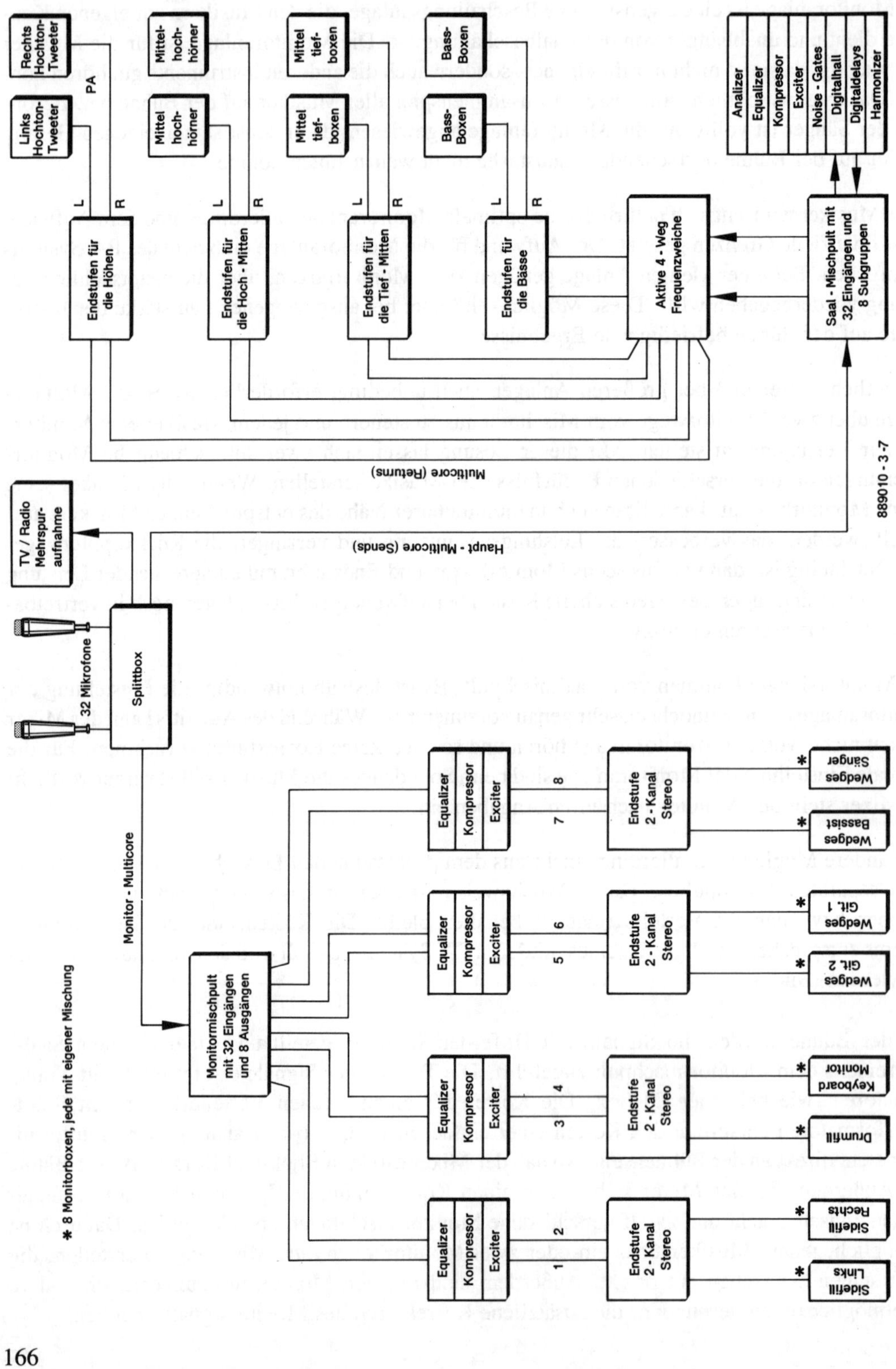
Links Hochton-Tweeter
Rechts Hochton-Tweeter
PA
Mittel-hoch-hörner
Mittel-hoch-hörner
Mittel tief-boxen
Mittel tief-boxen
Bass-Boxen
Bass-Boxen
Analizer
Equalizer
Kompressor
Exciter
Noise - Gates
Digitalhall
Digitaldelays
Harmonizer
L
R
Endstufen für die Höhen
Endstufen für die Hoch - Mitten
Endstufen für die Tief - Mitten
Endstufen für die Bässe
Aktive 4 - Weg Frequenzweiche
Saal - Mischpult mit 32 Eingängen und 8 Subgruppen
Multicore (Returns)
889010 - 3 -7
Haupt - Multicore (Sends)
TV / Radio Mehrspur-aufnahme
32 Mikrofone
Splittbox
Monitor - Multicore
Monitormischpult mit 32 Eingängen und 8 Ausgängen
Equalizer
Kompressor
Exciter
1
2
3
4
5
6
7
8
Endstufe 2 - Kanal Stereo
Wedges Sänger
Wedges Bassist
Wedges Git. 1
Wedges Git. 2
Keyboard Monitor
Drumfill
Sidefill Rechts
Sidefill Links
* 8 Monitorboxen, jede mit eigener Mischung

◀ *Bild 3.7 Äußerst aufwendiges PA-System mit einer ebenso aufwendigen Monitoranlage. Ein derartiges Equipment setzen meist nur kompetente Verleihfirmen bei Großveranstaltungen ein.*

Der Aufwand für die gerade beschriebene Möglichkeit ist beträchtlich. Es wird neben einer Splitt-Verteilerbox das Monitormischpult, für jeden Mischpultausgang eine oder mehrere Monitorboxen und für jeden Ausgang eine Endstufe bzw. ein Endstufenkanal benötigt.

Bild 3.7 zeigt ein aufwendiges PA-System mit separatem Monitormischpult mit acht Ausgängen. In jedem Monitorausgang ist zusätzlich ein Equalizer, ein Kompressor und ein Exciter eingeschleift. Diese Geräte sorgen so für eine verbesserte Klangwiedergabe und Rückkopplungen können verhindert bzw. wirksam unterdrückt werden. Jedem Ausgang ist ein Endstufenkanal zugeordnet, an dem dann eine oder mehrere Monitorboxen angeschlossen sind. Die Einsatzbereiche der Monitore sind in der Zeichnung Bild 3.7 angegeben. Ebenfalls zu erkennen ist der enorm hohe Aufwand eines solches Systems. Selbst wenn man die Anzahl der Geräte verringert, beispielsweise durch ein kleineres Monitormischpult ohne Zusatzgeräte, wäre der Aufwand noch beträchtlich.

3.3 Vorbereitung eines Auftritts

Für den technisch reibungslosen Ablauf eines Auftritts sind bereits im Vorfeld mit dem Veranstalter einige Dinge zu besprechen, noch besser, in den Vertrag mit aufzunehmen. Die eindeutige Klärung der folgenden Punkte ersparen der Band und dem Veranstalter unvorhergesehenen Ärger am Tage des Auftritts.

1. Es sollte eine genaue Wegbeschreibung oder eine Karte des Veranstaltungsortes vorliegen, so daß keine zeitraubende Suche notwendig ist.

2. Der Zeitpunkt, ab dem die Band den Veranstaltungsraum nutzen kann, muß eindeutig feststehen. Der Zeitpunkt sollte so frühzeitig sein, daß der Aufbau in Ruhe erfolgen kann.

3. Während des Aufbaus sollte sich kein Publikum im Raum aufhalten.

4. Eine Person, die die Schlüssel für die Türen der Zugangswege, des Saales und der Garderoben besitzt, die mit den Räumlichkeiten vertraut ist und Kenntnisse über die Stromversorgung sowie die Sicherungskästen hat, sollte der Band während des Aufbaus zur Verfügung stehen.

5. Die Beschaffenheit der Zugangswege muß bekannt sein. Sind sie frei und relativ kurz? Sind Treppen und/oder große Entfernungen zu überwinden? Trifft das letztere zu, muß sich die Band darauf einstellen und für Transportmittel (z.B. Sackkarre) und Hilfskräfte sorgen.

6. Es ist mit dem Veranstalter zu klären, ob beim Auf- und Abbau Hilfskräfte zur Verfügung stehen.

7. Der Zeitpunkt für den Einlaß des Publikums und der Beginn des Auftritts müssen eindeutig feststehen, damit die Band rechtzeitig eintrifft und genügend Zeit für den Aufbau sowie für den Soundcheck hat.

8. Der Saal muß für die PA- und Lichtanlage eine ausreichende Stromversorgung besitzen.

9. Podeste oder Tische für die Aufstellung des Mischpultes und der PA-Boxen müssen bereitstehen.

10. Die Band muß die Saalgröße kennen, damit sie die entsprechende PA-Anlage mitbringen kann.

11. Falls eine PA-Anlage im Saal installiert ist, muß die Band klären, ob sie benutzt werden darf. Ist dies der Fall, muß man sich ausführlich über die Anlage informieren.

12. Schließlich sollte sich die Band noch über die Größe der Bühne und deren Beschaffenheit informieren.

Mit diesen Vorabinformationen können sich die Bands und die Roadies erheblich besser auf den Auftritt einstellen und entsprechende Vorbereitungen treffen. Darüber hinaus muß die Band noch einige zusätzliche Vorbereitungen treffen:
- Das PA-System der Band muß vollständig und funktionstüchtig sein.
- Falls zusätzliches Equipment benötigt wird, muß man sich rechtzeitig darum kümmern und dafür sorgen, daß beim Auftritt alles zur Verfügung steht.
- Ist das Transportproblem gelöst? Ist das eigene Fahrzeug einsatzbereit bzw. der Mietwagen bestellt?
- Das Einladen der Anlage muß so rechtzeitig erfolgen, daß sich die Abfahrt nicht verzögert und das rechtzeitige Eintreffen am Veranstaltungsort sichergestellt ist. Verspätungen und Verzögerungen des Auftritts nehmen die Veranstalter und das Publikum sehr übel und schaden dem Ruf der Band.

3.4 Verpackung der Geräte

Beim Transport eines PA-Systems können sehr leicht Schäden entstehen, die die Funktion und das Äußere, und damit den Wiederverkaufswert der Geräte beeinträchtigen. Um solche Beschädigungen zu verhindern, müssen beim Transport die empfindlichen Teile geschützt und sicher verpackt sein. Zu den Gerätschaften, die besonders empfindlich sind und häufig Transportschäden hinnehmen müssen, gehören Mikrofone, Mischpulte, Zusatzgeräte, Endstufen und Kabel.

Die genannten Gerätschaften sind empfindlich gegen Erschütterungen und gegen Verkratzen durch das Kanten anderer Gegenstände. Außerdem können überstehende Teile wie Regler, Knöpfe und Anschlüsse beim Transport leicht abbrechen; deshalb sollten diese Gerätschaften in stabile Transportkisten verpackt sein.

Auch bei den Lautsprecherboxen sind einige Dinge zu beachten. Anschlüsse und Griffe sollen nicht überstehen, sondern versenkt angebracht sein. Abgerundete Metallkappen schützen die Boxenecken vor Abschürfungen und andere Teile vor Beschädigungen durch zu scharfe Kanten. Boxen, bei denen der Lautsprecher von außen zugänglich ist, sollten über ein engmaschiges Gitter verfügen, die das System schützen. Hochtonhörner sollten am besten in einer Kiste mit abnehmbarem Deckel eingebaut sein.

Flight-Cases

Unter der Bezeichnung »Flight-Cases« versteht man besonders leichte, aber stabile Transportkisten (Bild 3.8). Diese Kisten bestehen aus sehr widerstandsfähigem, mehrschichtigem 6 bis 9 mm starkem Holz, welches mit einem Harzlack behandelt ist, der das Verkratzen der Oberfläche verhindert bzw. vermindert. Außerdem sind die Kisten an allen Ecken mit Aluminiumprofilen ausgestattet und an den Ecken mit stabilen Metallecken versehen. Zum besseren Transport sind die Metallgriffe versenkt angebracht. Die abnehmbaren Deckel der Kisten sind mit versenkten Schlössern befestigt. Bei den Flight-Cases gibt es so keine überstehenden Teile, die beim Transport andere Gegenstände beschädigen könnten. Das Eigengewicht ist wegen der Aluminiumteile und wegen des leichten Holzes relativ gering; die Stabilität jedoch äußerst hoch.

Bild 3.8 Flight-Cases in verschiedenen Ausführungen.

Große Flight-Cases für schwere Geräte sind zusätzlich mit Rollen ausgerüstet, die den Transport erheblich erleichtern. Im Innern sind die Flight-Cases mit dickem Schaumstoff ausgekleidet, der das Durchschlagen der Geräte verhindert. Der Schaumstoff ist so ausgespart und angepaßt, daß die Geräte fest in den Cases sitzen und während des Transportes nicht verrutschen können.

Flight-Cases gibt es in verschiedenen Konstruktionen für jedes Gerät. Die Cases sind so gebaut, daß durch Abnehmen des oder der Deckel alle Bedienungselemente und Anschlüsse zugänglich sind, ohne jedesmal das Gerät ganz aus dem Case herausnehmen zu müssen. Für 19"-Geräte sind spezielle Einbauschienen angebracht; bei Endstufen-Cases sind Belüftungsschlitze vorgesehen. Auch fürMikrofone, Stative und Kabel sind im Handel spezielle Cases erhältlich.

Flight-Cases sind zwar in der Anschaffung sehr kostspielig, bieten aber für die teuren und empfindlichen Geräte den besten Transportschutz.

Verpackung und Transport der Kabel

Als Verbindungsglieder zwischen den einzelnen Komponenten eines PA-Systems fällt den Kabeln eine wichtige Aufgabe zu. Defekte Kabel beeinträchtigen die Funktion erheblich; schlimmstenfalls legen sie sogar das gesamte System lahm. Deshalb sind die Kabel sorgfältig zu behandeln, gut zu verpacken und geschützt zu transportieren.

Bei den Kabeln ist zu beachten, daß sie nur einen bestimmten Biegeradius haben. Wird er unterschritten, kann es zu Brüchen innerhalb des Kabels führen. Die Folge sind nur schwer zu lokalisierende Wackelkontakte. Die Kabel sollten niemals in der Weise aufgewickelt werden, daß man sie eng um den Ellenbogen schlingt. Die Kabel müssen glatt und mit einem Innenradius von 20 bis 30 cm aufgewickelt werden. Auch das Verdrillen der Kabel kann zu Schäden führen.

Eine besonders gute Lösung ist es, Kabel auf einer Kabeltrommel aufzurollen. Dabei kann man das Kabel beim Aufrollen durch ein feuchtes Tuch gleiten lassen, um es so gleichzeitig zu reinigen. Die normalen Trommeln eignen sich allerdings nur bei Kabeln mit gleichen Steckverbindungen, z.B. Mikrofonkabel mit XRL-Steckern männlich/weiblich an jeder Seite. Multicorekabel muß man schon auf einer Gartenschlauch-Trommel, die eine geeignete Größe hat, aufrollen.

Alle Kabel sollen für den Transport in einer eigenen Kiste verpackt sein. Es sind keinesfalls schwere Gegenstände auf die Kabel zu packen bzw. zu stellen, da ansonsten Kabel und Steckverbindungen beschädigt werden können.

3.5 Aufbau der Anlage

Beim Aufbau des PA-Systems sind einige Richtlinien zu beachten, damit alle sich bietenden Möglichkeiten auch genutzt werden und die Auftrittsvorbereitungen optimal sind. Zum schnellen und reibungslosen Aufbau gehört eine gewisse Systematik. Außerdem müssen Kenntnisse über die aufzustellenden Komponenten vorhanden sein, denn die erzielten Ergebnisse hängen im hohen Maße von der Aufstellung ab. Nicht zuletzt ist beim Aufbau die Sicherheit des Systems zu berücksichtigen, damit es beim Auftritt keine Probleme gibt.

Arbeitsteilung beim Aufbau

Der Anlagenaufbau muß zügig und zuverlässig erfolgen. Keineswegs dürfen die Beteiligten durcheinanderlaufen und hier bzw. dort etwas erledigen. Eine solche Arbeitsweise ist zu zeitaufwendig und mit dem Risiko verbunden, daß etwas vergessen oder nur flüchtig ausgeführt wird. Erheblich sinnvoller und effektiver ist eine Arbeitsteilung beim Aufbau. Dabei sollte jede der beteiligten Personen für einen Bereich über genügende Kenntnisse verfügen, um ohne fremde Hilfe den Aufbau eigenverantwortlich durchzuführen.

Der Aufbau beginnt jedoch zunächst damit, daß die gesamte Anlage einschließlich der Instrumente gemeinschaftlich in den Saal gebracht wird. Dabei kommt jedes Teil direkt an den vorgesehenen Platz und wird nach Möglichkeit auch sofort aufgestellt. Es folgt der Aufbau der Instrumente, die gegebenenfalls direkt verkabelt und auch eingestellt werden. Diese Arbeit übernehmen am besten die Musiker selbst oder die dafür vorgesehenen Roadies.

Während das geschieht, kann der Mixer das Mischpult aufstellen, die Zusatzgeräte verkabeln und die Einstellungen vorbereiten. Jemand anders stellt gleichzeitig die PA-Boxen auf, verteilt die Monitorboxen auf der Bühne und verkabelt alle Boxen mit den Endstufen. Außerdem wird das Multicore verlegt und damit die Verbindung zwischen Bühne und Mischpult hergestellt.

Abschließend werden die Mikrofone auf der Bühne aufgestellt sowie ausgerichtet und mit der Stagebox verbunden. Sind alle Arbeiten erledigt, kontrolliert jeder seinen Teilbereich auf eventuelle Fehlverbindungen. Liegt von jedem das Okay vor, folgt der Soundcheck mit der Band.

Die genaue Arbeitsteilung hängt von der vorhandenen Personenzahl ab. Für den Fall, daß ein Mixer, zwei Roadies und evtl. noch Aufbauhelfer zur Verfügung stehen, brauchen die Musiker beim Aufbau nicht einzugreifen. Bei weniger Personal müssen sich die Musiker an den Aufbauarbeiten beteiligen. Eine Arbeitsteilung bewährt sich in der Praxis auf jeden Fall.

Aufstellung der Instrumente auf der Bühne

Die Aufstellung der Instrumente auf der Bühne ergibt sich in der Regel durch die Besetzung der Band, durch besondere Wünsche der Musiker oder aufgrund von optischen Gesichtspunkten. Gegen einen Aufbau, der unter Berücksichtigung der genannten Punkte erfolgt, ist generell nichts einzuwenden. Es sind jedoch einige wichtige Regeln zu beachten, damit ein ungünstiger Bühnenaufbau die PA-Wiedergabe nicht beeinträchtigt. Allerdings treten diese Beeinträchtigungen meistens nur auf sehr kleinen Bühnen auf, weil dort Instrumente und Mikrofone sehr dicht beieinander stehen.

Eine durchdachte Anordnung der Instrumente auf der Bühne verhindert, daß ein Instrument von mehreren Mikrofonen aufgenommen wird. Das nämlich hätte einige Klangverschlechterungen wie Phasenauslöschungen und Kammfiltereffekte zur Folge. Außerdem könnte ein Instrument, das auf einer Seite des Stereobildes liegt, von einem fremden Mikrofon in die Mitte oder gar auf die andere Seite gezogen werden.

Eine besondere Gefahrenquelle für derartige Beeinträchtigungen stellen die Schlagzeugmikrofone dar. Diese Mikrofone neigen sehr leicht dazu, andere Instrumente mit aufzunehmen. Der Grund für diese unerwünschte Eigenschaft liegt in der hohen Empfindlichkeit der Schlagzeugkanäle. Das ist notwendig, weil das Schlagzeug im Vergleich zu den elektrisch verstärkten Instrumenten leiser ist und die Mikrofone oft nicht so nah an die Schallquellen gebracht werden können.

Die Baßanlage sollte nicht in der Nähe der Stand-Tom des Schlagzeuges stehen, da die tiefen Frequenzen in diesem Kanal nicht beschnitten werden können, manchmal sogar noch eine Anhebung erfolgt. Das Mikrofon am Stand-Tom würde den Baß mit übertragen und so das Klangbild aus dem Baß-Kanal mit dem des Stand-Tom-Kanals vermischen, was aufgrund der unterschiedlichen Einstellungen und Zeitdifferenzen zu den erwähnten Beeinträchtigungen führt. Günstiger ist also die Aufstellung der Baßanlage in größerer Entfernung zum Schlagzeug oder, wenn keine andere Möglichkeit besteht, an der Hi-Hat-Seite.

Problematisch ist auch die Anordnung von beispielsweise zwei Gitarrenanlagen nebeneinander. Sind die beiden Gitarren dann noch auf die Stereobreite verteilt, wird der Klang und das Stereobild durch die gegenseitige Aufnahme der Mikrofone gestört. Nach Möglichkeit ist immer eine ausreichende räumliche Trennung zwischen den Instrumenten anzustreben. Ist eine solche Trennung nicht möglich, dürfen Instrumente, die sich gegenseitig stark beeinflussen, nie nebeneinander stehen.

Derartige Beeinträchtigungen lassen sich mit der PFL-Abhörmöglichkeit der Mischpulte kontrollieren. Der Mixer kann beim Soundcheck, während die ganze Band spielt, über Kopfhörer die ganzen Kanäle abhören und feststellen, welches Mikrofon evtl. andere Schallquellen zu stark mit aufnimmt. Die Anordnung der Instrumente kann daraufhin noch leicht geändert werden.

Lautstärke der Instrumente auf der Bühne

Problematisch ist die Lautstärke der Instrumente auf der Bühne bei der Beschallung kleiner und mittlerer Räume. In kleinen Räumen setzt sich der Gesamtschall aus dem Direktschall von der Bühne und dem Schall der PA-Anlage zusammen. Dabei lassen sich die rein akustischen Instrumente wie Schlagzeug und Blasinstrumente (auch der Gesang) in ihrer Lautstärke nur über die PA steuern. Bei den Instrumenten, die bereits auf der Bühneverstärkt werden, wie E-Gitarre, E-Baß und Tasteninstrumente, läßt sich die Lautstärke schon auf der Bühne steuern. Diese Instrumente sind es, die die Beschallung problematisch machen, da in kleinen Räumen mit zu großer Lautstärke auf der Bühne gespielt wird, so daß beim zusätzlichen Einsatz der PA die Lautstärke unverhältnismäßig stark ansteigt. Um dieses Problem zu lösen, bieten sich verschiedene Möglichkeiten an.

Für die Beschallung in einem sehr kleinen Saal genügt es, nur den Gesang über die PA zu verstärken; alle anderen Instrumente werden direkt von der Bühne wiedergegeben. Diese Art der Beschallung setzt allerdings zwei Umstände voraus. Erstens muß das Lautstärkeverhältnis der Instrumente auf der Bühne so eingestellt sein, daß es den Vorstellungen entspricht, und zweitens muß der Klang der Instrumente passen, da keine Korrekturen durch die PA mehr möglich sind.

Eine andere Möglichkeit besteht darin, neben dem Gesang auch die Instrumente über die PA zu verstärken, die einer Unterstützung bedürfen, beispielsweise Baß-Drum, Lead-Gitarre und Blasinstrumente. Bei dieser Lösung kann der Mixer Lautstärke- und Klangkorrekturen an den Instrumenten vom Mischpult aus vornehmen. Der Nachteil dieser Lösung ist jedoch die schlechte Ortbarkeit der Instrumente, da ein Teil direkt von der Bühne und der andere über die PA-Anlage wahrgenommen wird. Das Klangbild wirkt zerrissen, und der akustische Eindruck stimmt nicht mit dem optischen überein.

In etwas größeren Räumen bietet es sich an, alle Instrumente über die PA-Anlage zu übertragen. Dabei sollte der direkte Schallanteil der auf der Bühne verstärkten Instrumente möglichst gering sein und die Hauptverstärkung unbedingt über die PA erfolgen. Bei der Bühnenverstärkung müssen sich besonders die Gitarristen mit ihren meist sehr schallstarken Anlagen und besonderen Klangvorstellungen zurückhalten.

Je größer der Veranstaltungsraum ist, desto weniger fällt der Direktschall von der Bühne ins Gewicht. Der Schallanteil der PA wächst mit der Saalgröße und damit auch die Möglichkeit, Klangbild und Lautstärke über die PA-Anlage zu kontrollieren. Eine Faustregel gilt für alle

Bedingungen: Die Instrumente auf der Bühne müssen immer ein ausgeglichenes Lautstärkeverhältnis darstellen. Dabei orientiert man sich an der Schlagzeug-Lautstärke, die natürlich stark von der Spielweise abhängt und stellt die Verstärker der anderen Instrumente entsprechend ein. Der Vorteil ist, daß die Lautstärke auf der Bühne nicht übermäßig ansteigt und sich die Musiker untereinander noch gut hören können. Bei diesem Prinzip braucht die Monitoranlage nicht so aufwendig zu sein, weil im wesentlichen nur der Gesang wiedergegeben werden muß und die Leistung deshalb gering sein kann. Die niedrigere Lautstärke des Monitors wiederum reduziert die Rückkopplungsgefahr.

In großen Sälen mit großen Bühnen kann man auf die Monitoranlage nicht verzichten. Meist steht dann jedem Musiker eine oder mehrere Monitorboxen mit großer Leistung und eigener Monitormischung zur Verfügung. Hierbei spielt dann die ausgegliche Lautstärke auf der Bühne keine Rolle mehr.

Verlegen der Kabel

Die Kabel müssen sauber und übersichtlich verlegt werden und sind vor Beschädigungen zu schützen. Auf der Bühne sollten deshalb die Kabel nach Möglichkeit alle hinter den Instrumenten liegen. Dort können sie die Musiker nicht behindern und von ihnen versehentlich aus den Buchsen gerissen werden. Die Kabel sollten sauber nebeneinander und nicht durcheinander verlegt sein; auch keine Verknotungen machen. Keinesfalls sind Gegenstände wie Boxen, Geräte oder Flight-Cases auf die Kabel zu stellen; die Beschädigungsgefahr ist viel zu hoch.

Die Kabel der Gesangsmikrofone sollten möglichst am Rand der Bühne verlaufen und von Klebeband fixiert sein. Den Sängern, die sich während des Auftritts bewegen sollen und müssen, gehört natürlich eine für den Bewegungsraum ausreichende Menge Kabel zur Verfügung gestellt. Alle anderen Kabel, die nicht unmittelbar zu den Mikrofonen und Instrumenten gehören, haben auf der Bühne nichts zu suchen.

Bleibt noch das Multicore-Kabel; es sollte nach Möglichkeit nicht direkt mitten durch den Publikumsraum verlegt werden. Erheblich sicherer ist es, das Kabel direkt an der Decke oder den Wänden entlang zu führen. Nur leider besteht dazu nicht immer die Möglichkeit. In jedem Fall ist das Kabel sehr gut mit Klebeband zu befestigen.

Aufstellung der Mikrofone

In der PA-Technik wird jedes Instrument einzeln mit einem Mikrofon aufgenommen. Man nennt diese Praxis »Polymikrofonie« oder »Multimikrofonie«. Dabei ist jedes Mikrofon unmittelbar vor der Schallquelle aufgebaut. Nur diese direkte Aufstellung gewährleistet, daß das Mikrofon in erster Linie den Schall der betreffenden Schallquelle aufnimmt, aber möglichst wenig Schall aus dem Umfeld von den anderen Instrumenten. Die Mikrofonaufstellung bedarf einiger Aufmerksamkeit, da bei verschiedenen Instrumenten einige Besonderheiten zu beachten sind. Nur wenn das geschieht, ist eine gute Aufnahme gewährleistet. Die Mikrofonaufstellung beim Schlagzeug ist nicht ganz einfach und erfordert etwas Fingerspitzengefühl; beginnen wir deshalb damit.

Die Baß-Drum wird in der Rock- und Popmusik in der Regel ohne Resonanzfell oder mit einem Loch im Resonanzfell gespielt. Dadurch hat die Trommel einen kräftigen und harten Klang.

Außerdem sollte man die Baß-Drum noch mit einer Decke, einem Kissen oder einem Stück Schaumstoff, das in die Trommel gelegt wird, bedämpfen. Das Schlagfell muß dabei unbedingt frei bleiben. Das Mikrofon ist bei der Baß-Drum direkt in die Trommel gerichtet (Bild 3.9a); der Abstand zum Schlagfell beträgt etwa 10 bis 20 cm. Das Mikrofon kann direkt auf das Schlagzentrum gerichtet sein, oder, wenn dort der Schalldruck zu hoch ist, etwas zur Seite.

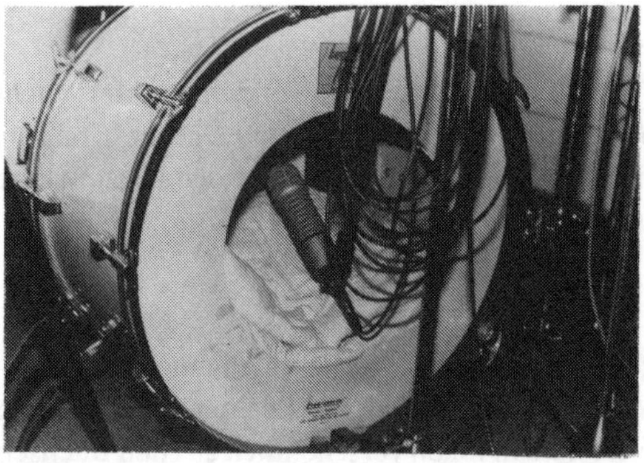

Bild 3.9a
Mikrofonpositionierung bei einer Baß-Drum.

Bild 3.9b
Mikrofonpositionierung bei einer Snare-Drum.

Die Snare-Drum kann von oben oder auch von unten aufgenommen werden. Die Aufnahme von oben liefert einen kräftigeren Klang, während mehr Präsenz bei der Aufnahme von unten entsteht. Bevorzugt ist die Aufnahme von oben, wobei das Mikrofon von der Seite aus auf die Fellmitte ausgerichtet ist (Bild 3.9b). Der Abstand zum Schlagfell sollte etwa 5 cm betragen. Klar ist, daß die Mikrofonstellung den Schlagzeuger beim Spiel nicht behindern darf.

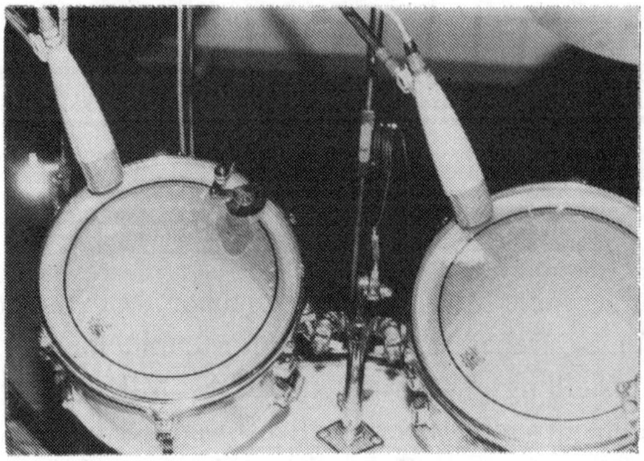

Bild 3.9c
Mikrofonpositionierung bei Hänge-Toms von oben.

Bild 3.9d
Mikrofonpositionierung bei Hänge-Toms von unten.

Auch die Hänge-Tom können wahlweise von oben oder unten aufgenommen werden. Toms mit Resonanzfell nimmt man von oben auf. Das Mikrofon ist dabei von der Seite in einem Abstand von etwa 5 cm auf die Fellmitte gerichtet (Bild 3.9c). Diese Aufnahme liefert einen harten, vom Anschlag geprägten Klang.

Hänge-Toms ohne Resonanzfell nimmt man von unten auf. Dazu steckt man die Mikrofone in die Trommeln und richtet sie auf die Fellmitte aus (Bild 3.9d). Der Abstand zum Schlagfell beträgt 10 bis 20 cm. Diese Art der Aufnahme bringt einen volleren, vom Volumen der Trommel geprägten Klang. Ein Vorteil dieser Aufnahmeart ist, daß das Mikrofon in der Trommel gut gegen andere Schallquellen abgeschirmt ist.

Die Stand-Tom wird immer von oben aufgenommen; das Mikrofon ist dabei in einem Abstand von 5 bis 10 cm auf die Fellmitte gerichtet (Bild 3.9e).

Bei der Aufnahme von Trommeln ist es in der PA-Technik fast immer notwendig, die Felle zu bedämpfen, um störende Resonanzen zu unterdrücken. Die Dämpfung kann einmal mit den an den Trommeln vorhandenen Vorrichtungen erfolgen oder mit Hilfe von Papiertaschentücher, die mit Klebestreifen auf die Felle geklebt werden.

Die Hi-Hat wird immer von oben aufgenommen (Bild 3.9f). Der Mikrofonabstand beträgt etwa 5 cm über der geöffneten Hi-Hat. Das Mikrofon selbst sollte auf den Rand gerichtet sein, damit es beim Spiel nicht stört und nicht zu viel Schall von den anderen Teilen des Schlagzeugs aufnimmt.

Für die Becken sind meistens zwei Mikrofone zuständig, die wegen der Aufstellungshöhe auch Overhead-Mikrofone genannt werden (Bild 3.9g). Sie sind mit Galgenstativen von außen auf die Becken gerichtet. Die beiden Mikrofone sollten entgegengesetzt ausgerichtet sein, damit jedes einzelne nur das Becken seiner Seite aufnimmt. Außerdem vermindert diese Aufstellung auch die Schallaufnahme anderer Instrumente und Schlagzeugteile.

Bild 3.9e
Mikrofonpositionierung bei Stand-Toms.

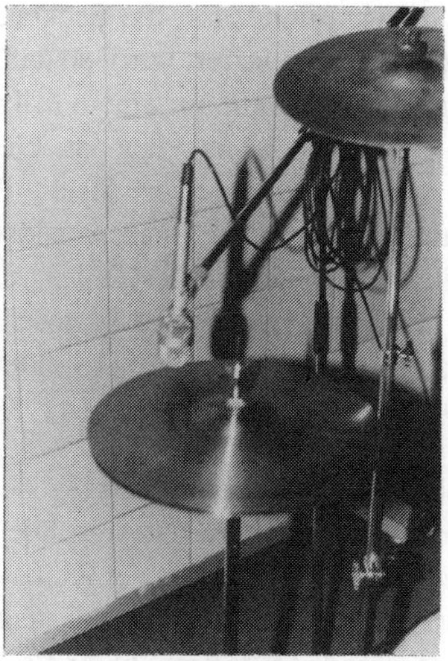

Bild 3.9f
Mikrofonpositionierung bei Hi-Hats.

Bild 3.9g
Mikrofonpositionierung mit »Overheads« für die Becken.

Bild 3.9h Die Übersichtszeichnung macht auf einen Blick deutlich, wie komplex die Mikrofonanlage für die Schlagzeugaufnahme ist.

Ob Hi-Hat und Becken überhaupt Mikrofone benötigen, hängt in kleineren Sälen von der Spielweise des Schlagzeugers ab; notwendig ist es oft erst in großen Räumen. In kleineren Räumen reicht sehr oft der Direktschall von der Bühne. Für die Beckenaufnahme reicht auch oft nur ein Mikrofon, daß in der Mitte über die Becken plaziert wird, so daß zu allen Becken etwa der gleiche Abstand besteht. Es können auch zwei Toms mit nur einem Mikrofon aufgenommen werden, das in der Mitte zwischen den beiden Trommeln seinen Platz hat. Weniger Mikrofone haben auch ihre Vorteile: erstens spart das Kosten, zweitens verringert das die Probleme der Mehrfachaufnahme von Schlagzeugteilen und die damit verbundenen Phasenauslöschungen und Kammfiltereffekte. Allerdings wird in der Rockmusik die Aufnahme jedes Teiles mit einem eigenen Mikrofon bevorzugt. Grundsätzlich gilt, daß die Stative und Mikrofone so geschickt positioniert sind, daß sie den Schlagzeuger beim Spielen in keiner Weise behindern. Ein kleine Hilfestellung hierbei gibt die Übersichtszeichnung in Bild 3.9h.

Instrumente, die verstärkt und über Lautsprecher wiedergegeben werden, nimmt man mit einem Mikrofon auf, das direkt auf den Lautsprecher gerichtet ist. Die Zielrichtung des Mikrofons kann dabei die Lautsprecherkalotte im Zentrum sein, wenn der Klang obertonreich, hell und scharf sein soll, oder auf den Lautsprecherrand, was das Klangbild ausgeglichener erscheinen läßt. Der Abstand des Mikrofons zum Lautsprecher sollte nicht mehr als 10 cm betragen (Bild 3.10). Diese Aufnahmetechnik findet hauptsächlich bei der E-Gitarre Anwendung, da E-Baß und Tasteninstrument meist mit einer DI-Box direkt abgenommen werden.

Bild 3.10 Mikrofonaufstellung vor einem Lautsprecher einer Gitarrenbox. Es ist deutlich zu erkennen, daß das Mikrofon nicht direkt auf das Zentrum des Lautsprechers ausgerichtet ist.

Eine Ausnahme bildet bei dieser Aufnahmetechnik die Lesleybox. Hier sind für die Aufnahme drei Mikrofone erforderlich: eines vor dem Baß-Lautsprecher und je eines an jeder Seite vor den Hochtönern, damit auch der Rotationseffekt aufgenommen wird.

Gesangsmikrofone sowie die Mikrofone für akustische Gitarre und Bläser sind so aufzustellen, daß sie von der Schallquelle direkt erreicht werden können. Die Entfernung des Mikrofons zur Schallquelle sollte 20 bis 30 cm niemals überschreiten.

Aufstellung und Ausrichtung der PA-Boxen

Die Lautsprecherboxen eines PA-Systems plaziert man normalerweise links und rechts der Bühne. Die Boxen sollten in der Regel nicht auf der Bühne stehen, sondern auf Tischen oder Podesten davor. Eine Aufstellung auf der Bühne ist aus zweierlei Gründen nicht empfehlenswert:

1. sie kostet zuviel Platz, weil die Mikrofone wegen der Rückkopplung entsprechend weit hinter den Boxen aufgebaut werden müssen;
2. bei hohlen Holzbühnen kann es dazu führen, daß der von den Baßboxen abgestrahlte Schall die Bühne in Schwingung versetzt, was sich als Trittschall bemerkbar macht.

Die Anordnung der verschiedenen Lautsprechersysteme erfolgt so,daß ganz unten die Lautsprecher für den Tiefbaßbereich aufgestellt werden, und darüber die Tiefmittelton-Lautsprecher, die Mittelhochtonhörner und ganz oben die Höchsthörner (Bild 3.11). Diese Anordnung berücksichtigt das unterschiedliche Abstrahlverhalten der Frequenzbereiche und läßt sich mit der Boxengröße auch gut vereinbaren. Die Boxen für den Tiefbaßbereich können soweit unten stehen, daß sie vom Publikum sogar verdeckt werden. Das behindert das Abstrahlverhalten der Tiefbaßfrequenzen in keinster Weise; sie werden trotz der Verdeckung der Boxen im ganzen Saal gut wahrgenommen. Der Tiefmitteltonbereich sollte frei stehen, damit die mittleren Frequenzen ungehindert abstrahlen können. Der Mittelhochton- und der Hochtonbereich müssen frei stehen, weil bei einer eventuellen Verdeckung durch das Publikum die Abstrahlung der entsprechenden Frequenzen behindert wird.

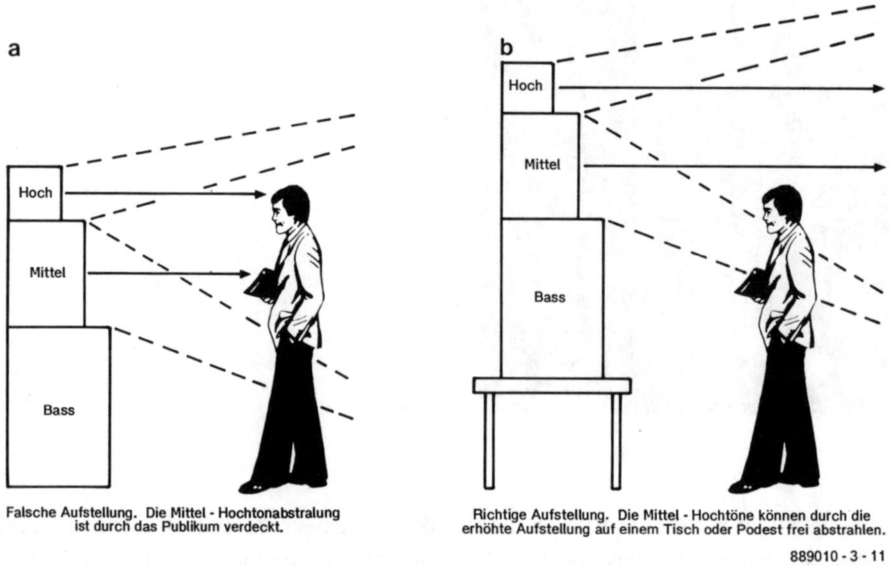

Bild 3.11 Die Lautsprecherkombination im Beispiel (a) ist falsch angeordnet. Die Ausstrahlung der Mittel- und Hochtonfrequenzen wird durch das Publikum stark behindert. Die korrekte Aufstellung zeigt Beispiel (b). Hierbei sind die Boxen auf einem Tisch oder einem Podest aufgestellt, so daß die Mittel- und Hochtonlautsprecher ungehindert vom Publikum abstrahlen können.

In größeren PA-Systemen werden für einen Frequenzbereich mehrere gleichartige Boxentypen verwendet; diese sollten dann immer vertikal übereinander aufgestellt werden (Bild 3.12). Bekannt ist diese Art der Aufstellung als »Stacking«. Mit dem »Stacken« der Boxen erreicht man eine höhere Richtwirkung und eine vergrößerte Abstrahlfläche. Diese Umstände erhöhen den Wirkungsgrad für den entsprechenden Bereich; im Tiefbaßbereich verbessert das die Baßwiedergabe erheblich. Würde man die Boxen horizontal nebeneinander aufreihen, ergäbe das keinerlei Verbesserung; weder beim Wirkungsgrad noch bei der Baßwiedergabe. Im Gegenteil. Es könnte durch Überlappungen und Zeitverzögerungen zu Phasenfehlern und Kammfiltereffekten kommen, die den Klang negativ beeinflussen.

Ferner ist bei der Lautsprecheranordnung darauf zu achten, daß die Membranen aller Lautsprecher sowohl horizontal als auch vertikal auf einer Ebene liegen (Bild 3.13). Dadurch ist gewährleistet, daß alle Frequenzbereiche gleichzeitig abstrahlen und keine Zeit- und Phasenverschiebungen zwischen ihnen auftritt. Dieses ist besonders wichtig im Bereich der Übergangsfrequenzen, denn

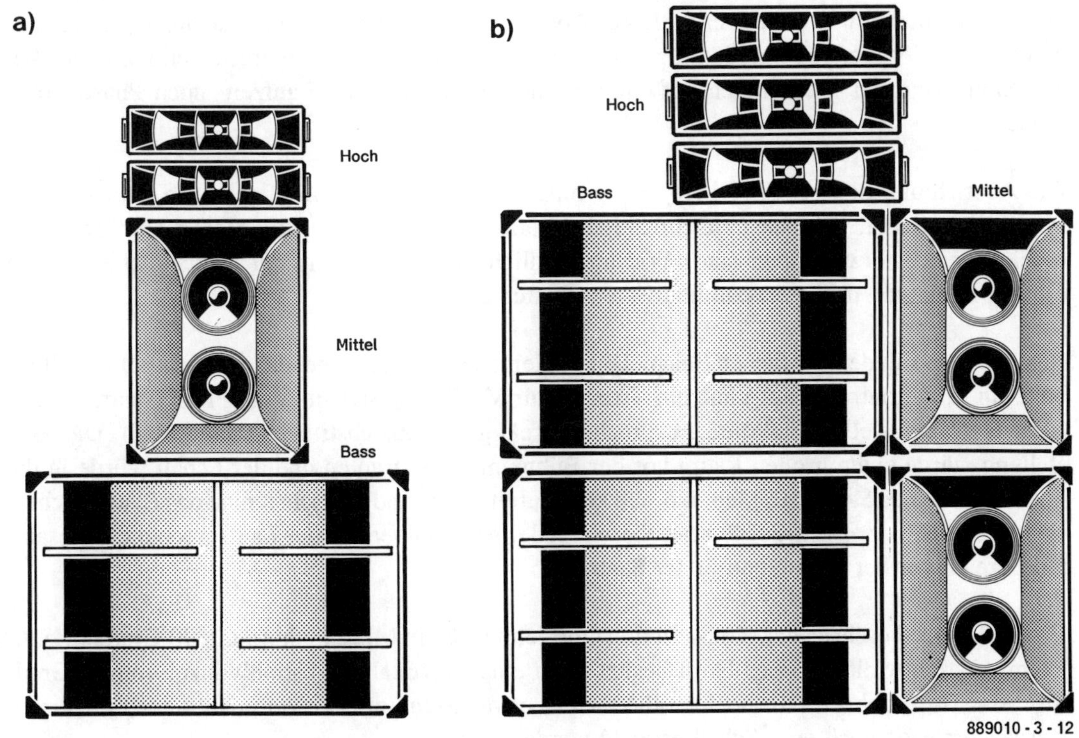

Bild 3.12 »Stacking« mehrerer gleichartiger Lautsprecherboxen.

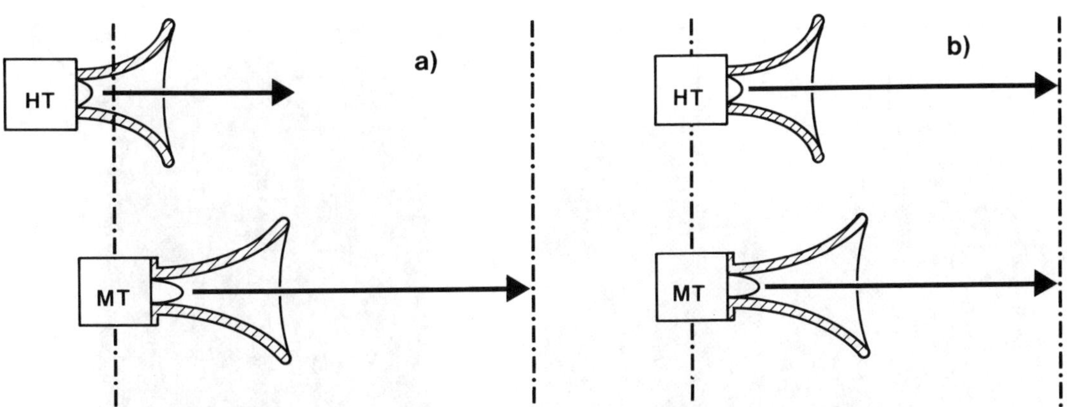

Bild 3.13 Die ungleiche Anordnung der Membranen (a) hat zeitverschobene Wiedergaben der verschiedenen Bereiche zur Folge. Das ist nicht möglich, wenn die Membranen horizontal und vertikal auf einer Ebene liegen (b).

rechts und links hiervon übertragen beide Lautsprecher das gleiche Frequenzspektrum. Besteht nun ein räumlicher und damit ein zeitlicher Abstand zwischen den beiden Lautsprechern, kann es zu Phasenauslöschungen und damit zu den bereits erwähnten Kammfiltereffekten kommen. Bei der Anordnung der Membranen auf einer Ebene entstehen weder Laufzeit- noch Phasendifferenzen.

Die Ausrichtung der Lautsprechersysteme muß so erfolgen, daß der Bereich, in dem sich das Publikum befindet, möglichst gleichmäßig beschallt wird, damit an jedem Hörort alle Frequenzbereiche gut wahrzunehmen sind. Wie letztendlich die Ausrichtung der Lautsprechersysteme erfolgt, hängt von deren Anzahl und Eigenschaften ab.

Beginnen wir mit dem einfachen Beispiel einer kleinen PA-Anlage, bei der nur eine Baßmitteltonbox, ein Mitteltontreiberhorn und ein Tweeter zur Verfügung stehen. Völlig falsch wäre es, das System so aufzustellen, daß die Lautsprecher direkt geradeaus abstrahlen (Bild 3.14a). Die Aufstellung würde einen großen Raum vor der Bühne nicht bestrahlen und der Schall würde in die Seitenflächen des Saales strahlen, wo sich kein Publikum befindet. Richtet man das Lautsprechersystem so aus, wie es Bild 3.14b zeigt, beschallt der Abstrahlbereich der Lautsprecher den gesamten Bereich vor der Bühne und in der Saalmitte.

Für die gerade beschriebene Konstellation empfiehlt sich ein Mitteltonhorn mit 90 Grad horizontalem Abstrahlwinkel; dieses Horn besitzt dann einen vertikalen Abstrahlwinkel von 60 Grad. Steht das Hochtonhorn sehr hoch, sollte man es etwas nach unten neigen, damit auch die ersten Zuschauerreihen noch vom Schall erreicht werden.

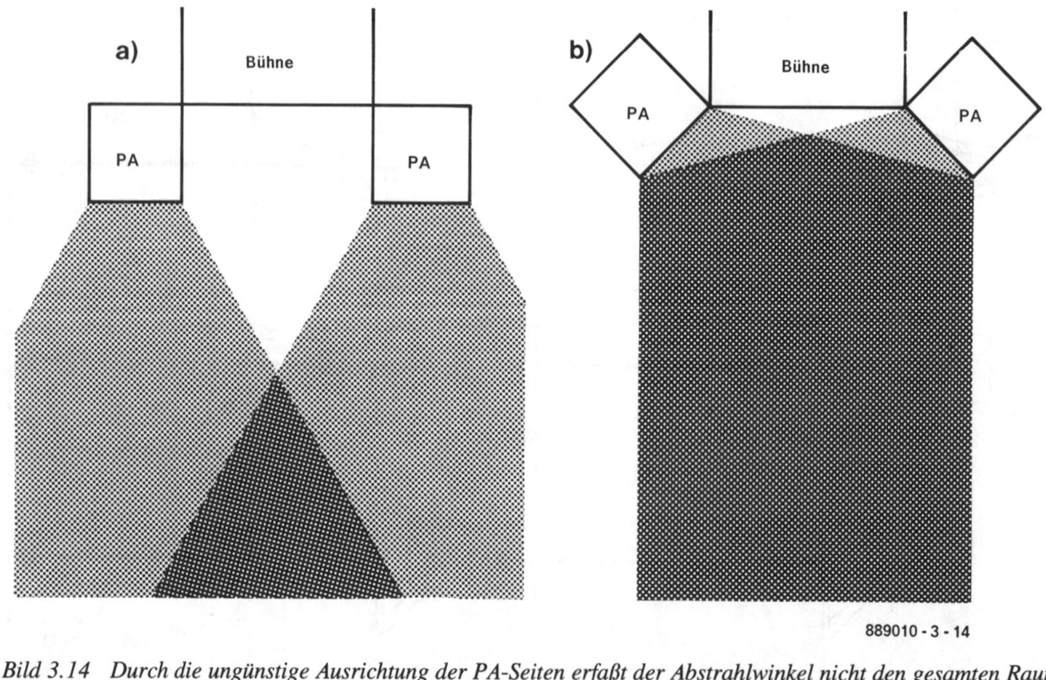

Bild 3.14 Durch die ungünstige Ausrichtung der PA-Seiten erfaßt der Abstrahlwinkel nicht den gesamten Raum (a). Besser ausgerichtet sind die Lautsprechersysteme in Beispiel b; dort füllt der Abstrahlwinkel den gesamten Raum aus.

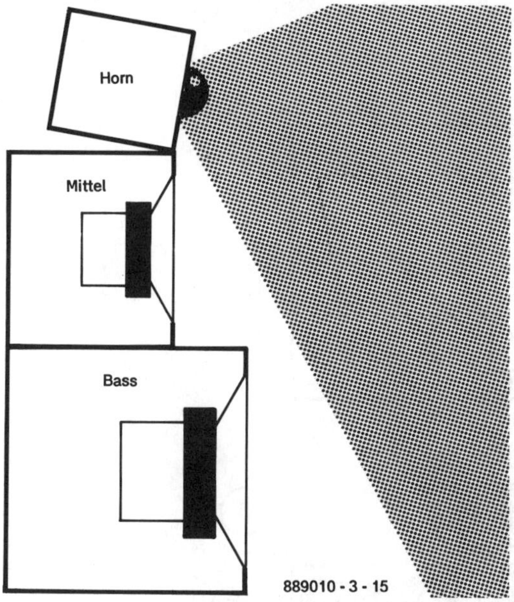

Bild 3.15
Winkelt man das Hochtonhorn etwas an, erreicht der vertikale Abstrahlwinkel auch die ersten Zuschauerreihen.

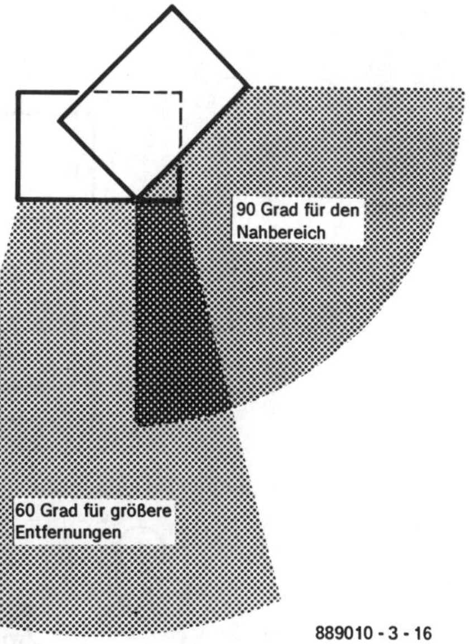

Bild 3.16
Ausrichtung von Hörnern mit unterschiedlichen horizontalen Abstrahlwinkeln für Nah- und Fernbereich.

Ein etwas aufwendigeres PA-System mit zwei Baßboxen, zwei Mitteltonboxen und zwei Mittelhochtontreibern/Hörnern, läßt sich erheblich gezielter einsetzen. Die Mitteltonboxen und die Hochtontreiber werden so aufgestellt, daß sie in verschiedene Richtungen abstrahlen und so den gesamten Raum beschallen. Die Baßboxen können immer gerade aus oder leicht zur Mitte abgewinkelt abstrahlen, da sich die tiefen Frequenzen so ausbreiten, daß man sie an jedem Platz im Saal wahrnimmt. Bei den zwei Mittelhochtontreibern/Hörnern gibt es verschiedene Möglichkeiten. Entweder verwendet man zwei 90-Grad-Hörner, oder ein 90-Grad-Horn und ein 120-Grad-Horn, oder, das ist die dritte Möglichkeit, ein 90-Grad-Horn für den Nahbereich und ein 60-Grad-Horn für den weiter entfernten Bereich (Bild 3.15 und Bild 3.16).

Die Arbeitsweise, die Lautsprecher aufzuteilen und in verschiedene Richtungen strahlen zu lassen, um so eine gleichmäßige Beschallung des Raumes zu erreichen, ist unter der Bezeichnung »Splitting and Spraying« bekannt.

In sehr großen Sälen, für deren Beschallung ein umfangreicheres PA-System erforderlich ist, besteht das System u.a. aus mehreren Lautsprecherkomponenten, die sich für verschiedene Reichweiten eignen. Dabei sind dann natürlich Komponenten mit breitem Abstrahlwinkel und einer Reichweite bis 20 m (short Throw) und solche mit einem schmalen Abstrahlwinkel und einer Reichweite über 20 m (long Throw). Zu den »short Throw«-Komponenten zählen Hörner und Linsen mit horizontalen Abstrahlwinkeln von 90 Grad und mehr, sowie Konusmitteltonlautsprecher in geschlossenen, direktstrahlenden Gehäusen und »Rear-Loaded-Boxen«. »Long-Throw«-Komponenten sind Hörner mit 40 Grad und 60 Grad Abstrahlwinkeln sowie Front-Loaded-Mittel-

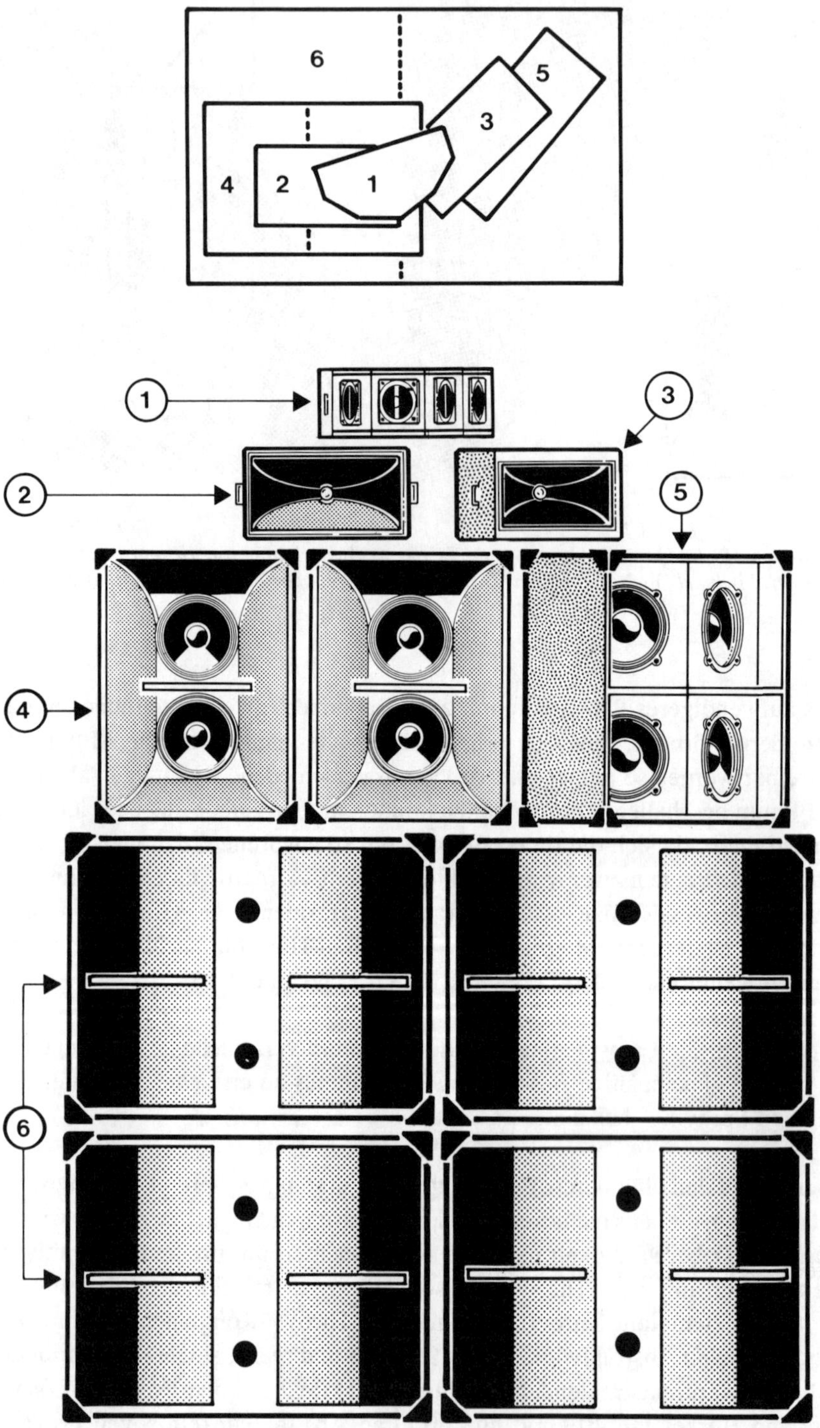
6
5
3
4
2
1
889010-3-17

◀ *Bild 3.17 Lautsprechersystem mit mehreren Komponenten für verschiedene Abstrahlwinkel und für eine unterschiedliche Ausrüstung (Splitting and Spraying). Die einzelnen Komponenten:*
1: Kasten mit vier Tweetern, die in verschiedene Winkel abstrahlen
2: 60-Grad-Horn für größere Entfernungen
3: 90-Grad-Horn für den Nahbereich
4: Front-Loaded-Mitteltonbox für größere Entfernungen (mehrere »gestackt«)
5: direkt abstrahlende Mitteltonboxen für den Nahbereich (mehrere »gestackt«)
6: Baßboxen (mehrere »gestackt«)

tonboxen. All diese Komponenten mit den verschiedenen Eigenschaften stellt man nun so zusammen, daß eine gleichmäßige Beschallung des Nah- und Fernbereichs bei allen Frequenzen ermöglicht wird. Ein Beispiel hierfür ist in Bild 3.17 skizziert.

Eine ganz andere Möglichkeit der Raumbeschallung ist die räumlich getrennte Aufstellung von zwei PA-Systemen. Dabei muß das zweite System gegenüber dem ersten die Signale zeitverzögert wiedergeben, da ansonsten durch den Laufzeitunterschied zwischen den beiden Systemen ein störendes Echo auftreten würde. Die verzögerte Wiedergabe des zweiten Systems erreicht man mit Hilfe eines Digital-Delays. Die Verzögerungszeit muß so eingestellt sein, daß sie der räumlichen Entfernung der beiden Systeme zueinander entspricht. Hierfür benutzt man folgende Formel:

$$\frac{\text{Abstand der beiden Systeme in Meter}}{\text{Schallgeschwindigkeit}} = \text{Verzögerungszeit}$$

In Bild 3.18 ist ein PA-System mit verzögerter Lautsprechereinheit dargestellt. Der Abstand zwischen den beiden Systemen beträgt 10 Meter; daraus errechnet sich eine Verzögerungszeit von 30 ms:

$$\frac{10\ \text{m}}{330\ \text{m/s}} = 0{,}303030 = 30\ \text{ms}$$

Durch die Verzögerung des zweiten Systems nehmen alle Zuhörer, die hinter den beiden Systemen stehen, den Schall aus allen Lautsprechern, trotz Entfernungsdifferenz, gleichzeitig und ohne Echoerscheinung wahr. Diese Technik wird in der Rockmusik bei großen »Open-Air«-Veranstaltungen eingesetzt. Für Tanzkapellen könnte diese Beschallung in Räumen Vorteile bringen. Sie liegen darin, daß eine gleichmäßige Beschallung eines Saales bei geringer Lautstärke möglich ist.

Schließlich besteht noch die Möglichkeit, daß der Saal in zwei Bereiche aufgeteilt ist und mit unterschiedlichen Lautstärken beschallt werden soll. So kann beispielsweise sein, daß man die Fläche vor der Bühne (Tanzfläche) lauter beschallen möchte als den Bereich dahinter (Sitzgelegenheiten).

In riesigen Hallen kommen immer häufiger »geflogene Systeme« zum Einsatz. Hinter der Bezeichnung geflogene Systeme versteht man Lautsprechergruppen, die an der Decke aufgehängt

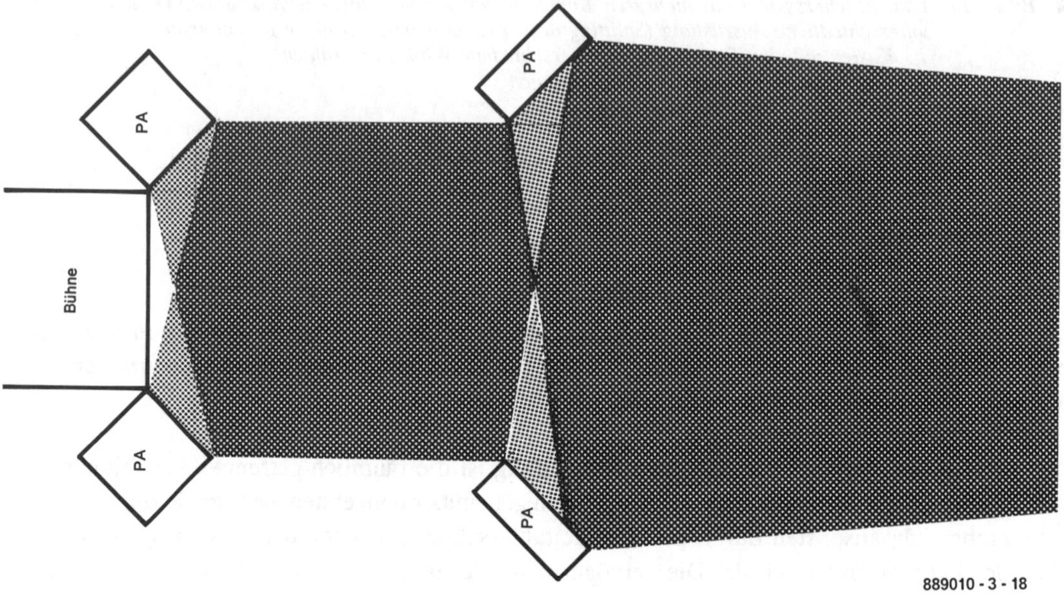

Bild 3.18 Aufbau eines PA-Systems mit Delay-Boxen.

Bild 3.19 Beispiel für ein geflogenes PA-System.

sind (Bild 3.19). Von dort aus kann man den Saal sehr gleichmäßig beschallen und erreicht so auch die erhöhten Tribünenränge viel besser. Zusammen mit den geflogenen Systemen setzt man die normalen PAs neben der Bühne mit ein, um den Nahbereich zu beschallen (Bild 3.20).

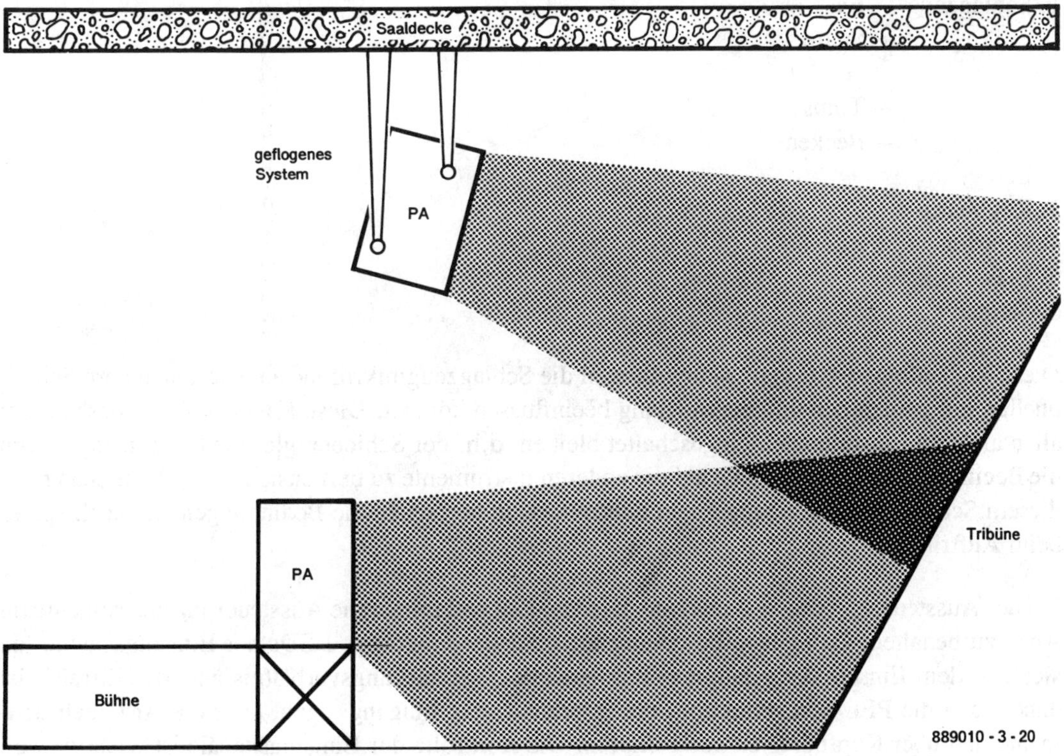

Bild 3.20 Anordnung von Bühnen-PA und geflogenem PA-System bei Großbeschallungsanlagen.

3.6 Der Soundcheck

Nachdem das PA-System aufgestellt ist, die Mikrofone an den Instrumenten plaziert und alle Geräte miteinander verbunden sind, muß die Einstellung der Anlage — der Soundcheck — erfolgen.

Als erstes wird der Frequenzgang des PA-Systems ausgeglichen und auf die Eigenschaften des Saales eingestellt. Diese Einstellung führt man am besten mit einer Bandmaschine, oder noch besser mit einem Analysator durch; zur Korrektur bedient man sich eines Equalizers. Die Frequenzgangeinstellung mit der entsprechenden Korrektur des PA-Systems bildet die Grundlage für die Einstellung der Eingangskanäle. Vorher sind allerdings noch die Regelungen des Mischpultes in Grundstellung zu bringen, d.h., den Gain-Regler auf geringste Vorverstärkung bringen, Panoramaregler und Klangregelung in die neutrale Stellung sowie die Monitor- und Effektregler in Nullstellung.

Daran anschließend erfolgt die Einstellung der Eingangskanäle, indem für den entsprechenden Kanal das zugehörige Instrument gespielt wird. Dabei hat es sich bewährt, in folgender Reihenfolge vorzugehen:

1. Schlagzeug — Bass-Drum
   — Snare
   — Hi-Hat
   — Toms
   — Becken
2. Baß
3. Keyboards
4. Gitarren
5. Bläser o.ä.
6. Sänger

Diese Reihenfolge ist deshalb sinnvoll, weil die Schlagzeugmikrofone am ehesten andere Schallquellen mit aufnehmen und deren Klang beeinflussen können. Diese Kanäle müssen deshalb bei allen anderen Einstellungen eingeschaltet bleiben, d.h. der Schieberegler bleibt aufgezogen, um die Beeinflussung dieser Kanäle auf die anderen Instrumente zu berücksichtigen. Wenn man nach diesem Schema jeden Eingangskanal einstellt, dann herrschen die Bedingungen wie auch später beim Auftritt.

Bei der Aussteuerung des Systems sind in jedem Fall und immer die Aussteuerungsinstrumente im Auge zu behalten. Das gilt insbesondere für die Übersteuerungs-LEDs der Eingangskanäle, da sich mit dem Einsatz der Klangregelung auch das Verstärkungsverhältnis ändert. Hilfreich ist dabei auch die PFL/Solo-Funktion, die es erlaubt, das Eingangssignal über die Anzeigeinstrumente und über Kopfhörer zu kontrollieren. Die Kontrolle der Eingangskanäle ist wichtig, weil übersteuerte Kanäle das Klangbild im gesamten weiteren Signalverlauf beeinträchtigt. Bei der Gesamtaussteuerung des Systems ist noch darauf zu achten, daß auch alle anderen Funktionseinheiten (Endstufen, aktive Frequenzweiche, Zusatzgeräte) nicht übersteuern, da sonst ebenfalls eine starke Beeinträchtigung des Klangbildes auftritt. Mit den Eingangs- und Ausgangspegelstellern kann die Aussteuerung an verschiedenen Punkten der Übertragungskette ausgeglichen werden, was alle Über- und Untersteuerungen verhindert.

Nach Einstellung der Eingangskanäle sollten die Effekte zugemischt und die Monitormischung erstellt werden. Die Verteilung der Instrumente über die Stereobreite erfolgt auch zu diesem Zeitpunkt.

Zum Abschluß des Soundchecks sollte die gesamte Gruppe ein oder zwei typische Titel spielen, wobei der Mixer dann noch Einstellkorrekturen vornehmen kann. Dabei sollte auch von der PFL/Solo-Funktion Gebrauch gemacht werden, um eventuell noch einmal Korrekturen bei der Aufstellung der Instrumente, der Mikrofone und der Lautsprecher durchzuführen.

Checkliste für das Einstellen eines PA-Systems

1. »Gain-Regler« auf Minimum stellen.
2. Klangregelung in neutrale Stellung bringen.

3. Monitorregler in Nullstellung bringen.
4. Effektregler in Nullstellung bringen.
5. Panoramaregler in Mittelstellung bringen.
6. Lautstärke der Masterkanäle nach Wunsch einstellen.
7. Musiktitel oder Testsignal über die Eingangskanäle wiedergeben.
8. Frequenzverlauf der PA mit Equalizer korrigieren, nach Möglichkeit mit einem Analysator.
9. Vorverstärkung und Klangregelung der Schlagzeugkanäle einstellen; Aussteuerung mit Hilfe der Übersteuerungs-LED und der PFL kontrollieren.
10. Lautstärkeverhältnis der Schlagzeugkanäle einstellen; Fader aufgezogen lassen.
11. Vorverstärkung und Klangregelung von Baß, Gitarren, Keyboards, Blasinstrumente und Gesang einstellen.
12. Lautstärkeverhältnis der Kanäle untereinander und zu den Schlagzeugkanälen einstellen.
13. Mit den Monitorreglern der Eingangskanäle die Monitormischung einstellen.
14. Mit dem Monitormaster die Gesamtlautstärke des Monitors einstellen.
15. Mit den Effekt-Send-Reglern der Eingangskanäle die Effektintensitäten einstellen.
16. Über den Effekt-Return-Regler die Gesamtlautstärke des bzw. der Effekte einstellen.
17. Mit den Pan-Reglern die Einzelsignale auf die Stereobreite verteilen.
18. Einstellungen überprüfen.
19. Gegebenenfalls Korrekturen vornehmen und Mikrofon- und Lautsprecheraufstellungen verändern.

PA-Wiedergabe in Stereo

Die Wiedergabe des Klangbildes in Stereo ist von den Bedingungen, die in einem Saal herrschen, abhängig. Voraussetzung für die Stereowiedergabe ist es, daß auf der Bühne alle Instrumente von der PA-Anlage übertragen werden. Außerdem ist eine Saalgröße erforderlich, die einen hohen Schallanteil vom PA-System erlaubt und möglichst wenig Direktschall von der Bühne. Unter diesen Bedingungen ist eine PA-Wiedergabe in Stereo möglich. Sie bietet den Vorteil, daß das Klangbild interessanter gestaltet werden kann und eine klare Ortung der Instrumente möglich ist.

Bei der Anordnung der Instrumente über die Stereobreite läßt man beim Schlagzeug Snare und Baß-Drum, Baß und Sologesang in der Mitte. Alle anderen Instrumente können beliebig verteilt werden. Am besten hält man die Anordnung der Instrumente auf der Bühne bei, um so das Publikum nicht durch unterschiedliche optische und akustische Eindrücke zu verwirren.

Es sollte darauf geachtet werden, daß die Richtungseinstellung nicht so extrem erfolgt, daß ein Instrument auf der jeweils anderen Seite nicht mehr zu hören ist. Jedes Instrument muß von jedem Hörort gut wahrzunehmen sein. In Räumen mit ungünstiger Aufteilung oder zu geringem Abstand des Publikums zur Bühne und zu den PA-Boxen ist eine optimale Wahrnehmung aller Instrumente bei der Wiedergabe in Stereo nicht gewährleistet. In einem solchen Fall ist die Wiedergabe in Mono wesentlich günstiger.

Gesamtlautstärke des PA-Systems im Saal

In der Pop- und Rockmusik gehören große Wiedergabelautstärken mit zum Stilmittel der Musik. Dabei ist allerdings darauf zu achten, daß die Lautstärke nie so hoch ist, daß sie als störend empfunden wird oder gar schädlich für das Gehör ist. Da jede Band nach dem klanglichen Eindruck und der damit verbundenen Lautstärke beurteilt wird, sollte es im eigenen Interesse liegen, den Eindruck der musikalischen Darbietung nicht durch extrem überhöhte Lautstärke zu zerstören.

Ebenfalls ist zu bedenken, ob sich durch eine überhöhte Wiedergabelautstärke Nachbarn gestört fühlen, die dann durch ihre Verärgerung nicht zum positiven Ruf der populären Musik beitragen.

Klangeigenschaften der Instrumente

Die Kenntnis der Klangeigenschaften der Instrumente ist eine wesentliche Voraussetzung für eine sinnvolle Klangeinstellung der Eingangskanäle. Der Frequenzbereich der Instrumente ist für den Einsatz der parametrischen bzw. semiparametrischen Klangregelungen, bei denen die Frequenzen frei gewählt werden können, besonders wichtig. Alle Instrumente, die unter 100 Hz keine Frequenzen mehr erzeugen, können im Eingangskanal mit dem Bass Cut beschnitten werden.

Die Grafik in Bild 3.21 zeigt die Frequenzbereiche einiger, in der Unterhaltungsmusik gebräuchlichen Instrumente. Die Grafik umfaßt sowohl den Grundtonbereich wie auch den für die Klangfarbe entscheidenden Obertonbereich.

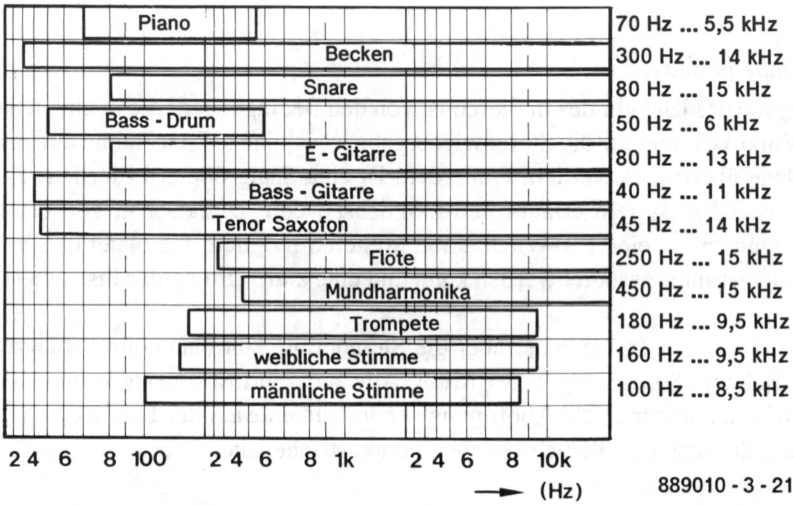

Bild 3.21 Frequenzspektren verschiedener Instrumente und Stimmen (Grund- und Obertonspektrum).

Klangeinstellung der Eingangskanäle

Mit der Klangregelung der Eingangskanäle wird das Klangbild eines Instruments korrigiert oder verändert. Die Einstellung der Klangregelung richtet sich nach den besonderen Eigenschaften des Instruments sowie nach den individuellen Klangvorstellungen der Musiker und der Person, die das Mischpult bedient. Dabei darf der Mixer niemals den Versuch unternehmen, das Klangbild eines Instrumentes am Mischpult zu kreieren. Das Klangbild wird einzig und allein, den Vorstellungen entsprechend, vom Instrument auf der Bühne erzeugt. Eines darf man nie vergessen: Das PA-System ist in erster Linie als Gerät zur akustischen Übertragung zu sehen.

Da die akustische Übertragung nicht immer ganz unproblematisch ist, greift man mit der Klangregelung korrigierend ein, damit der natürliche Klang des Instruments in der PA-Übertragungskette erhalten bleibt. Dabei dient die Klangregelung nur zur Korrektur dieses Instruments und nicht zur Beeinflussung des Gesamtklangs der PA. Dazu sind ausschließlich die Ausgangskanäle mit der Klangregelung und dem Equalizer da.

Zu den Instrumenten, die einen starken Einsatz der Klangregelung erfordern, zählen das Schlagzeug, die Keyboards und die E-Gitarren. Alle anderen Instrumente sind etwas unkritischer und erfordern oft nur geringfügige Korrekturen.

Voraussetzung für eine sinnvolle Arbeit mit einem PA-System ist, daß jeder Musiker mit seinem Instrument auf der Bühne den seinen Vorstellungen entsprechenden Klang produziert. Die Lautstärke der Instrumente auf der Bühne sollte in kleinen Räumen nicht zu groß sein, weil es ansonsten die Einstellung der Eingangskanäle erschwert. In kleinen Räumen entsteht bei zu lauten Instrumenten leicht eine Mischung aus Direktschall von der Bühne und der PA-Wiedergabe, die oft nicht zu befriedigenden Ergebnissen führt.

3.7 Rückkopplung (Feedback)

Eines der häufigsten Probleme beim Umgang mit PA-Systemen sind die Rückkopplungen. Sie machen sich durch »Pfeifen« und »Heulen« bemerkbar. Rückkopplungen entstehen dann, wenn ein Signal vom Mikrofon aufgenommen, verstärkt, vom Lautsprecher wiedergegeben und dann noch einmal vom Mikrofon aufgenommen wird. Die Voraussetzung für eine Rückkopplung allerdings ist, daß das wiedergegebene Signal lauter als das Originalsignal ist. Der geschilderte Kreislauf (Bild 3.22) führt dann zu den erwähnten Störgeräuschen. Eine Rückkopplung tritt dabei nie über den gesamten Frequenzbereich auf, sondern nur bei einer besonders überbetonten Frequenz.

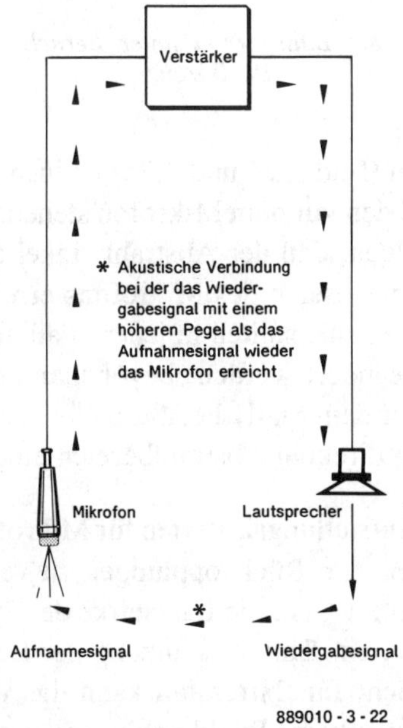

Bild 3.22 Rückkopplungskreislauf.

Die Entstehung von Rückkopplungen kann verschiedene Ursachen haben. Man muß sie beim Aufbau der Anlage berücksichtigen oder beim Soundcheck beseitigen. Die Ursachen sind ungleichmäßige Frequenzverläufe von Lautsprechern, falsche Aufstellung von Mikrofonen und Lautsprecherboxen oder eine zu hohe Lautstärke. Dabei treten meist mehrere Faktoren gleichzeitig auf, die den Rückkopplungseffekt begünstigen. Besonders die Monitorboxen tragen häufig wegen ihrer Nähe zu den Mikrofonen zur Entwicklung von Rückkopplungen bei. Dagegen ist die Rückkopplungsgefahr im Zusammenhang mit der Saalbeschallung durch die PA-Boxen erheblich geringer.

Um Rückkopplungen zu vermeiden, muß man die Lautsprecherboxen so aufstellen, daß die Lautsprecher niemals in den Aufnahmebereich eines Mikrofons strahlen. Das gilt sowohl bei den PA-Boxen als auch bei den Monitorboxen. Die Gesangsmikrofone, die in der Regel sehr weit vorne auf der Bühne aufgestellt sind, sollten auf einer Linie kurz hinter den PA-Boxen stehen (Bild 3.23). So verhindert man eine direkte Schalleinstrahlung.

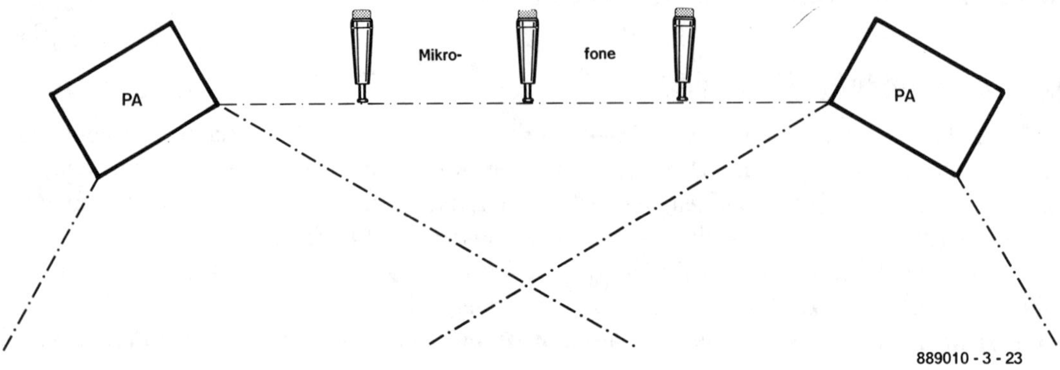

Bild 3.23 Aufstellung der Mikrofone am Bühnenrand unter Berücksichtigung des Abstrahlverhaltens der PA-Boxen.

Die Aufstellung der Monitorboxen (Bild 3.24 und 3.25) ist insofern problematischer, da der von den Monitoren abgestrahlte Schall den vor dem Mikrofon stehenden Musiker erreichen soll. Deshalb muß die Aufstellung so erfolgen, daß der Abstrahlwinkel der Monitorboxen den Musiker, aber möglichst nicht den Aufnahmebereich des Mikrofons erreicht. Treten durch die Monitoranlage verursachte Rückkopplungen auf, sollten in jedem Fall erstmal die Positionen von Monitorboxen und/oder Mikrofonen geändert werden, bevor man andere Maßnahmen ergreift. Der Sänger, der das Mikrofon nicht auf dem Stativ beläßt, sollte außerdem wissen, daß er sich nicht mit dem Mikrofon in Hand in den direkten Abstrahlbereich eines Lautsprechers begeben darf.

Neben den gerade besprochenen Aufstellungskriterien für Mikrofone und Lautsprecherboxen gibt es auch noch technische Lösungen, um Rückkopplungen zu verhindern oder zu unterdrücken. Eine Möglichkeit, aber die schlechteste, ist, die Lautstärke des Systems soweit zu verringern, bis keine Rückkopplungen mehr auftreten. Eine Ausnutzung der Lautstärkekapazität der Anlage ist dann allerdings nicht mehr möglich. Im Extremfall kann die Verringerung der Lautstärke der Monitoranlage dazu führen, daß zwar keine Rückkopplungen auftreten, aber der Monitor so leise ist, daß er bei der auf der Bühne herrschenden Lautstärke nicht mehr wahrgenommen wird.

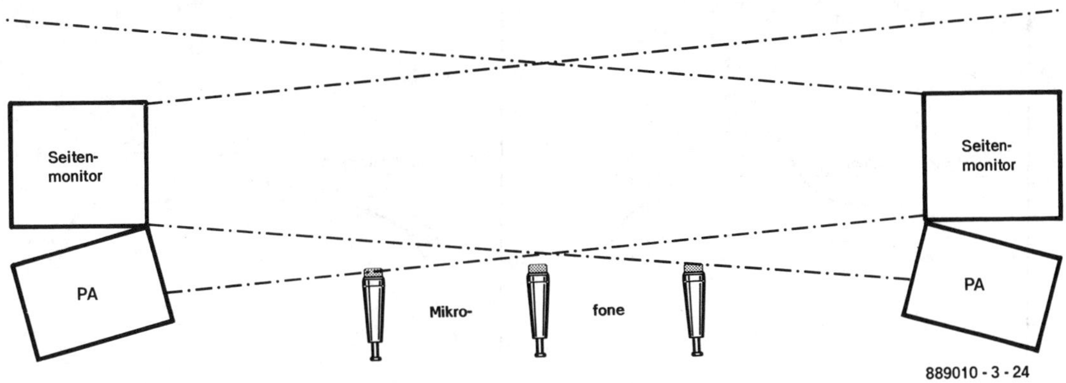

Bild 3.24 Aufstellung der Mikrofone unter Berücksichtigung des Abstrahlverhaltens der Seitenmonitore.

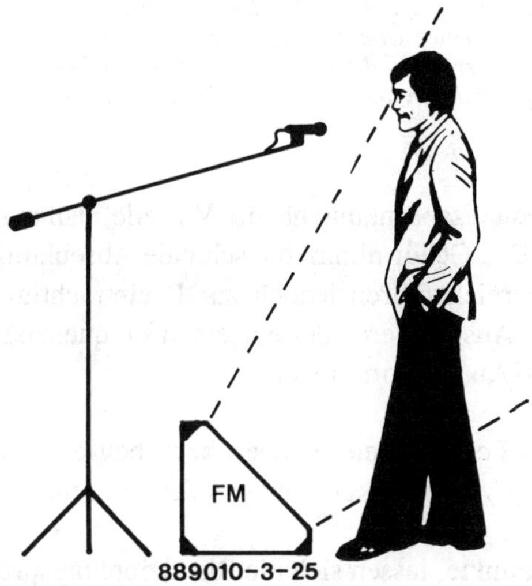

Bild 2.25 Aufstellung eines Mikrofons unter Berücksichtigung des Abstrahlverhaltens einer Fußmonitorbox.

Wesentlich sinnvoller ist es, die Rückkopplung an der Stelle zu unterdrücken, an der sie auftritt. Dieser Punkt liegt oft bei einer überhöht wiedergegebenen Frequenz. Würde die Gesamtlautstärke reduziert, müßte dies bis zu dem Pegel geschehen, bis die überhöhte Frequenz unter der Rückkopplungsgrenze liegt (Bild 3.26a). Das senkt natürlich die Lautstärke des Systems um das Maß ab, um welches die eine Frequenz überhöht ist. Erheblich günstiger ist es, die Lautstärke nur bei der überhöhten Frequenz zu verringern (Bild 3.26b). Die Absenkung der überhöhten Frequenz kann mit einem Equalizer geschehen. Da es sich um einen sehr schmalbandigen Frequenzbereich handelt, bieten sich grafische Equalizer mit vielen Frequenzbändern an, z.B. Terz-Equalizer mit 31 Bändern. Möglich ist auch der Einsatz von sehr genau arbeitenden parametrischen Equalizern, die man dann optimal auf den gewünschten Bereich einstellen muß. Ebenfalls geeignet sind die sogenannten »Notch-Filter«. Es handelt sich hierbei um Geräte, die über extrem schmale Filterbereiche verfügen. Die Filterfrequenz kann über den gesamten Frequenzbereich frei gewählt werden.

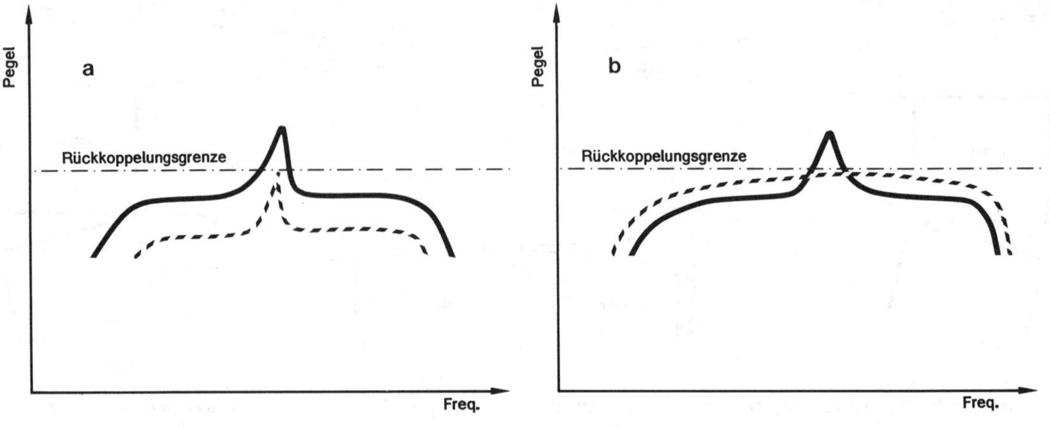

Bild 3.26 Beseitigung von Rückkopplungen, die von Pegelspitzen verursacht sind. Beispiel a zeigt den Frequenzgang eines Monitorlautsprechers mit einer Überhöhung (Peak), die die Rückkopplungsgrenze übersteigt. Die Behebung der Rückkopplung erfolgt hier durch die Absenkung der Gesamtlautstärke. In Beispiel b wird die Rückkopplung nur durch die Rücknahme der Überhöhung behoben.

Eine sehr schmalbandige Frequenzabsenkung hat die Vorteile, daß man sie sehr gezielt einsetzen kann und unhörbar arbeitet. Das Gehör nimmt die schmale Absenkung nicht wahr. Breitbandige Absenkungen im Frequenzbereich führen jedoch zur Beeinträchtigung der Wiedergabe. Eine Überhöhung kann man durch Ausprobieren der einzelnen Frequenzbänder eines Equalizers oder mit Hilfe eines genauen Terz-Analysators finden.

Ein Kompressor/Limiter, der Pegelspitzen reduziert bzw. begrenzt, kann ebenfalls bei der Verhinderung und Unterdrückung von Rückkopplungen hilfreich sein.

Beachtet man die folgenden Punkte, lassen sich die Rückkopplungsprobleme lösen, ohne daß die Lautstärke und die Klangqualität des Systems beeinträchtigt wird:
— Anschaffung von Monitorboxen mit möglichst ausgeglichenen Frequenzverläufen;
— Korrektur der Frequenzverläufe durch Absenkungen der Überhöhungen mit einem Equalizer;
— richtige Aufstellung der Monitorboxen, unter Berücksichtigung ihres Abstrahlverhaltens;
— richtige Aufstellung der Mikrofone, unter Berücksichtigung ihrer Aufnahmecharakteristik;
— unter Umständen Pegeleinschränkung mit einem Kompressor/Limiter;
— in sehr aufwendigen Anlagen subjektive Lautstärkeanhebung mit einem Exiter.

3.8 Übersteuerungen/Clipping

Bei den Komponenten einer PA-Übertragungskette handelt es sich, mit Ausnahme der Mikrofone und Lautsprecher (Schallwandler), immer um Verstärker. Bei all diesen Geräten wie Mischpult, Zusatzgeräte und Endstufen, kann am Ausgang eine höhere Spannung als am Eingang anstehen. Die Eingangsspannung wird also innerhalb des entsprechenden Gerätes verstärkt und steht dann als Ausgangssignal zur Verfügung. Allerdings sind den verstärkenden Geräten Grenzen gesetzt; sie können die Eingangssignale nicht beliebig stark verstärken. Die Spannungs- bzw. Aussteuerungsgrenzen sind u.a. abhängig von der Versorgungsspannung des Gerätes und können unterschiedlich sein. Überschreitet das verstärkte Signal die Spannungsgrenzen des Gerätes, findet keine Verstärkung mehr statt. Im Gegenteil, das Gerät beschneidet das verstärkte Signal oberhalb dieser Spannungsgrenzen (Bild 3.27). Dieser Vorgang ist als »Clipping« bekannt. Durch Beschneiden des Signals verschlechtert sich der Klang, es entstehen zusätzliche und unnatürliche Obertöne mit sehr hohen Pegeln. Sie können das nachfolgende Gerät eventuell übersteuern, oder, wenn es sich um Lautsprecher handelt, sie sogar beschädigen. Zum Clipping kommt es immer dann, wenn das Eingangssignal bereits eine so hohe Spannung besitzt, daß sie durch die Verstärkung die Aussteuerungsgrenzen überschreitet.

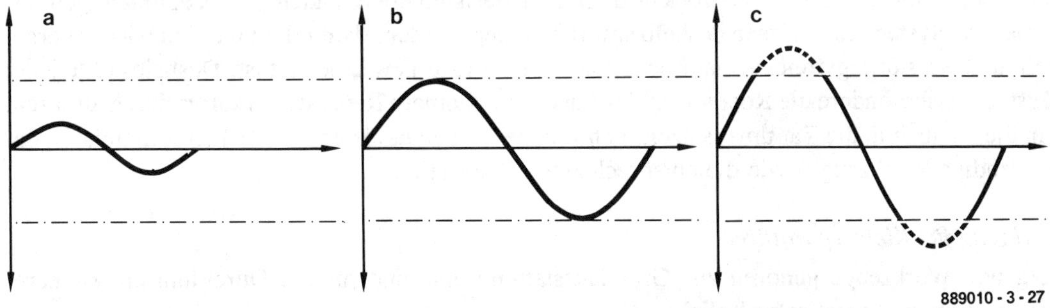

Bild 3.27 Das Eingangssignal (a) ist in der Regel zu gering und wird verstärkt. Das verstärkte Signal (b) ist korrekt, es überschreitet nicht die Aussteuerungsgrenzen des entsprechenden Gerätes. Das Signal (c) ist geclippt. Die Spannungsspitzen übersteigen die Aussteuerungsgrenzen des entsprechenden Gerätes und sind deshalb einfach abgeschnitten.

Um das Übersteuern und damit auch das Clipping eines Verstärkers zu verhindern, muß die Aussteuerung des entsprechenden Gerätes sehr sorgfältig vorgenommen werden. Hierzu verfügen fast alle Geräte über Pegelregler für die Ein- und Ausgangsspannung sowie über Kontrollinstrumente. Besonders wichtig sind bei der Aussteuerungseinstellung die Eingangskanäle des Mischpultes. Sie verfügen, wie bereits mehrfach erwähnt, über einen Regler für die Vorverstärkung, die Vordämpfung, eine Übersteuerungsanzeige und die PFL-Einrichtung. Mit diesen Hilfsmitteln läßt sich ein Mischpult sehr genau aussteuern.

Die meisten Endstufen für den PA-Bereich verfügen über ein »Clip-LED«, die eine eventuelle Übersteuerung und das damit verbundene Clipping anzeigt. Ist das der Fall, muß man die Eingangsempfindlichkeit der Endstufe erhöhen. Das bedeutet für die Praxis, daß man den Level- oder Gain-Regler herunterdrehen muß. Eine andere Möglichkeit ist, das Ausgangssignal des vorherigen Gerätes (Mischpult oder aktive Frequenzweiche) zu verringern.

Bei den Zusatzgeräten sollte die Ein- und Ausgangsspannung in etwa gleich sein. Das heißt: Bei diesen Geräten verzichtet man bewußt auf eine Verstärkung (oder man stellt sie nur ganz minimal ein) und verhindert so ein Übersteuern der nachfolgenden Geräte. Über die Anzeigeinstrumente der Zusatzgeräte läßt sich noch kontrollieren, ob der Eingang des betreffenden Gerätes übersteuert ist. In diesem Fall kann dies mit dem Eingangsregler ausgeglichen werden. Mit dem Ausgangsregler kann die Anpassung der Ausgangsspannung an den Eingang des folgenden Gerätes erfolgen. Eine besondere Beachtung ist den Equalizern mit extremen Einstellungen zu schenken, da sie die Spannungen erheblich erhöhen und so Übersteuerungen verursachen können. Sehr kurze und äußerst selten auftretende Übersteuerungen kann man vernachlässigen; sie beeinträchtigen das Klangbild nicht.

3.9 Wartung und Reparaturen

Die hohe Beanspruchung der PA-Anlage, hervorgerufen durch den häufigen Transport sowie durch den Auf- und Abbau, verursacht immer wieder kleinere Schäden. Sie beeinträchtigen fast immer das System und müssen deshalb sofort behoben werden, damit die Funktion wieder hergestellt und ein störungsfreier Ablauf beim nächsten Auftritt gewährleistet ist. Deshalb sollte jeder Musiker, insbesondere die Roadies, in der Lage sein, kleinere Reparaturen sofort durchzuführen. Um dieses auch in die Tat umzusetzen, gehören neben den dafür erforderlichen Kenntnissen das notwendige Werkzeug sowie die entsprechenden Ersatzteile.

Werkzeug für Kleinreparaturen

Folgende Werkzeuge gehören zur Grundausstattung und sind für die Durchführung kleinerer Reparaturen unbedingt erforderlich:

— Lötkolben mit feiner Lötspitze (max. 30 W)
— Lötzinn für Elektroniklötungen
— Schraubendreher in verschiedenen Größen
— Kreuzschraubendreher in verschiedenen Größen
— Flachzange
— Kneifzange
— Abziehzange (Ablitzzange) für Kabel
— Schere

Kabel und Stecker bzw. Buchsen sind der Regel miteinander verlötet; deshalb ist der Lötkolben das wichtigste Werkzeug. Die meisten Schäden treten nämlich durch defekte Steckverbindungen der Kabel auf. Hier hilft nur eines: Kabel wieder anlöten. Der Lötkolben muß so beschaffen sein, daß es möglich ist, mit ihm die kleinsten Kontaktstellen der Stecker zu erreichen. Deshalb ist es notwendig, daß der Lötkolben eine feine Lötspitze für Elektroniklötungen besitzt. Das Lötzinn sollte ebenfalls für den Elektronikbereich geeignet sein.

Um bei den Kabeln die Isolierungen zu entfernen und um sie so für die Lötung vorzubereiten, ist es sinnvoll, eine entsprechende Ablitzzange zu haben, die das Abisolieren erleichtert.

Der Bedarf an Schraubendrehern in den verschiedensten Größen und Ausführungen richtet sich nach den bei den Geräten verwendeten Schrauben. Man sollte die Schraubendreher besitzen, die notwendig sind, um alle Geräte zu öffnen.

Standardwerkzeuge wie Hammer, Zange, und Schere sollten für alle eventuell auftretenden Fälle vorhanden sein. Falls Spezialwerkzeug erforderlich ist, muß man auch dafür sorgen.

Die Anlage sollte grundsätzlich einmal unter dem Blickwinkel der erforderlichen Werkzeuge untersucht werden, damit man weiß, welches Werkzeug für welchen Zweck erforderlich ist. Wer sich mit der Anlage auseinandersetzt und sich genaue Kenntnisse über die Geräte verschafft, weiß sich bei kleineren Reparaturen stets zu helfen. Nach Murphys Gesetz treten Fehler nämlich immer dann auf, wenn man keine Zeit hat. Wer sich dann erst Gedanken darüber macht, wie ein Gerät zu öffnen ist, ...

Ersatzteile für Kleinstreparaturen

Außer dem notwendigen Werkzeug sollten Ersatzteile für anfällige Teile der Anlage, deren Reparatur man leicht selbst ausführen kann, verfügbar sein. Zu den anfälligen Teilen, die als Ersatzteile greifbar sein sollten, zählen:
— Sicherungen (für jedes Gerät in mehrfacher Ausführung);
— Stecker in allen verwendeten Ausführungen;
— Kabel für Mikrofon-, Effekt- und Lautsprecherleitungen;
— Mikrofonhalterungen;
— Röhren, falls z.B. der Instrumentalverstärker damit bestückt ist.

Jedes Gerät besitzt eine mechanische Sicherung gegen Kurzschluß in der Netzleitung. Die Sicherungen sind bei den Geräten sehr unterschiedlich. Man muß sich deshalb kundig machen, bei welchem Gerät welche Sicherung erforderlich ist. Die Sicherung selbst sollte dann in größerer Stückzahl vorhanden sein, weil im Falle eines Fehlers und der Suche danach mit dem mehrfachen Durchbrennen zu rechnen ist.

Für defekte Kabelverbindungen sollten die entsprechenden Kabel und Stecker in der Ersatzteilkiste vorhanden sein. Zeit- und nervensparender ist es, wenn für jede Verbindung ein komplettes Ersatzkabel zur Verfügung steht.

Mikrofonhalterungen sollten während des Transports grundsätzlich von den Stativen abgeschraubt und schützend verpackt sein. Beschädigungen während des Transports müssen nicht sein. Die Halterungen unterliegen durch den häufigen Gebrauch ohnehin einem starken Verschleiß, so daß immer Ersatzhalterungen greifbar sein müssen.

Instrumentalverstärker sind häufig nicht mit Transistoren, sondern mit Röhren ausgestattet; Ersatzröhren sind deshalb kein Luxus.

Zusatzausstattung

Beim Aufbau der Anlage sind es häufig nur fehlende Kleinigkeiten, die den aufbauenden Personen das Leben erschweren. Es sind deshalb einige Hilfsmittel immer mitzuführen:
— Klebeband (»Gaffa Tape«);
— Vielfachsteckdosenleisten;
— Netzleitungsverlängerungskabel für kurze Distanzen (10 m) und für weitere Distanzen (50 m);
— Vielfachmeßgerät.

Klebeband ist hauptsächlich zum Befestigen der Kabel erforderlich. Unter den Musikern hat sich das »Gaffa Tape« durchgesetzt. Es handelt sich dabei um ein Gewebeband mit sehr guten Klebeeigenschaften auch auf verschmutzten Böden. Das Band läßt sich mit den Fingern zerreißen, ist aber überaus belastbar und für diesen Zweck hervorragend geeignet.

Da in manchen Sälen und Räumen die Stromversorgung nicht unmittelbar an der Bühne liegt oder nicht genügend Steckdosen vorhanden sind, sollten für solche Fälle immerMehrfachsteckdosenleisten und Verlängerungskabel mit verschiedenen Längen greifbar sein.

Das Vielfachmeßgerät ist ein unentbehrliches Hilfsmittel bei der Lokalisierung von elektrischen Fehlern.

Fehlersuche

Bei der Fehlersuche in einem PA-System geht man systematisch vor; alles andere reduziert die Aussicht auf eine erfolgreiche Reparatur. Als erstes wird geprüft, ob die Stromversorgung in Ordnung ist, das Gerät überhaupt mit der Stromversorgung verbunden ist und, auch das soll manchmal die Fehlerursache sein, ob das Gerät eingeschaltet ist. Es folgt eine Überprüfung der Sicherung, es können auch mehrere sein. Liegt hier kein Fehler vor, wendet man sich den Verbindungen der einzelnen Komponenten zu. Sind sie untereinander korrekt verbunden? Fehlt eine Verbindung? Sind Verbindungen vertauscht? Wenn auch hier keine Ursache festzustellen ist, kontrolliert man die Kabel, Stecker und Buchsen mit ihren Lötverbindungen.

Bei Geräten mit Ein- und Ausgangsreglern sollte man auch deren Einstellung überprüfen. Mit Hilfe der Anzeigeinstrumente läßt sich feststellen, ob das entsprechende Gerät überhaupt ein Signal empfängt.

Liegt der Defekt in einer der genannten Möglichkeiten, läßt sich der Fehler leicht selbst beheben. Ist allerdings die Funktion eines Gerätes in dessen Elektronik gestört, kommt man meist um eine Reparatur in der Fachwerkstatt nicht umhin.

Löten

Die häufigsten Schäden bei einer PA-Übertragungskette treten durch defekte Kontakte auf; lose oder abgerissene Kabel sind keine Seltenheit. Um die Funktion wieder herzustellen, muß gelötet werden. Nur eine saubere und korrekte Lötstelle hat auch eine lange Lebensdauer. Damit dies so ist, muß das erforderliche Werkzeug vorhanden sein. Geeignet sind nur Lötkolben und Lötzinn, die auch für Elektroniklötungen geeignet sind. Lötkolben mit dicker Spitze und hoher Wattzahl haben im Werkzeugkoffer nichts zu suchen.

Bevor man mit dem Löten beginnen kann, muß der Lötkolben auf die entsprechende Temperatur aufgeheizt sein. Das ist dann der Fall, wenn das Lötzinn, kurz nachdem es mit dem Lötkolben in Berührung gekommen ist, zu schmelzen beginnt. Will man nun zwei Teile miteinander verlöten, versieht man jedes Teil mit etwas Lötzinn. Dabei ist es wichtig, daß die Menge nicht zu gering ist und für die Lötung ausreicht; es darf aber auch nicht zu viel sein, so daß sich ein dicker Tropfen bildet. Sind beide Teile mit Lötzinn versehen, bringt man sie zusammen und erhitzt sie gleichzeitig. Das Lötzinn muß dabei völlig flüssig werden und beide Teile richtig umschließen. Die Kontaktstellen müssen mit dem Zinn eine Einheit bilden, nur dann ist eine gute und haltbare Lötstelle entstanden.

Umschließt das Lötzinn die beiden Kontaktstellen nicht vollständig oder war die Löttemperatur zu niedrig, reißt die Lötstelle bei der geringsten Belastung auseinander und der Kontakt ist erneut unterbrochen. Dabei spricht man auch von »kalten Lötstellen«. Lötungen darf man nie zu oberflächlich ausführen, sondern immer sorgfältig und genau. Nur dann beweisen die Kontakte auf lange Sicht ihre Haltbarkeit auch bei Belastung.

3.10 Stromversorgung eines PA-Systems

Die Stromversorgung eines PA-Systems ist in der Regel unproblematisch. Mischpulte und Zusatzgeräte benötigen nur sehr wenig Leistung aus dem Netz. Die einzigen Komponenten, die größere Leistung benötigen, sind die Endstufen. Der Leistungsbedarf liegt zwischen 1000 Watt und 2000 Watt.

Die maximale Last, die man an einen Netzanschluß anschließen darf, läßt sich mit einer einfachen Formel errechnen. Dazu sind zwei Angaben erforderlich: einmal die Netzspannung, sie beträgt in der Bundesrepublik bekanntlich 220 V und zweitens den Amperewert, mit dem der Netzanschluß abgesichert ist. Dieser Wert ist in der Regel auf den Netzsicherungen angegeben. Da man sich ja vor jedem Auftritt über die Lage der Sicherungskästen informieren sollte, kann man bei dieser Gelegenheit auch gleich feststellen, wie hoch die Netzanschlüsse abgesichert sind. Die maximale Belastbarkeit des entsprechenden Netzanschlusses errechnet sich jetzt nach der Formel:

Spannung x Ampere = Belastbarkeit des Anschlusses

Die normalen Netzanschlüsse sind mit 16 A abgesichert. Viele Säle, in denen häufiger Auftritte mit Musikgruppen stattfinden, verfügen sicherlich über Netzanschlüsse, die teilweise höher abgesichert sind. Ein normaler Anschluß, der mit 16 A abgesichert ist, kann nach der Formel mit 3520 Watt belastet werden, denn

220 x 16 = 3520

Dieser Wert reicht in der Regel für ein PA-System mit einer oder zwei Endstufen aus. Sollte dies jedoch nicht so sein und ist der Anschluß auch nicht höher belastbar, müssen mehrere Stromkreise verwendet werden. Für eine Lichtanlage mit starken Scheinwerfern müssen eventuell sogar Starkstromanschlüsse zur Verfügung stehen.

Erdung der Geräte
Alle Geräte besitzen eine Schutzerde und eine Signalerde. Die Schutzerde soll bei einem Erdschluß die Spannung von den Gehäuseteilen ableiten, um das Bedienungspersonal von Stromschlägen zu schützen. Geräte mit Gehäuseteilen aus leitendem Metall müssen über das Netzkabel geerdet sein. Im Netzkabel ist die grün/gelbe Leitung die Erdung; sie ist bei den Schukosteckern und den Steckdosen mit den äußeren Klemmen verbunden. Die Signalerde ist mit den Abschirmungen der Kabel verbunden, um Störungen, die in die Leitungswege einstreuen, abzuleiten.

Normalerweise sind die Schutzerde und die Signalerde in einem Gerät miteinander verbunden. Diese Verbindung ist notwendig, darf aber innerhalb einer Übertragungskette nur an einem Punkt erfolgen. Wenn aber jedes Gerät eine Schutzerde über das Netzkabel besitzt, außerdem eine Verbindung der Signalerden über die Verkabelungen besteht und zusätzlich in allen Geräten Schutzerde und Signalerde verbunden sind, kommt es durch diese Erdverbindung (Bild 3.28) zu Brummschleifen (Ground Loops), die Störgeräusche verursachen.

Um nun die Brummschleifen zu verhindern, muß der Erdungskreislauf an einer Stelle unterbrochen werden; dabei ist zwischen Leitungen in asymmetrischer und erdfrei-symmetrischer Ausführung zu unterscheiden. In Bild 3.28 sind Geräteverbindungen mit asymmetrischen Leitungen

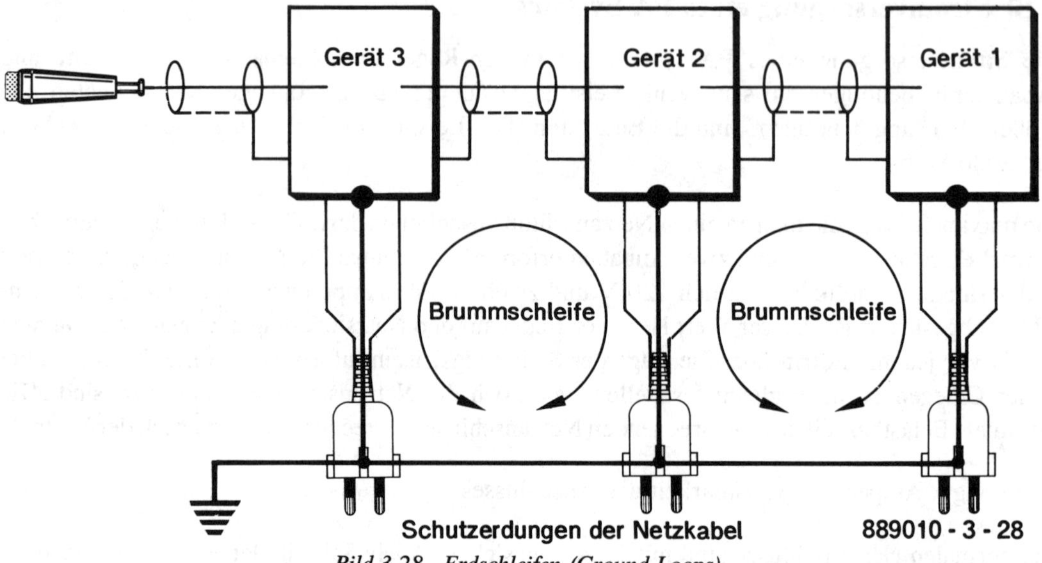

Bild 3.28 Erdschleifen (Ground Loops).

dargestellt, bei denen es durch die Erdverbindungen (durchgezogene Linien) zu Brummschleifen kommt. Oft praktiziert, aber gefährlich und deshalb verboten, ist folgende Lösung: Im Netzkabel werden die Schutzerdungen abgeklemmt bzw. die Erdungskontakte mit Klebeband isoliert. Führt man das bei allen Geräten außer einem durch, sind die Brummschleifen beseitigt. Nur bei einem Gerät ist die Signalerde noch mit der Schutzerde verbunden. Allerdings ist jetzt die Sicherheit des gesamten Systems nicht mehr gewährleistet. Die Geräte arbeiten jetzt ohne Schutzerde und sind nur noch über die Signalverbindungen zu den anderen Geräten geerdet. Im Falle eines Defektes könnte jetzt die Netzspannung nicht mehr von den Verbindungsleitungen abgeführt werden; das Gehäuse wäre mit der Netzspannung verbunden. Das System entspricht dann nicht mehr den VDE-Bestimmungen. Was aber wesentlich schlimmer ist: Berührungen mit spannungsführenden Teilen könnte lebensgefährlich sein!

Eine legale Möglichkeit, Brummschleifen zu unterdrücken, gibt es bei vielen Geräten, die keine leitenden Gehäuseteile besitzen und deshalb keine Schutzerde benötigen. Manche dieser Geräte verfügen über einen Schalter (Ground/Earth lift/off/on). Mit dem Schalter besteht die Möglichkeit, die Schutzerde von der Signalerde zu trennen. So entstehen erst gar keine Brummschleifen und die Schutzerdung über das Netzkabel bleibt erhalten.

Ist in einem System mit asymmetrischen Verbindungen zwischen den Geräten diese Möglichkeit nicht gegeben, kann man die Verbindungen mit zweiadrigen Kabeln, die die beiden Signalleitungen führen, herstellen. Dabei verbindet man nur an einer Seite die Abschirmung mit einem Signalleiter. Diese Möglichkeit kann zwar hilfreich sein, ist aber nicht ganz sicher vor Störeinstreuungen.

Die sicherste Lösung zur Verhinderung von Brummschleifen und Störeinstrahlungen ist die ausschließliche Verwendung von erdfrei-symmetrischen Leitungen. Dazu müssen allerdings alle Geräte über erdfrei-symmetrische Ein- und Ausgänge verfügen. Bei den erdfrei-symmetrischen

Verbindungen laufen die Signalleitungen getrennt von der Abschirmung bzw. der Signalerde. Dadurch können keine Brummschleifen entstehen. Vorteilhaft ist, wenn die Abschirmung nur einseitig angelötet ist, damit in der Erdleitung/Abschirmung kein Brummstrom fließen kann. Bei dieser Lösung bleiben alle Schutzerdungsleitungen erhalten, das Signal fließt unabhängig von der Signalerde. Zwischen Schutz- und Signalerde besteht keine Verbindung. Brummschleifen und die damit verbundenen Störgeräusche sind vollkommen ausgeschlossen. Die gerade geschilderte Möglichkeit ist in Bild 3.29 dargestellt.

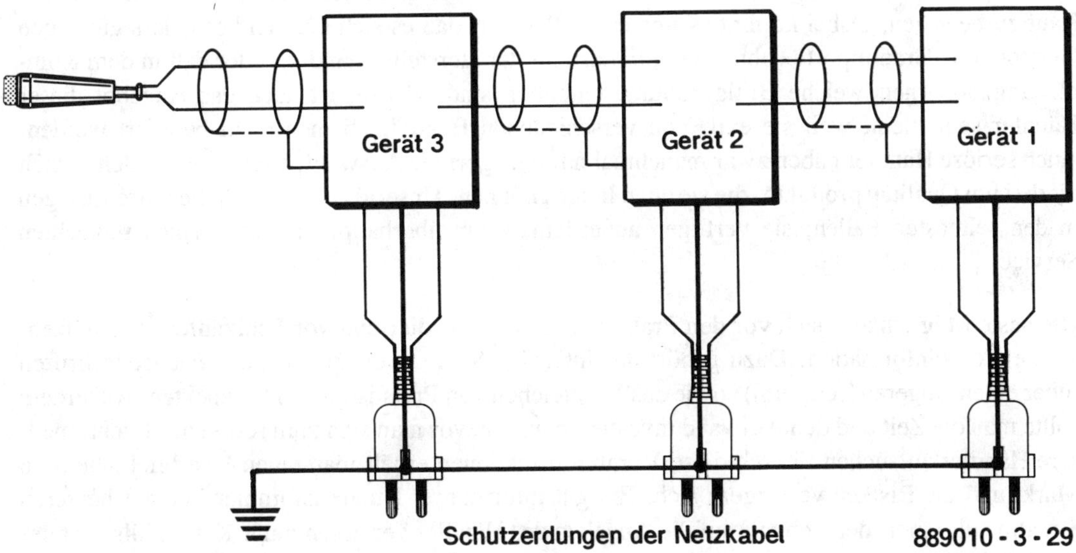

Bild 3.29 Beseitigung von Erdschleifen durch einseitiges Abtrennen der Erdung bei Geräteverbindungen.

3.11 Hinweise für die Anschaffung eines PA-Systems

Wer die Anschaffung eines PA-Systems plant, hat dabei verschiedene Möglichkeiten. Man kann im Fachhandel neue Geräte, gebrauchte Geräte oder Vorführgeräte kaufen. Eine andere Möglichkeit ist die Anschaffung gebrauchter Geräte von Privatpersonen. Schließlich kann derjenige, der geschickt ist und das entsprechende Verständnis hat, einige Komponenten auch selbstbauen. Ergänzend gibt es schließlich auch noch Hinweise auf Verleihfirmen, die Teile oder auch komplette Systeme mit und ohne Personal sowie Transport vermieten.

Händler

In den meisten Fällen wendet sich ein Musiker oder eine Gruppe für die Anschaffung eines PA-Systems an einen Händler. Die Zahl der Händler ist in jüngster Vergangenheit stark expandiert, wodurch eine extreme Konkurrenzsituation entstanden ist. Das bringt dem Konsumenten einige Vorteile (große Auswahl und günstige Preise), aber auch Nachteile (schlechte Übersicht und u.U. ein rücksichtsloses Geschäftsgebahren).

Es gibt allerdings eine große Zahl Händler, die sich intensiv um die Bedürfnisse der Musiker bemühen. Diese Händler bieten eine vernünftige Auswahl von Geräten und die Möglichkeit, sie auch zu testen. Sie bieten außerdem gute Garantieleistungen und einen sehr guten technischen Service. Die Preise liegen bei diesen Händlern auf einer vernünftigen Ebene und die Verkäufer bemühen sich um eine gute sachgerechte Beratung. Diese Händler arbeiten vertrauenswürdig und zuverlässig.

Andererseits gibt es leider auch Händler, die diese Grundsätze mißachten und rücksichtslos, zu ihrem eigenen Vorteil, mit den finanziellen Mitteln der Musiker umgehen. Diese Händler versuchen durch besonders günstig erscheinende Preise oder Komplettangebote den Kunden zum Kauf zu bewegen. Dabei kommt es immer wieder vor, daß es sich bei den besonders günstigen Geräten um »Grauimporte« ohne Garantieleistung der Hersteller handelt, oder daß in dem Komplettangebot irgendwelche Billigprodukte enthalten sind. Häufig ist auch das Angebot dieser Händler sehr klein, weil sie evtl. von verschiedenen Herstellerfirmen nicht beliefert werden. Auch seriöse Händler haben zwar manchmal nur eine geringe Auswahl, allerdings handelt es sich hierbei um Qualitätsprodukte, die sie auch liefern können. Unseriöse Händler halten ihre Zusagen in den seltensten Fällen; sie verfügen außerdem, wenn überhaupt, nur über einen schlechten Service.

Die beste Möglichkeit, sich vor den Praktiken solcher Händler und vor Fehlkäufen zu schützen, ist die Vorabinformation. Dazu gehört das intensive Studium entsprechender Fachzeitschriften (über einen längeren Zeitraum) sowie das Vergleichen von Preislisten und Prospekten. Außerdem sollte man die Zeit und den Aufwand investieren und, bevor man sich zum Kauf entschließt, mehrere Händler aufsuchen. Durch diese Vorabinformationen erhält man einen Überblick über den Markt und die Risiken verringern sich. Ein gut informierter Kunde ist immer in einer besseren Situation als einer, der sich nur auf die Angaben des Händler verlassen muß. Keinesfalls darf der Kauf übereilt werden.

Man erhält bei der Vorabinformation nicht nur einen Überblick über das Angebot und die Preise von Neugeräten, sondern man kann auch die Preiswürdigkeit von Vorführgeräten und Gebrauchtgeräten beurteilen. Vorführgeräte sollten keine groben Gebrauchsspuren aufweisen und im Preis deutlich unter dem eines Neugeräts liegen. Gebrauchtgeräte sollten, je nach Alter und Zustand, erheblich niedriger im Preis sein. Vorführ- und Gebrauchsgeräte sollten mit Garantieleistung angeboten werden. Wichtig ist noch, wie bereits erwähnt, der gute Service. Hierbei spielt auch die Zeitdauer einer Reparatur eine wesentliche Rolle.

Gebrauchtgeräte von Privatpersonen

Musiker und Bands, für die eine Neuanschaffung nicht in Frage kommt, können Geräte von Privatpersonen erwerben. Solche Geräte werden in großer Zahl, meist zu günstigen Preisen, in den Kleinanzeigen der Fachzeitschriften angeboten. Vom Kauf solcher Geräte ist nicht generell abzuraten, allerdings ist ein gesundes Mißtrauen angebracht. Auf jeden Fall muß man den Zustand und die Funktion der Geräte sehr genau prüfen. Auch ist hier eine gute Vorabinformation hilfreich, um das Angebot zu beurteilen.

Selbstbau von Geräten

Eine andere Alternative, um bei der Anschaffung eines PA-Systems Geld zu sparen, besteht darin, Komponenten teilweise selbst zu bauen. Voraussetzungen dafür sind die entsprechenden technischen Kenntnisse des jeweiligen Spezialgebietes, die handwerklichen Kenntnisse und Fähigkeiten sowie die Möglichkeit, über Materialien und Spezialwerkzeuge zu verfügen. Sind diese Voraussetzungen nicht vorhanden, ist ein Selbstbau nicht ratsam.

Die meisten Musiker verfügen nicht über die entsprechenden Fähigkeiten, um einen Selbstbau erfolgreich durchzuführen. Unsachgemäße Ausführung sowie die Verwendung falscher oder billiger Materialien führen immer zu unbefriedigenden Ergebnissen. Besonders beim Selbstbau von Lautsprecherboxen werden die Schwierigkeiten häufig falsch eingeschätzt. Die sehr komplizierten Baßboxen lassen sich wegen der schwierigen handwerklichen Ausführung und den komplizierten Berechnungen selten erfolgreich nachbauen. Hinzukommt, daß die Preise für Leerboxen so günstig sind, daß ein Selbstbau, berücksichtigt man den Arbeitsaufwand und das Material, kaum noch lohnt.

Schwachpunkte in einer PA-Übertragungskette

Vor der Anschaffung eines PA-Systems will sorgfältig überlegt sein, wie das zur Verfügung stehende Geld auf die verschiedenen Komponenten verteilt werden soll. Bei einer solchen Gewichtung spielen sicherlich die Ansprüche und die Bedürfnisse eine wesentliche Rolle. Allerdings ist der Gesichtspunkt, daß nicht alle Komponenten den gleichen technischen Standard aufweisen, nicht außer Acht zu lassen.

Wie bereits im zweiten Teil dieses Buches — Die Komponenten — mehrfach erwähnt, ist der technische Standard der Geräte, die die Signale übertragen, wie Mischpulte, Frequenzweichen, Endstufen und Zusatzgeräte, sehr hoch. Diese Geräte weisen lineare Frequenzverläufe auf, besitzen geringe Verzerrungswerte und Rauschen fast gar nicht. Die Unterschiede bei diesen Geräten liegen in der Ausstattung in der Verarbeitung. Im Gegensatz dazu sind die Geräte, die den Schall umwandeln, erheblich problematischer. Die Schallwandler sind Mikrofone, sie wandeln die akustischen Signale in elektrische um, und Lautsprecher, die die Umwandlung des Signals in umgekehrter Richtung vornehmen. Diese Schallwandler haben keinen linearen Frequenzverlauf und verändern so das Klangbild. Zusätzlich haben sie noch recht hohe Verzerrungswerte, die das Klangbild ebenfalls störend beeinflussen.

Die genannten negativen Eigenschaften der Klangwandler machen sich bei den Mikrofonen am stärksten bemerkbar. Es ist daher bei der Zusammenstellung eines PA-Systems wichtig, hochwertige Mikrofone und qualitativ gute und effektive Lautsprecherboxen zu wählen. Bei den anderen Komponenten liefern auch preiswertere Komponenten noch gute Ergebnisse. Das beste Mischpult beispielsweise kann seine Qualität nicht unter Beweis stellen, wenn es mit einem minderwertigen Lautsprechersystem betrieben wird. Was es mit dem »linearen Frequenzverlauf« auf sich hat, wird noch einmal deutlich, wenn man die Grafik in Bild 3.30 betrachtet.

PA-Verleihfirmen

Viele Musikgruppen sind, wegen des großen Aufwandes und den damit verbundenen hohen Kosten, dazu übergegangen, sich kein eigenes PA-System anzuschaffen, sondern ein solches bei den Verleihfirmen, ganz oder teilweise, zu mieten. Derartige Verleihfirmen gibt es in großer Zahl. Neben den renomierten Firmen gibt es viele kleine, die PA-Anlagen mit Personal und Transport für kleine bis mittlere Räume anbieten. Die Kosten richten sich nach der Größe der PA-Anlage, nach dem eingesetzten Personal und nach der Entfernung des Auftrittsortes. Die Kosten liegen

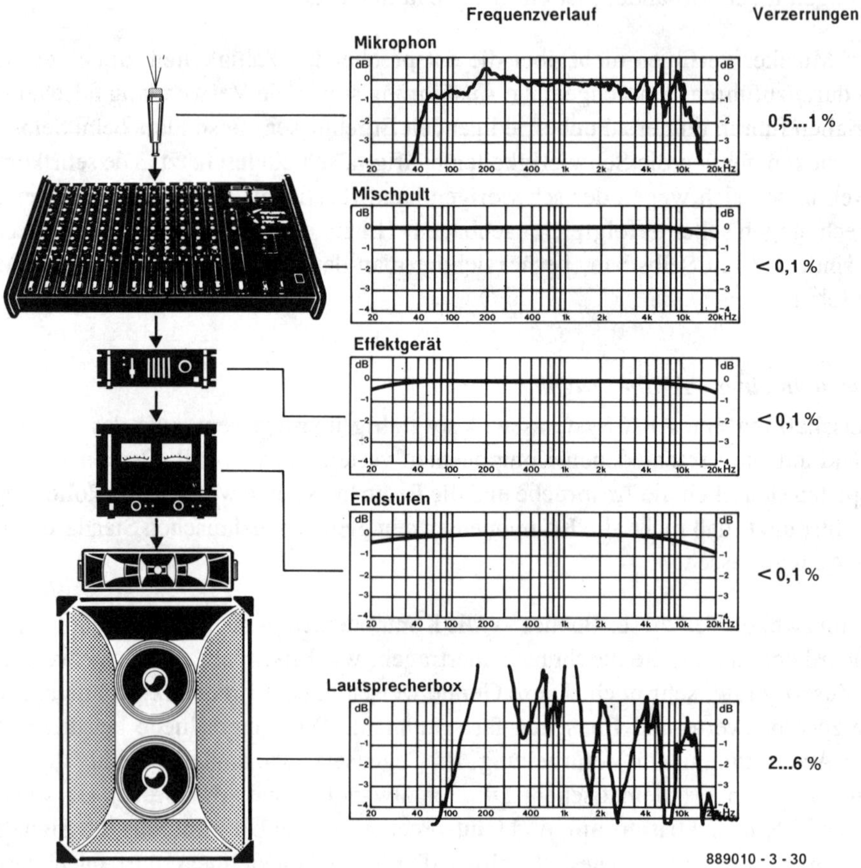

Bild 3.30 Frequenzverläufe und Verzerrungswerte verschiedener Geräte in der PA-Übertragungskette.

etwas günstiger, wenn man die Anlage regelmäßig oder für mehrere Tage mietet. Die Preise der kleinen Firmen liegen für eine mittlere Anlage im Rahmen dessen, was für die Gruppe von der Gage finanzierbar ist.

Die Qualität der Komponenten, die die Verleiher anbieten, ist in der Regel sehr hoch. Allerdings entsprechen die Organisation und die Kenntnisse des Personals bei den kleinen Firmen nicht immer den Erwartungen. Es sollte deshalb einer aus der Gruppe selbst Kenntnisse über den Bereich der PA-Technik besitzen, um dem Verleiher seine Arbeit zu erleichtern und sie auch zu beurteilen. Verfügt eine Musikgruppe selbst über eine Person, die das Mischpult bedienen kann, dann sollte diese Person auch das Mischpult der Miet-PA-Anlage bedienen. Der Grund ist einsichtig: Das Personal der Verleihfirma kann sich, wenn sie nicht regelmäßig mit der Gruppe zusammenarbeitet, nicht so auf die Band einstellen, wie es ein Mitarbeiter der Band kann.

3.12 Zukunftsaussichten für die PA-Technik

Die ständig fortschreitende Entwicklung der Digitaltechnik (Stichwort: Mikroprozessoren) hat die PA-Technik in den letzten Jahren sehr stark verändert und wird es auch noch weiterhin.

Die Erzeugung von künstlichen Verzögerungen und Echoeffekten war bis vor einigen Jahren nur mit Bandgeräten möglich. Die Möglichkeiten dieser Geräte waren gering, und die Ergebnisse erreichten nicht den gewünschten Standard. Künstlicher Raumhall war nur mit aufwendigen Hallplatten oder unzureichenden Spiralhallgeräten zu erzeugen. Heute überträgt man diese Aufgaben der modernen Digitaltechnik. Die Qualität der Digitalgeräte ist hervorragend, und die Preise bewegen sich in einem akzeptablen Rahmen mit einer voraussichtlichen Tendenz nach unten. Die Geräte verfügen vielfach über Speicher und Programmiermöglichkeiten, so daß Effekte und Sounds jederzeit wieder abrufbar sind. Viele Funktionen dieser Geräte können über Computer gesteuert werden. Prozessorgesteuerte Anlagen sind sehr einfach zu bedienen, sie steuern und kontrollieren sich selbst. Zwei Beispiele für digitalgesteuerte Geräte sehen wir in den Bildern 3.31 und 3.32.

Bild 3.31 Digitales 8-Kanal-Mischpult »DMP 7« der Firma Yamaha.

Bild 3.32 Studiomischpult »TAC Matchless« mit PC-gesteuerter Automation.

Die Digitaltechnik ist in ihrer Entwicklung noch nicht an die Grenzen ihrer Möglichkeiten gestoßen. Das führt dazu, daß sich in der PA-Technik die Qualitätswiedergabe noch verbessert, die Bedienung vereinfacht und die Kosten der Geräte sinken.

Bild 3.33 zeigt ein PA-System, wie es sich ein Hersteller eines programmierbaren und computersteuerbaren parametrischen Equalizers in Zukunft vorstellt. Die in Bild 3.33 skizzierte Anlage wird von einem Personalcomputersystem gesteuert. Alle Komponenten sind durch dieses System programmier- und steuerbar. Die eingegebenen Daten lassen sich speichern und jederzeit wieder abrufen. Die Einstellarbeiten brauchen nur einmal in den Computer eingegeben zu werden; Korrekturen oder Änderungen sind jederzeit möglich. Eine solche Anlage würde den Umgang mit einem PA-System enorm erleichtern. Eine Tendenz zur PC-gesteuerten PA-Anlage ist heute schon bei vielen einzelnen Komponenten zu erkennen.

MIDI (Musical Instrument Digital Interface)

Seit der Einführung 1982 ist das MIDI-System in allen Bereichen der Musikelektronik zum Zauberwort geworden. Neben den MIDI-gesteuerten Instrumenten und dem MIDI-Studio ist das MIDI-System auch in den Bereich der PA-Technik vorgedrungen.

Bei dem MIDI-System handelt es sich um eine serielle Schnittstelle für Computer. Diese Schnittstelle ermöglicht, digitale Datenketten, d.h. Steuerinformationen, von der PA-Anlage zum Computer und umgekehrt zu übermitteln. Die Datenketten bestehen aus mehreren Teilen. Das kleinste Teil ist ein Bit, das den Zustand ja oder nein (0 oder 1) signalisiert. Acht Bits bilden ein Byte.

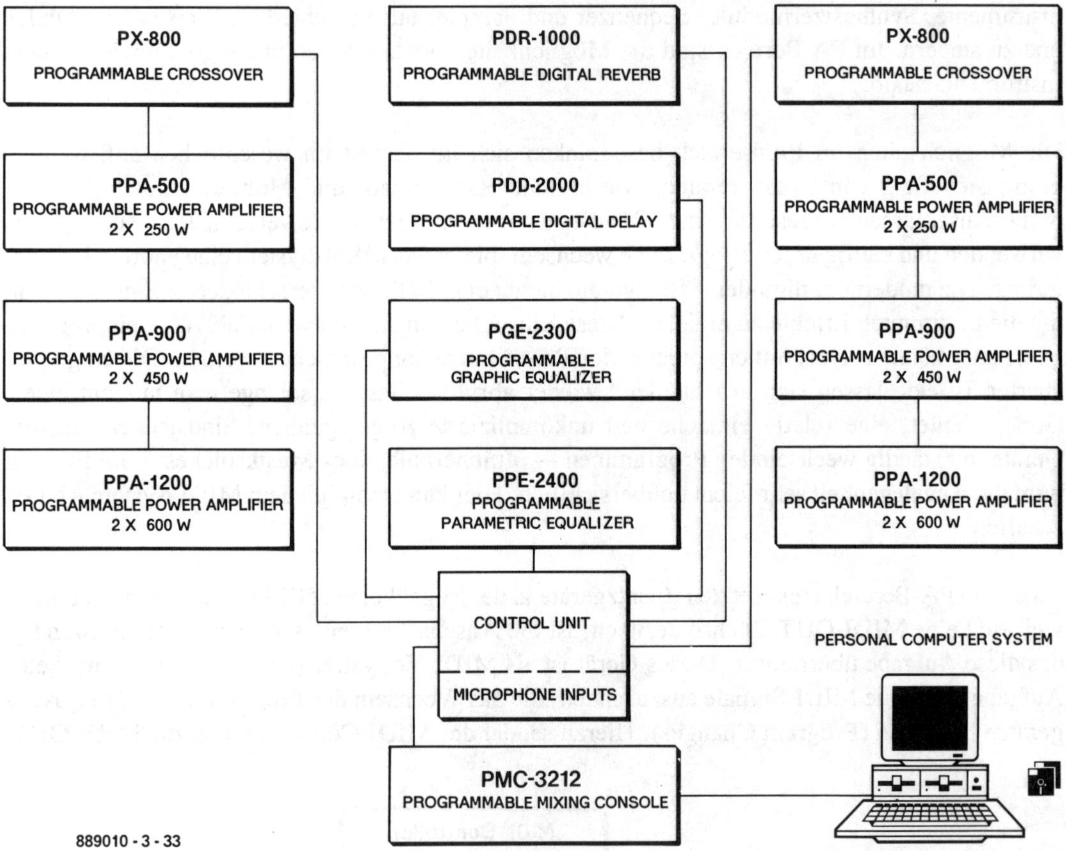

Bild 3.33 Das Blockschaltbild zeit ein PC-gesteuertes PA-System mit Mischpult, Peripheriegeräte und Endstufen.

Mit einem Byte ist es durch das Hexadezimalsystem möglich, eine Zahl darzustellen. Mehrere Bytes bilden eine Zahlenkette. Diese Zahlenkette ist das Steuersignal des MIDI-Systems. Innerhalb dieses Systems können durch die Steuersignale verschiedene Geräte, die über eine MIDI-Schnittstelle verfügen, miteinander kommunizieren. Dabei können die Geräte Signale senden und empfangen. Mit einem MIDI-System ist die Verbindung von 16 Geräten, die senden und empfangen können, möglich.

Geräte, die für das MIDI-System geeignet sind, müssen über drei Anschlüsse verfügen:

1. MIDI-OUT: Dieser Anschluß ist der Ausgang des MIDI-Signals, von dem aus zu den anderen Geräten gesendet wird. Ein solcher Anschluß ist nur bei den Geräten vorhanden, die MIDI-Signale senden können. Folglich fehlt er bei den Geräten, die nur Daten empfangen können.
2. MIDI-IN: Dieser Anschluß ist der Eingang für das MIDI-Signal.
3. MIDI-Thru: Mit diesem Anschluß ist es möglich, das MIDI-Signal durch das Gerät zu schleifen, ohne es zu verändern.

Die Möglichkeiten des MIDI-Systems sind überaus vielfältig. Diese Vielfalt wird besonders im Keyboardbereich deutlich, wo es durch das MIDI-System möglich ist, verschiedene Tasteninstrumente, Synthesizermodule, Sequenzer und Sampler auf verschiedene Weise zu verbinden und zu steuern. Im PA-Bereich sind die Möglichkeiten noch nicht so umfangreich wie auf dem Instrumentalsektor.

Die Möglichkeiten im PA-Bereich beschränken sich im derzeit im wesentlichen auf die Programmsteuerung von Zusatzgeräten, wie digitale Hall-, Echo- und Multieffektgeräte, die mit MIDI-Anschlüssen ausgestattet sind. Für die Anwender, die mehrere verschiedene Zusatzgeräte verwenden und häufig deren Programme wechseln, bietet das MIDI-System eine enorme Erleichterung. Die modernen, digitalen Effektgeräte bieten eine Fülle von verschiedenen Einstellungen, um die bestimmten Effekte zu erzielen. Diese Einstellungen sind entweder ab Werk einprogrammiert oder können selbst mit entsprechenden Programmen eingespeichert werden. Die eingespeicherten Effekte lassen sich anschließend wieder abrufen. Das ist, solange man nur mit einem Gerät arbeitet, eine relativ einfache und unkomplizierte Angelegenheit. Sind jedoch mehrere Geräte mit ständig wechselnden Programmen — oft innerhalb eines Musikstückes — im Einsatz, wird die Angelegenheit sehr leicht unübersichtlich. Hier kann man mit dem MIDI-System Abhilfe schaffen.

Da die im PA-Bereich eingesetzten Zusatzgeräte in der Regel keine MIDI-Signale senden können, weil sie keine MIDI-OUT-Buchse besitzen, ist die Anschaffung eines Zusatzgerätes notwendig, das diese Aufgabe übernimmt. Dieses Gerät ist als MIDI-Verwalter (Controller) bekannt. Seine Aufgabe ist es, die MIDI-Signale auszusenden, die das Wechseln der Programme bei den Zusatzgeräten bewirken (Program Changes). Hierzu sendet der MIDI-Controller über die MIDI-OUT-

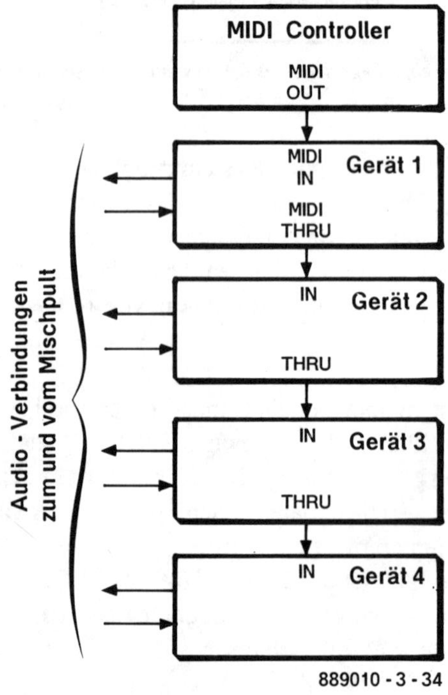

Bild 3.34 Bei diesem MIDI-System sind die Zusatzgeräte hintereinander geschaltet. Das kann zu Zeitverzögerungen führen.

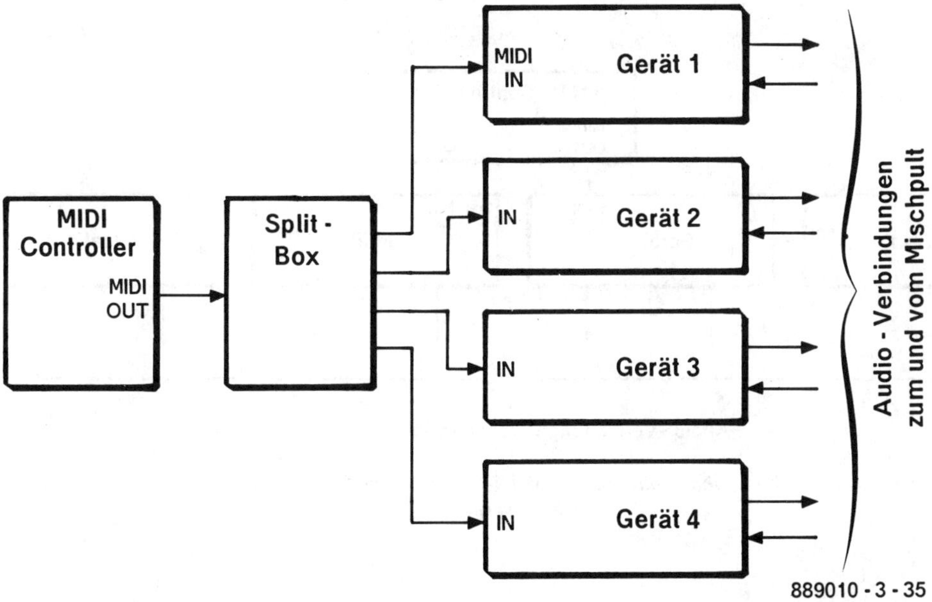

Bild 3.35 Über die Splitbox erhalten die Zusatzgeräte das Signal gleichzeitig.

Buchse das Steuersignal, das zur MIDI-IN-Buchse des ersten Zusatzgerätes gelangt. Das MIDI-Signal durchläuft das erste Gerät und steht am Audioausgang zum Mischpult zur Verfügung. Das unveränderte Signal an der Buchse MIDI-Thru vom ersten Gerät ist das Eingangssignal für MIDI-IN des zweiten Gerätes, und so weiter. Diese Situation zeigt die Bild 3.34.

Das gerade geschilderte Verfahren hat einen Nachteil. Es kann bei einer größeren Anzahl von Zusatzgeräten zu Zeitverzögerungen und/oder Datenverfälschungen kommen. Es ist daher günstiger, das Signal von dem MIDI-Controller über eine Splitbox den MIDI-IN-Eingängen der Zusatzgeräte gleichzeitig anzubieten (Bild 3.35).

Schließlich gibt es noch eine andere Lösung, allerdings nur dann, wenn der MIDI-Controller über zwei Ausgänge verfügt. Diese Möglichkeit ist in Bild 3.36 dargestellt und erklärt sich von selbst.

Bei allen Verbindungen erfolgt der Programmwechsel durch die MIDI-Program-Change-Befehle in gleicher Weise. In den genannten Beispielen sind jeweils vier Zusatzgeräte angeschlossen. Voraussetzung für die einwandfreie MIDI-Funktion ist selbstverständlich, daß die gewünschten Programme in den Zusatzgeräten unter bestimmten Programmnummern abgespeichert sind. Die erforderlichen Programmänderungen sind im Controller unter bestimmten Nummern (Bank-Nummern) abgespeichert. Wird nun über die Tastatur des Controllers eine der Bank-Nummern abgerufen, erhalten dadurch die angeschlossenen Zusatzgeräte den entsprechenden MIDI-Program-Change-Befehl. Dieser Befehl besteht aus dem Gesamtbefehl des MIDI-Controllers, der unter der Bank-Nummer abgespeichert ist. Der Gesamtbefehl besteht aus den einzelnen Befehlen

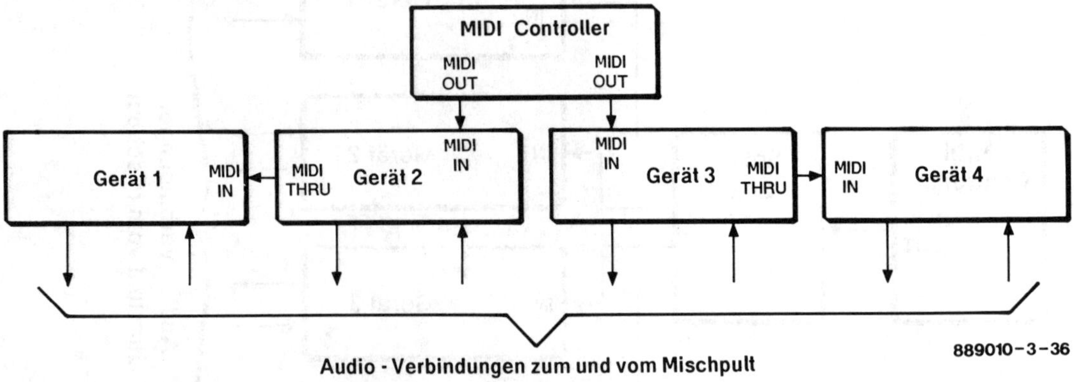

Bild 3.36 Kompromißschaltung ohne Splitbox; der MIDI-Controller muß dabei allerdings über zwei Ausgangsbuchsen verfügen.

für die MIDI-Kanäle, die jeweils einem Gerät zugeordnet sind. Zu jedem Befehl für einen MIDI-Kanal gehört der entsprechende Program-Change-Befehl. Im folgenden Beispiel sind einmal drei Befehle aufgeführt.

Bank-Nr. 1: (1): Send Channel 1; Program Change 26
(2): Send Channel 2; Program Change 5
(3): Send Channel 3; Program Change 17
(4): Send Channel 4; Program Change 22

Bank-Nr. 2: (1): Send Channel 1; Program Change 26
(2): Send Channel 2; Program Change 12
(3): Send Channel 3; Program Change 17
(4): Send Channel 4; Program Change 22

Bank-Nr. 3: (1): Send Channel 1; Program Change 10
(2): Send Channel 2; Program Change 24
(3): Send Channel 3; Program Change 14
(4): Send Channel 4; Program Change 23

Das genannte Beispiel macht deutlich, daß beim Wechsel von der Bank-Nr. 1 zur Bank-Nr. 2 nur das Programm des zweiten Gerätes wechselt (von 5 nach 12); alles andere bleibt unverändert. Anzumerken ist, daß die Programme, die sich nicht ändern sollen, unter einer neuen Bank-Nummer auch immer wieder neu abgespeichert werden müssen. Beim Wechsel von Bank-Nr. 2 nach Bank-Nr. 3 ändern sich alle Programme.

Das MIDI-System nur für die Program-Change-Befehle zu ver(sch)wenden, ist eigentlich zu schade. In anderen Bereichen läßt sich das System vielfältiger nutzen; das gilt kurz- bzw. mittelfristig sicherlich auch für den PA- und den Studiobereich. Die Entwicklung steht hier erst am Anfang. In Zukunft wird es bestimmt die Möglichkeit geben, die Program-Change-Befehle direkt vom Mischpult auszuführen bzw. sämtliche Mischpultfunktionen und die aller Zusatzgeräte über MIDI zu steuern.

Einen positiven Aspekt gibt es noch zu vermelden: Das MIDI-System ist international genormt; dieser Norm haben sich alle Hersteller angeschlossen. Dadurch gibt es bei der Verbindung von MIDI-Geräten verschiedener Hersteller keinerlei Probleme. Die Verbindung erfolgt über DIN-Steckverbindungen mit 5-poligen Steckern und Buchsen.

3.13 PA und Homerecording

Die meisten Musikgruppen möchten ihre Arbeit im Übungsraum und die öffentlichen Auftritte dadurch ergänzen, daß sie selbst kreativ mit der Aufnahmetechnik arbeiten. Das »Homerecording« soll die Ausarbeitung der Musikstücke und die eigene Kontrolle bei der Arbeit verbessern. Darüberhinaus lassen sich sogar Demonstrationsbänder und evtl. auch einfache Schallplattenaufnahmen selbst anfertigen.

Die erforderlichen Komponenten für das »Homerecording« sind fast die gleichen wie die einer PA-Anlage; sie können dadurch für beide Bereiche genutzt werden. Dazu zählen die Mikrofone, das Mischpult (es muß natürlich eine für den Aufnahmebereich entsprechende Ausstattung besitzen), sowie alle Zusatzgeräte (Equalizer, Kompressor/Limiter, Noise Gates, Hall- und Delayeffekte). Für den Homerecording-Bereich muß dann zusätzlich eine Mehrspurbandmaschine und eine 2-Spur-Stereo-Mastermaschine angeschafft werden.

Umgekehrt sind vorhandene Geräte für den Homerecording-Bereich auch für den PA-Bereich zu nutzen. Hierzu sind dann lediglich noch die Monitoranlage, die für die Arbeit im Übungsraum sowieso notwendig ist, sowie allen Komponenten für die PA-Übertragung (Frequenzweichen, Endstufen und Lautsprecherboxen) erforderlich.

Literaturhinweise

Bücher

Titel	Autor	Verlag
Tonstudiotechnik	J. Webers	Franzis-Verlag, München
Musikaufnahmen	Jürgen Jecklin	Franzis-Verlag, München
Lautsprecher und Lautsprechergehäuse für Hi-Fi	H.H. Klinger	Franzis-Verlag, München
Mikrofon-Technik	Norbert Pawera	Franzis-Verlag, München
Pratical Guide of Concert Sound	Bob Heil	Melco Publishing, Marissa, Illinois, USA
Tonstudiotechnik	verschiedene Autoren	K.G. Saur Verlag, München
Mikrophone	Günter Zierenberg	Musik Produktiv, Ibbenbüren
Handbuch für Musiker (verschiedene Ausgaben)	Günter Zierenberg	Musik Produktiv, Ibbenbüren
Flight Cases, Boxen, Multicore	Günter Zierenberg	Musik Produktiv, Ibbenbüren

Zeitschriften

Fachblatt Musik Magazin	Journal Verlag, Köln
Musiker, Keyboards, dB-Magazin	Musik Media Verlag, Augsburg
Sound Check	Presse Porjekt Verlag, München
International Musican/UK	Cover Publications, London

Herzlichen Dank…

…sage ich allen, die mich bei den Recherchen zu diesem Buch mit Rat und Tat, mit Informationen aller Art (Prospekte, Zeichnungen, Fotos) hervorragend unterstützt haben. Dies gilt insbesondere für Jörg Rautenberg, Ulrich Goldbecker und Jürgen Pekruhl.

Mein Dank gilt auch den nachfolgend, in alphabetischer Reihenfolge, aufgeführten Firmen. Auch sie haben mich mit Informationen aller Art, besonders mit Produktfotos, vorbildlich versorgt.

R. Beckmann

AKG (Akustische u. Kino-Geräte GmbH), München
Alphaton, Kelkheim
Beyer Eugen, Heilbronn
Craaft/Solton, Pocking
Electro Voice, Frankfurt
JBL/Haman Deutschland, Heilbronn
Musik Produktiv, Ibbenbüren
R + H Studiosound, Waldkirch
Roland, Norderstedt
Sennheiser, Wedemark
Total Audio Concepts
Yamaha, Hamburg

Weitere Bücher zum Thema

Gitarrenverstärker in Transistortechnik

Die Verstärkung des Gitarrenklangs über das magnetische Tonabnehmersystem hat eine Reihe von neuen Klangeigenschaften geschaffen. Der Naturklang einer schwingenden Saite hat sich mit gewollten und anfänglich manchmal ungewollten Einflüssen der dazwischengeschalteten Technik zu einem neuen „integralen" Klangbild geformt, welches abhängig vom jeweiligen Musikgeschmack als „typisch" und wünschenswert angesehen wird. Manche Soundvorstellungen, die beispielsweise Übersteuerungseffekte klangbildend ausnutzen, erhalten durch die speziellen Eigenschaften eines bestimmten Verstärkers erst den letzten Schliff. Aus diesem Buch erfährt der Musikpraktiker, wie er mit Hilfe der Transistortechnik seine persönliche Klangvorstellung verwirklichen kann.

ISBN 3-921608-52-X

Audio- und Gitarrenschaltungen mit Röhren

Für den sensiblen und kritischen Hi-Fi-Hörer ist die Röhrenverstärkung noch immer der „musikalischste" Weg der Signalaufbereitung in der Übertragungskette Signalquelle, Verstärker und Lautsprecher. Transparenz, Räumlichkeit, Tiefe, Klangfülle, Wärme... alle diese oder ähnliche Charakterisierungen versuchen etwas zu umschreiben, was kaum zu beschreiben ist, bei dem die Sprache scheinbar versagt: das Hörerlebnis „Röhre".

Moderne Audio-Röhren-Spitzengeräte sind im Schnitt sündhaft teuer; bei den niedrigen, ausschließlich in Handarbeit gefertigten Stückzahlen ist das erklärlich. Schaltungstechnisch gibt es bei den Röhrenverstärkern kaum mehr Geheimnisse, denn die Röhrentechnologie wurde bereits vor rund 30 Jahren „erwachsen". Allenfalls die Herstellung hochwertiger Ausgangsübertrager wird teilweise als gut gehütetes Fabrikationsgeheimnis behandelt.

Was für den Audio-Hörer gilt, gilt auch für die meisten - nicht nur technisch interessierten - Gitarrenspieler allemal: für sie produziert die Röhre „the singing voice", die das Gitarrenspiel erst recht lebendig erscheinen läßt.

Das Buch macht alle diese Dinge dem technisch interessierten Leser deutlich. Es zeigt dem praxisorientierten Audio-Hörer und Musiker Alternativen auf, wie man durch Selbstbau zu einem preiswerten Röhren-Equipment kommen kann. Dazu gehört, daß auch einige theoretische Zusammenhänge nicht ganz aus dem Blickfeld geraten.

ISBN 3-921608-69-4